Thomas Arndt
Matthias Reinschmidt

Amazonen

Arten – Unterarten – spezielle Bedürfnisse

Arndt-Verlag

Impressum

Dieses Buch ist all jenen gewidmet, die sich aktiv für den Erhalt bedrohter Amazonenarten einsetzen.

Arndt, Thomas
Reinschmidt, Matthias:
Amazonen
– Arten, Unterarten, spezielle Bedürfnisse

1. Auflage (2009)
Arndt-Verlag

ISBN 978-3-9808245-8-3

Gesamtgestaltung: Thomas Arndt

Lektorat: Walter Weinberger

Druck: Walter Medien GmbH, Brackenheim-Hausen

Bildnachweis:

Arndt, T.: 3, 6, 10, 13-16, 18 links, 20, 21, 23, 24, 26-28, 32-39, 42-47, 50, 57, 65-67, 72, 75-77, 80, 82-87, 89-94, 96-101, 103-110, 112-116, 118-126, 128, 131-135, 139, 143, 149-152, 154-156, 157 rechts, 158-159, 160 rechts, 161-162, 166-168,176-183, 184 links, 187-197, 201 links, 202-207, 210-213, 215, 217-219, 223-228, 232-236
Athanas, N.: 127
Avon, D.: 10
Diefenbach, K. H.: 208 rechts, 209, 230 rechts
Dinger, R.: 169
Harper, M.: 71
Janeczek, F.: 200 rechts
Kaufmann, M.: 214
Krimmel, K.: 55-56
Lambert, K-H.: 5, 22, 163-165
Lepperhoff, L.: 117, 147, 157 links
Lousada, S.: 184 rechts, 185
Low, R.: 18 rechts, 48
Manderscheidt, C.: 95
Müller, H.: 51, 142
Munn, C.: 160 links
Pfeffer, F.: 25, 74, 136, 230 links
Reillo, P. R., Ph.D., Rare Species Conservatory Foundation: 146, 172-173
Reinschmidt, M.: 31, 40-41, 49, 54, 73-74, 81, 88, 102, 111, 129-130, 137, 148, 153, 184 rechts, 185, 208 links, 216 rechts, 229, 231, 237-238
Sambroni, J.: 29, 30
Scott, J.: 186
Seitre, R.: 11, 12, 17, 19, 52-53, 59-61, 63, 68, 70, 78-79, 138, 141, 170, 221-222
Sukada, M.: 58
US Forestry Service / Puerto Rican Parrot Recovery Program: 62, 64
Wiegel, M.: 140, 144-145, 220
Zamora Padrón, R.: 201 rechts, 216 links

Kartenvorlagen: © Carl Rosenberg (www.fallingrain.com)

Titelbilder: T. Arndt

Bodinus-Amazone
(Amazona festiva bodini)

Inhalt

Blaustirnamazone

(Amazona aestiva aestiva) in der Bruthöhle

Vorwort

Nachdem der 2006 erschienene erste Band über die Amazonen allgemeine Zustimmung gefunden hat, liefern wir nun mit dem vorliegenden Buch den Folgeband ab, der die Arten mit ihren Unterarten im Detail vorstellt und auf ihre speziellen Bedürfnisse eingeht.

Thomas Arndt *mit einer Rotschwanzamazone*

Auch dieses Buch soll vor allem einen Beitrag leisten, die Amazonen in Menschenhand besser zu verstehen und entsprechend tiergerecht zu pflegen. Daneben halten wir es für wichtig, all jenen, die sich mit dieser Papageiengruppe befassen, auch Einblicke in das Leben der Tiere in Freiheit zu geben und die heute oft damit verbundenen Probleme für die Freilandbestände aufzuzeigen. Wir hoffen, so wenigstens dem Wohlergehen der Amazonen in Menschenobhut zu nützen und gleichzeitig die Halter und Züchter in der Freude an den ihnen anvertrauten Tieren zu bestärken.

Ohne die Mithilfe anderer hätte dieser zweite Band aber nicht erscheinen können. Bedanken möchten wir uns deshalb bei Dr. A. Andors, Dr. P. Sweet und M. LeCroy (American Museum of Natural History, New York), Dr. J. Bates (Field Museum of Natural History, Chicago), J. Dean (United States National Museum, Washington), Dr. C. König (Staatliches Museum für Naturkunde, Stuttgart), Dr. S. Frahnert (Museum für Naturkunde der Humboldt-Universität, Berlin), Dr. J. Reichholf (Zoologische Staatssammlung, München), Dr. D. S. Peters und Dr. G. Mayr (Senckenberg-Museum, Frankfurt), Dr. I. Franke (Museo de Historia Natural „Javier Prado“ de la UNMSM, Lima) und Dr. M. Walters (British Museum of Natural History). Sie ermöglichten uns, in den wissenschaftlichen Balgsammlungen ihrer Museen zu arbeiten und zu fotografieren, was bei der Bestimmung der Arten und Unterarten für diesen Band äußerst hilfreich war.

Informationen über die aufgetretenen Mutationsformen bekamen wir von Herrn Franz Pfeffer und Herrn Rafael Zamora Padrón.

Bei Herrn Wolfgang Kiessling (Generaldirektor Loro Parque), der uns ermöglichte, die Amazonen der Loro Parque Fundación für diesen Band zu fotografieren, möchten wir uns ebenso herzlich bedanken wie bei den zahlreichen Fotografen, die ihre Bilder zur Verfügung gestellt haben. Herr Walter Weinberger verdient für die kritische Durchsicht des Manuskripts besondere Erwähnung und Dank.

Bretten und Puerto de la Cruz, den 20. Januar 2009

Thomas Arndt   Matthias Reinschmidt

Einführung

In diesem Band sind die Steckbriefe der einzelnen Amazonen-Arten angeführt, wobei die zwei ausgestorbenen Formen, die Guadeloupe- (*Amazona violacea*) und die Martinique-Amazone (*Amazona martinica*), sowie die Gelbbauchamazone (*Alipiopsitta xanthops*) nicht berücksichtigt wurden.

Die Artdarstellung richtet sich nach einem festen Schema, das mit allgemeinen und taxonomischen Anmerkungen beginnt, dann die Art- und Unterartenbezeichnungen und die Gefiederbeschreibung und Verbreitung anführt. Anschließend werden Informationen über das Freileben (Lebensraum, Ökologie, Rufe, Nahrung, Brutbiologie, Status und Schutzmaßnahmen) und die Haltung in Menschenobhut (Unterbringung, Fütterung, Zucht, Naturbrut, Handaufzucht, Mutationsformen und sonstige Anmerkungen) bereitgestellt. Abschließend finden die Leser, die sich noch tiefer in die Materie einarbeiten möchten, weiterführende Literaturhinweise, deren vollständige Auflistung im Literaturverzeichnis nachzuschlagen ist.

Die Beschreibung und Angaben über das Freileben wurden in erster Linie von Thomas Arndt, die über die Haltung in Menschenobhut von Matthias Reinschmidt verfasst.

Bei der Beschreibung wurden neben der Gefiederfärbung auch die Flügel- und Schwanzlängen angegeben, die bei einigen Unterarten eine Bestimmung erleichtern. Das Flügelmaß kann auch am lebenden Vogel genommen werden, indem bei angelegtem Flügel die gerade Linie vom Flügelbug bis zur längsten Handschwinge gemessen wird. Die Schwanzlänge beginnt an der Stelle im Bürzelbereich, an der der Federkiel in der Haut steckt, und reicht bis zur Spitze der längsten Steuerfeder.

Bei den Landkarten wird nur die aktuelle Verbreitung in einer schwarzen Umrisslinie dargestellt. Diese ist in der Regel kleiner als das historische Vorkommen. Wir haben uns für eine topographische Darstellung entschieden, da hier bei vielen Arten auch sehr gut die natürlichen Grenzen ihrer Verbreitung deutlich werden. Besondere Verbreitungsareale (z.B. kleine Inseln) wurden beschriftet, ansonsten hilft eine Orientierung in Verbindung mit den Verbreitungsangaben im Text weiter.

Matthias Reinschmidt

mit einer Rotbug-Gelbnacken-amazone

Die Angaben über die Auflistung im jeweiligen Anhang des Washingtoner Artenschutzübereinkommens (WA) entsprechen dem Stand bei Drucklegung des Buches. Der aktuelle Stand muss gegebenenfalls vom Amazonenbesitzer selbst recherchiert werden.

Gruppe der kleinen Amazonen aus Mittelamerika und der Karibik

Die Amazonenarten dieser Gruppe sind neben der geringen Größe in der Regel durch einen hornfarbenen Schnabel sowie eine schwärzliche Säumung insbesondere der Nackenfedern gekennzeichnet. Die zwei Arten mit roten Handdecken – die Weißstirnamazone (*Amazona albifrons*) und die Goldzügelamazone (*Amazona xantholora*) – zeigen zusätzlich einen ausgeprägten Geschlechtsdimorphismus. Insgesamt zählen sieben Arten zu dieser Gruppe, unter denen die Rotspiegelamazone (*Amazona agilis*) eine Sonderstellung einnimmt, da sie als einzige Vertreterin der Gruppe einen schwärzlichen Schnabel besitzt und ihr die typische schwarze Säumung der Körperfedern fehlt.

Amazona collaria (Linné 1758)

Jamaika-Amazone

Engl.: Yellow-billed Amazon

Die Jamaika-Amazone ist nie in großen Stückzahlen in Menschenobhut gelangt und nur selten bei den Haltern und Züchtern anzutreffen. Dementsprechend ist nur wenig über sie bekannt, was sich in der verfügbaren Literatur widerspiegelt.

Die Art ist monotypisch.

Beschreibung und Verbreitung

Beschreibung: Die Grundfärbung dieser mittelgroßen Amazone ist grün. Die Kopffedern sind schwarz gesäumt, Stirn und Augenbereich weißlich und die Zügel und der obere Wangenbereich blau und mit Weiß durchsetzt. Der Hals, die unteren Wangen und einige Federn auf der Brust sind rosarot, wobei jede Feder eine bläulichgrüne Säumung aufweist. Die Ohrdecken sind schwarzblau. Der Vorderscheitel ist matt bläulich.

Die Handdecken und Handschwingen sind blau, die Außenfahnen der Armschwingen mattblau und die Unterschwanzdecken gelbgrün. Die Schwanzfedern besitzen auf den Außenfahnen eine breite rote Basis und auf der Oberseite eine gründgelbe Spitze.

Der nackte Augenring ist weiß und die Iris braun. Der Schnabel ist gelblich hornfarben. Die Wachshaut und die Füße sind fleischfarben.

Die Weibchen sind wie die Männchen gefärbt, aber im Durchschnitt etwas kleiner. Nach Juniper & Parr (1998) soll die rosarote Halsfärbung während der Brutsaison intensiver und leuchtender werden und das Grün einen leicht metallischen Glanz aufweisen.

Jungtiere haben kein oder nur wenig Weiß auf der Stirn. Das Rosarot ist matter und in der Ausdehnung reduziert. Die Iris ist dunkel. Die Umfärbung ins Adultgefieder ist mit 12 Monaten beendet.

Größe: 28 cm (Flügellänge 172 mm - 195 mm, Schwanzlänge 88 mm - 102 mm)

Gewicht: 260 g

Verbreitung: Jamaika

Lebensraum

Die Art ist ab dem Meeresspiegel bis zu einer Höhe von 1.200 m zu finden, bewohnt aber vor allem die Feuchtwälder der mittleren Höhenla-

rechte Seite:
Jamaika-Amazone (Amazona collaria)

Jamaika-Amazone

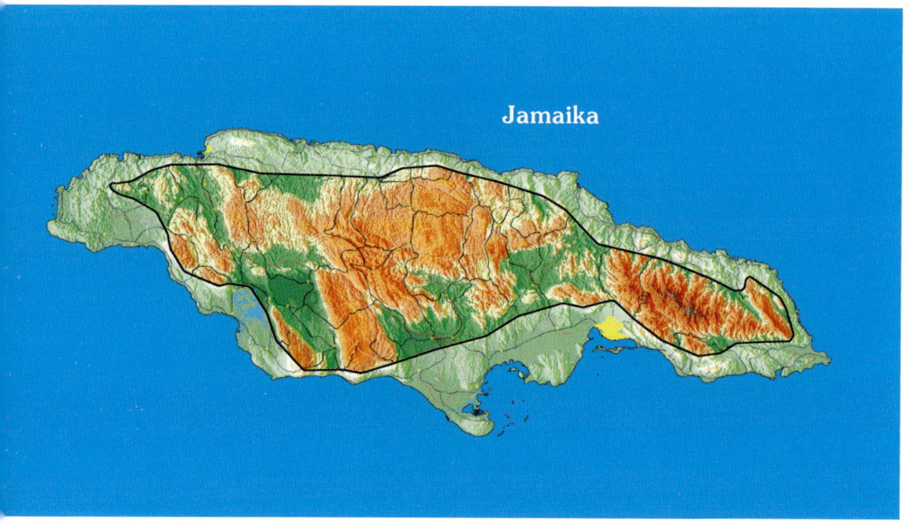

Das Vorkommen der Jamaika-Amazone

ist hauptsächlich auf das Inselinnere Jamaikas beschränkt

gen mit jährlichen Niederschlagsmengen zwischen 1.900 mm und 4.500 mm. Daneben ist sie in offenen Gebieten mit vereinzeltem Baumbestand und an Waldrändern anzutreffen. In mehr trockenen Wäldern scheint sie weniger häufig zu sein. Sie besucht regelmäßig zur Nahrungsaufnahme Anbaugebiete und Obstplantagen. Das Gesamtverbreitungsgebiet umfasst rund 5.400 km^2.

Ökologie

Außerhalb der Brutzeit wird die Jamaika-Amazone in der Regel paarweise oder in kleineren Gruppen angetroffen. An Nahrungsplätzen können sich bis zu vierzig Vögel sammeln. In einem Fall wurden sogar rund 60 Exemplare in einer Orangenplantage angetroffen. An solchen Nahrungsplätzen kann sie dann auch zusammen mit der Rotpiegelamazone (*Amazona agilis*) oder dem Jamaikasittich (*Aratinga nana*) angetroffen werden. Größere Ansammlungen sind ansonsten nur noch von den Schlafplätzen bekannt, wobei hier keine Zahlenangaben vorliegen.

Allgemein ist die Jamaika-Amazone nur schwer zu beobachten, da sie als scheu bekannt ist und eine große Fluchtdistanz aufweist. Zusätzlich tarnt ihr Gefieder im Laubwerk der Bäume ideal, wo sie sich bevorzugt in den mittleren und oberen Zonen aufhält. Die häufigsten Beobachtungen liegen daher von fliegenden Amazonen vor. Die Art ist bekannt für ihre ausgedehnten Flüge zu und von den Nahrungsplätzen, die sich in beträchtlicher Entfernung von den Schlafplätzen befinden können. Während die morgendliche Nahrungsaufnahme meist in entlegeneren Gebieten stattfindet, scheinen die Vögel am Nachmittag bevorzugt in der Nähe der Schlafbäume auf Nahrungssuche zu gehen.

Der Flug besteht aus flachen, schnellen Flügelschlägen.

Rufe

Die Jamaika-Amazonen sind als ruffreudige Vögel bekannt, die insbesondere während des Fliegens nicht zu überhören sind. Lediglich während der Mittagszeit und nachts sind sie leise. Nur bei der Nahrungsaufnahme und während der Gefiederpflege kann man murmelnde Geräusche hören. Während der morgendlichen Rufperiode sind die Schreie der Amazonen hingegen bis zu 3 km weit zu vernehmen. Berichtet wurde von hochtonigen *tah-tah-iiiik*-Rufen und rauen, rollenden Schreien. Während des Fliegens geben die Amazonen auffallende *whip-whip-wäääääärk*- oder trompetenartige *tuk-tuk-tuk-taaah*-Rufe von sich. Insgesamt sind die Rufe nicht so hochtonig wie die der im selben Gebiet vorkommenden Rotspiegelamazone (*Amazona agilis*).

Nahrung

Die Palette der von den Vögeln aufgenommenen Nahrung reicht von *Cecropia*-Kätzchen bis zu Nüssen (*Anacardium occidentale*), Früchten (*Pimenta dioica, Ficus*) und Samen (*Melia azedarach*, Orangen). Die Amazonen fallen gelegentlich in Gärten, Obstplantagen und Getreidefelder ein, wo sie zum Teil erhebliche Schäden verursachen.

Eine Gruppe Jamaika-Amazonen

im Cockpit Country im Nordwesten der Insel; die Vögel haben sich zum Fressen in einem Busch niedergelassen

Brutbiologie

Die Brutzeit der Amazonen reicht von März bis August, wobei die ersten Balzverhalten bereits ab Januar beobachtet werden können. Das Nest befindet sich in großen Waldbäumen (bevorzugt werden *Brosinum*-Bäume) in einer Höhe von wenigstens 15 m. Die meisten bekannten Nisthöhlen waren von Jamaika-Spechten (*Melanerpes radiolatus*) herausgearbeitet worden. Nester wurden auch in Felswänden gefunden.

Die Gelege bestehen aus drei bis vier Eiern, wobei vier der Normalfall zu sein scheint. Sie werden in der Zeit von März bis Mai gelegt. Die genaue Dauer des Bebrütens oder der Jungenaufzucht ist aus dem Freiland nicht bekannt, aber die ersten Jungtiere werden von Einheimischen ab Juni aus den Nestern geholt und zum Verkauf auf den Märkten angeboten. Die Eimaße betragen 36,0 mm x 29,2 mm.

Status und Schutzmaßnahmen

Die ehemals häufige Art hat sich heute in entlegene Gebiete zurückgezogen, die meistens in den Bergen liegen. Die Größe des tatsächlichen Verbreitungsgebietes ist heute auf 5,400 km^2 geschrumpft. Größere Populationen sind lediglich noch bekannt aus dem Cockpit Country bis zum Mount Diablo im Zentrum Jamaikas sowie im Osten aus den John-Crow-Bergen. In den Blue Mountains kommt die Art noch örtlich und als Besucher vor. Sichtmeldungen gibt es aus den trockenen Hellshire Hills und aus der Portland Ridge, allerdings ist nicht bekannt, wie groß die Bestände dort sind. Im Cockpit Country umfasst die Population wenigstens noch 5.000 Vögel. Die Gesamtpopulation wird auf 10.000 bis maximal 20.000 Vögel geschätzt.

Zwar gilt die Art noch nicht als gefährdet, doch nehmen die Bestände langsam ab. Neben dem

Die Waldbestände im Cockpit Country

sind ein typisches Habitat für die Amazonen, bieten allerdings keinen effektiven Schutz, da sie nicht unter Schutz gestellt sind

Habitatsverlust ist auch der örtliche Fang für den Tierhandel hierfür verantwortlich.

Auf Jamaika gibt es zwar kein aktuelles Schutzprojekt, aber Schutzorganisationen wie BirdLife bemühen sich seit 1995, Aufklärungsarbeit zur Bestandssicherung der Amazonen zu leisten und Einheimische auszubilden, die sowohl die Öffentlichkeitsarbeit als auch Untersuchungen zur Biologie und Bestandsgröße durchführen können.

Die Habitate in den Blue Mountains und John Crow Mountains wurden zum Nationalpark erklärt, allerdings ist hierdurch ein Schutz der Amazonenbestände nicht gewährleistet.

Die Art wurde am 06.06.1981 in den Anhang II des WA aufgenommen.

Menschenobhut

Die Jamaika-Amazone gehört zu den Raritäten in den Volieren spezialisierter Züchter, und nur wenige Paare sind noch in Europa vorhanden. In der Wohnungshaltung spielt diese Amazonenart deshalb keine Rolle.

Von der Stimme her gehört sie zu den mittellauten Amazonenarten, die gelegentlich – vor allem morgens und abends – einmal etwas lauter schreien können. Dies ist aber fast nie lang anhaltend. Eine Sprachbegabung ist nicht bekannt. Grundsätzlich gehört diese Amazonenart derzeit nur in die Hände fortgeschrittener Züchter, die alles daran setzen, sie zu vermehren.

Unterbringung

Bei der Unterbringung muss beachtet werden, dass die Jamaika-Amazone etwas temperaturempfindlicher ist als andere Amazonen. Sie ist sehr wärmeliebend und sollte nie unter 15 °C gehalten werden. Eine Freivoliere mit beheiztem Innenraum für kühlere Tage und Nächte ist die beste Unterbringung. Im Winter sollte die Jamaika-Amazone nur an sehr milden Tagen Zugang zur Außenvoliere erhalten.

Da der Zuchtgedanke bei dieser Amazonenart im Vordergrund steht, ist nur die paarweise Haltung zu empfehlen. Über eine Zucht in einer artgleichen Gruppe ist nichts bekannt. Da diese Art gerne nagt, sollte die Voliere aus einer Metallkonstruktion bestehen. Regelmäßig müssen frische Äste unterschiedlicher Art gereicht werden, um das Nagebedürfnis der Tiere zu befriedigen.

Fütterung

Die Fütterung der Jamaika-Amazone weicht nicht von der Standardfütterung der Amazonen ab, wie sie in Band 1 beschrieben ist.

Zucht

Die Welterstzucht der Jamaika-Amazone gelang 1972 bei Perry Linder in Kalifornien, USA, die europäische Erstzucht 1982 bei Mr. und Mrs. Arman in England. Im deutschsprachigen Raum war es Herr Fricker aus der Schweiz, der erstmals Jamaika-Amazonen 1983 nachzog.

Die Zucht der Jamaika-Amazonen gehört zu den selteneren Ereignissen, und nur wenige erfolgreiche Nachzuchten sind in der Literatur vermerkt. Nach Robiller (1990) erreicht diese Amazonenart zwischen dem vierten und sechsten Lebensjahr die Geschlechtsreife, allerdings vermuten die Autoren, dass Amazonenarten dieser Größe auch schon früher geschlechtsreif sind.

Der Brutbeginn liegt in Europa im zeitigen Frühjahr, und die Brutstimmung setzt ab März ein. Die Bruthöhle sollte der Amazonengröße angepasst und nicht zu groß dimensioniert sein. So sollten die Grundmaße zwischen 20 cm x 20 cm und 25 cm x 25 cm liegen, die Höhe ist mit 60 cm ausreichend. Das Einschlupfloch sollte 8 cm Durchmesser nicht überschreiten. Als Einstreu hat sich Holzhäcksel bewährt, da dieses während der Brutzeit noch ausgiebig benagt werden kann.

Jamaika-Amazonen

benötigen regelmäßig Frischholzgaben

Naturbrut

Die paarweise Unterbringung ist wegen des erhöhten Aggressionspotenzials während der Brutzeit angeraten. Wenn sie nicht aus einer Handaufzucht stammen, zeigen Jamaika-Amazonen in der Regel ein eher ängstliches bis scheues Wesen. Dies kann sich allerdings zur Brutzeit ändern, denn durch den gestärkten Aggressionstrieb kann durchaus auch der Pfleger zur Verteidigung der eigenen Brut angegriffen werden.

Jamaika-Amazone

nen, und sie gelang bereits mehrfach. Auch handaufgezogene Vögel sollte man zum gegenwärtigen Zeitpunkt wegen der Seltenheit in Menschenobhut wieder zur Zucht einsetzen.

Mutationsformen

Eine rote Jamaika-Amazone wurde auf Jamaika im obernen Rio Grande Valley beobachtet. Die Rotfärbung entsprach der eines Hellroten Aras (*Ara macao*), und der Vogel hatte gelbe und grüne Farbbereiche in Flügeln und Schwanz. Nach Aussage der einheimischen Bauern sollen solche Amazonen von Zeit zu Zeit auftauchen (Zonfrillo 2000).

Sonstige Anmerkungen

Alle derzeit in Europa vorhandenen Jamaika-Amazonen sollten unbedingt zu Zuchtzwecken gehalten werden, um einen sich selbst erhaltenden Zuchtstamm in Menschenobhut aufzubauen. Da die sechs Tiere, die derzeit in europäischen Zoos gehalten werden, keinesfalls hierzu ausreichen, liegt die Zukunft der Volierenbestände derzeit vor allem in den Händen privater Züchter. Allerdings wurden in der AZ-Nachzuchtstatistik zwischen den Jahren 2000 und 2007 keine Nachzuchten der Jamaika-Amazone gemeldet, so dass es für die Erhaltung dieser Amazonenart in Europa derzeit wirklich sehr düster aussieht. Möglicherweise ist die Situation in den USA erfreulicher, da dort hin und wieder Nachzuchttiere zum Verkauf angeboten werden.

In Menschenobhut

wird die Jamaika-Amazone kaum noch angetroffen

In der Regel werden ein bis drei Eier gelegt. Die Brutzeit beträgt 26 Tage, die Nestlingszeit etwa acht Wochen. Das einzige vermessene Jungtier wog lediglich 6,8 g.

Die Ringgröße liegt bei 9,5 mm.

Handaufzucht

Die Handaufzucht von Jamaika-Amazonen unterscheidet sich nicht von der anderer Amazo-

Weiterführende Literatur

Freileben und Artenschutz: Cruz & Gruber (1981), Downer *et al.* (1990), Fairbairn (1981), Forshaw (1989), Koenig (2001), Raffaele *et al.* (1998), Seitre (2005), Snyder *et al.* (2000), Varty (1991), Wiley (1991), Zonfrillo (2000)

Haltung und Zucht: Arman (1983), Arndt (1996), Fricker (1983), Low (1983), Robiller (1990)

Amazona leucocephala (Linné 1758)

Kuba-Amazone

Die Kuba-Amazone dürfte wohl die erste Amazone gewesen sein, die von den Entdeckern Amerikas nach Europa gebracht worden ist. Entsprechend lange ist sie schon in Menschenobhut bekannt, obwohl sie früher nie in großen Stückzahlen bei den Papageienhaltern anzutreffen war. Vor der deutschen Wiedervereinigung zählte sie in Westdeutschland zu den Raritäten (und war entsprechend teuer), während sie zur gleichen Zeit in Ostdeutschland die am häufigsten gehaltene Vertreterin der Gattung war. Das lag daran, dass die Kontakte zwischen der ehemaligen DDR und Kuba sehr eng waren und die Kuba-Amazonen importiert werden durften.

Heute wird die Art regelmäßig in den Volieren der Papageienfreunde gezüchtet und ist dementsprechend auch verhältnismäßig günstig zu erwerben.

Es werden insgesamt fünf Unterarten unterschieden, wobei die Unterart *palmarum* umstritten ist und möglicherweise einer genauen Überprüfung nicht standhalten kann. Sowohl die Nominatform als auch *palmarum* dürften in Menschenobhut gelangt und dort vermischt worden sein.

Ebenfalls angezweifelt wird von einigen Autoren die Unterart *caymanensis*, da nur ein Teil der Vögel der Typbeschreibung entspricht und der Rest nicht von *leucocephala* zu unterscheiden ist (Fischer & Wetmore, 1931).

Hin und wieder wurde von verschiedenen Autoren vorgeschlagen, die Blaukronenamazone (*A. ventralis*) der Kuba-Amazone als Unterart zuzuordnen, doch weisen jüngere DNA-Untersuchungen darauf hin, dass beiden der Rang einer eigenen Art zusteht.

Kuba-Amazone (*Amazona leucocephala leucocephala*)

Die Vertreter der Unterarten *caymanensis*, *hesterna* und *bahamensis* werden zurzeit vermutlich nicht in Europa gehalten, sondern sind allenfalls in den USA zu finden.

Westliche Kuba-Amazone (*Amazona leucocephala palmarum*)

Beschreibung und Verbreitung

1. *Amazona l. leucocephala* (Linné 1758)

Kuba-Amazone

Engl.: Cuban Amazon

Die Grundfärbung dieser mittelgroßen Amazone ist grün bis leicht gelblichgrün, wobei jede Feder schwarz gesäumt ist. Stirn, Vorderscheitel und der Augenbereich sind weiß, der restliche Scheitelbereich und der Nacken bläulichgrün. Die Ohrdecken sind matt schwarz. Zügel, Wangen, Kinn, Hals und manchmal einige Federn auf der Brust sind rosarot. Auf dem Bauch befindet sich eine in der Ausdehnung variable weinrote Zeichnung, wobei bei vielen Vögeln das Bauchzentrum noch grün ist. Die weinrote Färbung kann sich bis auf die angrenzenden Schenkelbereiche ausdehnen.

Flügelsaum, Handdecken, Daumenfittich und Handschwingen sind blau, die Außenfahnen der Armschwingen mattblau und die Unterschwanzdecken gelbgrün. Die Schwanzfedern besitzen auf den Außenfahnen eine breite rote Basis und auf der Oberseite eine grüngelbe Spitze.

Der nackte Augenring ist weiß und die Iris rotbraun, der Schnabel ist hornfarben. Die Wachshaut ist mattweißlich und die Füße sind graufleischfarben.

Die Weibchen sind wie die Männchen gefärbt, aber im Durchschnitt etwas kleiner.

Die Jungtiere zeigen eine deutlich geringere schwarze Säumung auf den Körperfedern. Die weinrote Bauchzeichnung ist bei ihnen reduziert und fehlt bei einigen Exemplaren vollständig. Die Iris ist dunkel. Die Umfärbung ins Adultgefieder ist mit 12 Monaten beendet.

Größe: 32 cm (Flügellänge 180 mm - 205 mm, Schwanzlänge 100 mm - 112 mm)

Verbreitung: Ost- und Zentral-Kuba östlich der Provinz Las Villas.

Körpergewicht: ca. 240 g

2. *Amazona l. palmarum* Todd 1916

Westliche Kuba-Amazone

Engl.: Western Cuban Amazon

Beschreibung: Diese Unterart unterscheidet sich von der Nominatform durch ein insgesamt etwas dunkleres Gefieder. Der Hals ist kräftiger rot gefärbt. Die Bauchzeichnung ist durchschnittlich dunkler und weiter ausgedehnt.

Größe: 32 cm (Flügellänge 187 mm - 202 mm, Schwanzlänge 100 mm - 113 mm)

Verbreitung: West-Kuba westlich der Provinz Las Villas sowie die Isla de la Juventud.

3. *Amazona l. caymanensis* (Cory 1886)

Cayman-Amazone

Engl.: Cayman Island Amazon

Beschreibung: Diese Unterart unterscheidet sich von der Nominatform durch ein insgesamt etwas gelblichgrüneres Gefieder. Die schwärzlichen Federsäume sind nicht so auffallend, und das Weiß ist auf die Stirn begrenzt, reicht jedoch bis in Höhe der Augenringmitte. Die weißen Federn zeigen bei den meisten Exemplaren einen rosafarbenen, manchmal gelblichen Anflug. Das Rosarot der Wangen ist bei vielen Vögeln durch grüne Federn von dem Hals getrennt. Brust und Unterrücken haben einen leicht türkisfarbenen Anflug. Der rote Bauchfleck ist stark reduziert und meist kaum vorhanden. Im Durchschnitt ist diese Unterart etwas größer als die Nominatform.

Größe: 34 cm (Flügellänge 192 mm - 207 mm, Schwanzlänge 102 mm - 120 mm)

Verbreitung: Insel Grand Cayman

4. *Amazona l. hesterna* Bangs 1916

Cayman-Brac-Amazone

Engl.: Cayman Brac Amazon

Beschreibung: Diese Unterart unterscheidet sich von der Nominatform und von *caymanensis* durch ein insgesamt dunkleres Gefieder. Das Rot ist stark reduziert und meist nur als verhältnismäßig kleiner Fleck unter den Augen und mit wenigen Federn auf dem Hals vorhanden. Das

Cayman-Amazone (Amazona leucocephala caymanensis)

Cayman-Brac-Amazone

(Amazona leucocephala hesterna) – Weibchen zeigen im Durchschnitt weniger Rot auf dem Bauch

Weiß ist auf die Stirn begrenzt; ein rosafarbener Anflug wie bei *caymanensis* ist nicht vorhanden. Der weinrote Bauchfleck ist variabel, aber im Durchschnitt ausgedehnter. Wangen und Hals sind kräftiger rot. Diese Unterart ist durchschnittlich kleiner als die Nominatform.

Die Weibchen sind wie die Männchen gefärbt, zeigen aber im Durchschnitt weniger Rot auf dem Bauch und eine schmalere weiße Stirnfärbung.

Größe: 30 cm (Flügellänge 171 mm - 185 mm, Schwanzlänge 98 mm - 104 mm)

Verbreitung: Cayman-Brac-Insel und ehemals auch auf Little Cayman. Dort gilt die Unterart seit 1932 als ausgestorben.

Die Kuba-Amazone (links) ist deutlich größer als die Cayman-Brac–Amazone (rechts)

5. *Amazona l. bahamensis* (Bryant 1867)

Bahama-Amazone

Engl.: Bahamas Amazon

Beschreibung: Diese Unterart unterscheidet sich von der Nominatform durch ein deutlich ausgedehnteres Weiß auf Stirn und Vorderscheitel. Vie-

rechte Seite: Bahama-Amazone (Amazona leucocephala bahamensis)

Verbreitung der Kuba-Amazone

le Vögel zeigen das Weiß auch auf den Zügeln und unterhalb der Augen. Der hintere Scheitelbereich und der Nacken sind blau. Der weinrote Bauchfleck fehlt oder ist stark reduziert, die rote Basis auf den Außenfahnen der Schwanzfedern nicht so weit ausgedehnt wie bei der Nominatform. Insgesamt ist diese Unterart deutlich größer.

Größe: 34 cm (Flügellänge 200 mm - 217 mm, Schwanzlänge 110 mm - 124 mm)

Verbreitung: Diese Unterart ist nur noch auf den beiden weit voneinander gelegenen Bahama-Inseln Great Inagua und Abaco zu finden. Früher bewohnte sie auch die Inseln Little Abaco, Acklin, Long, Crooked und Fortune.

Lebensraum

Die Art bewohnt die dichten Laub- und Nadelwälder sowie mit Palmen bestandene Gebiete sowohl im Tiefland als auch im Gebirge.

In den meisten Gegenden, in denen die Nominatform und die Unterart *palmarum* auf Kuba noch vorkommen, werden Laubwälder bevorzugt, daneben ist die Kuba-Amazone aber auch in anderen Waldtypen, Mangroven und in Palmenhainen anzutreffen. Örtlich besucht sie Anbauflächen, Obstplantagen und Gärten mit Obstbäumen.

Auf den Cayman-Inseln sind sowohl *hesterna* als auch *caymanensis* in den trockenen Wäldern der Hochplateaus und den sich anschließenden landwirtschaftlich genutzten Gebieten zu finden.

Die Bahama-Amazone bewohnt auf Great Inagua die Laubwälder und auf Abaco ausschließlich die Pinienwälder.

Ökologie

Außerhalb der Brutzeit werden Kuba-Amazonen in der Regel paarweise, in Gruppen oder kleinen Schwärmen bis zu 30 Vögeln gesehen. Etwas größere Ansammlungen können an den Schlafplätzen beobachtet werden. Während der Brutzeit sind die Schwärme deutlich kleiner, und regelmäßig werden dann auch einzelne Amazonen beobachtet. Innerhalb der Schwärme können die Paare gut ausgemacht werden, kurz nach der Brutsaison auch die Familienverbände, da die Vögel eng zusammen bleiben. In den meisten Gebieten, in denen den Amazonen nachgestellt wird, sind sie sehr scheu. In anderen Gebieten, wie z. B. auf Abaco oder in abgelegenen Gegenden, haben sie hingegen eine verhältnismäßig geringe Fluchtdistanz.

Die Amazonen brechen auf Abaco zwischen Sonnenaufgang und 8 Uhr laut rufend von den Schlafplätzen in kleinen Gruppen zu den Nahrungsgebieten auf, von denen sie bereits gegen 16 Uhr zurückkehren.

Der Flug der Kuba-Amazonen ist gerade, schnell und von schweren Flügelschlägen geprägt.

Rufe

Insgesamt besitzen die Kuba-Amazonen ein umfangreiches Rufrepertoire. Die schrill pfeifenden und metallischen Rufe sind vor allem während des Fluges weithin zu hören. Die Lautäußerungen werden durch vibrierende Elemente oder durch Verlängern variiert. In vielen Gebieten sind die Vögel morgens und abends ausgesprochen lärmend, während der Nahrungsaufnahme allerdings leise.

Nahrung

Die Nahrung der Kuba-Amazone besteht aus Samen oder Früchten von *Smilex-*, *Duranta-*, *Sabal-*, *Acacia-*, *Metopium-*, *Tetrazygia-*, *Swietenia-*, *Cupania-*, *Lysiloma-*, *Exothere-*, *Ernodia-* und *Tabebuia*-Arten. Daneben werden die ungeöffneten Blattknospen der Kubanischen Königspalme (*Roystonea regia*) sowie die Zapfen und Sprösslinge von Nadelbäumen (*Pinus caribae*, *Coccoloba uvifera*, *Conocarpus erecta*) gefressen.

Örtlich fallen die Amazonen gelegentlich in Gärten, Obstplantagen und Getreidefelder ein, wobei sie insbesondere in Mango-Bäumen und Papayas Schäden anrichten.

Brutbiologie

Die Brutsaison liegt auf allen Inseln zwischen März und August. Mit Ausnahme von Abaco befinden sich die Nester in Höhlen von Spechten oder Baumtermitenbauten, abgestorbenen Ästen oder in Palmen. In der Regel befindet sich der Nesteingang wenigstens in 6 m Höhe. Auf Abaco werden mangels geeigneter Laubbäume oder Palmen bis zu 3,20 m tiefe Höhlen im Kalksteinboden genutzt. Die Eingänge weisen Maße zwischen 8 cm x 27 cm und 25 cm x 41 cm auf. Der eigentliche Nestbereich im Innern ist bis zu 30 cm x 61 cm groß.

Das Gelege besteht aus zwei bis fünf Eiern, die zwischen 26 und 28 Tagen bebrütet werden. Die Nestlingszeit beläuft sich auf acht Wochen. In der Regel werden nicht alle Jungen groß.

Während der Brut sind die Alttiere vorsichtig. Bevor sie sich dem Nest nähern, verharren sie erst bis zu 20 Minuten in dessen näherer Umgebung. Nach etwa vier Wochen bleibt das Weibchen nicht mehr im Nest, und die Jungen sind nahezu den ganzen Tag über allein. Sie werden ab dieser Zeit auch nur noch zweimal täglich gefüttert. Nach dem Ausfliegen bleiben Junge noch verhältnismäßig lange bei ihren Alttieren.

Die Eimaße betragen 35,0 mm x 28,2 mm.

Status und Schutzmaßnahmen

In nahezu sämtlichen Gebieten Kubas ist die Art mittlerweile äußerst selten geworden und aus vielen Gegenden bereits verschwunden. Etwas größere Populationen sind lediglich noch aus der Zapata- und der Guanahacabibes-Halbinsel und aus der Sierra de Najasa sowie auf der Isla de la Juventud bekannt. Der Bestand auf Kuba wird

Die Pinienwälder auf Abaco

sind der bevorzugte Lebensraum der Bahama-Amazonen

Die Bestände der Kuba-Amazonen

sind auf wenige Gebiete zurückgedrängt worden; die Aufnahme zeigt die Westliche Kuba-Amazone auf der Isla de la Juventud

heute insgesamt nicht für wesentlich größer als 10.000 Exemplare angesehen, wovon rund 1.200 Vögel auf die Isla de la Juventud entfallen. Eine Gefährdung besteht vor allem in der Umwandlung des Lebensraumes in Anbaugebiete, aber auch durch den Fang und das Aufbrechen und Ausnehmen der Nester für den Vogelhandel sowie durch Wirbelstürme, die in den Brutgebieten Nistbäume zerstören.

Die kleinen Inselpopulationen der Unterarten *caymanensis*, *hesterna* und *bahamensis* sind vor allem durch Waldzerstörung und eingeschleppte Kleinräuber gefährdet, zurzeit allerdings verhältnismäßig stabil in ihrer Größe. Auf Gran Cayman (*caymanensis*) leben noch rund 1.900 Exemplare, die hauptsächlich im Zentrum und in den östlichen Teilen der Insel zu finden sind. 1992 waren lediglich 1.500 Tiere gezählt worden. In den 70er Jahren des letzten Jahrhunderts war ein geringer Bruterfolg auf Moskitos zurückzuführen, die Jungtiere im Nest attackierten. Hinzu kam die Jagd auf die Amazonen, die aber zwischenzeitlich verboten worden ist. Seitdem nimmt die Population wieder zu.

Der Bestand auf Cayman Brac (*hesterna*) beträgt nur 300 bis 430 Vögel, und es schien lange Zeit fraglich, ob diese Unterart vor dem Aussterben bewahrt werden kann. Heute scheint die Population aber zumindest nicht mehr zurückzugehen.

Von der Bahama-Amazone (*A. l. bahamensis*) existieren auf Great Inagua noch rund 400 bis 500 und auf Abaco noch etwa 1.100 bis 1.200 Vögel. Diese sind auf Great Inagua im Süden, Osten und Westen der Insel fleckenartig verbreitet, während sie auf Abaco nur noch in den Pinienwäldern im südlichen Drittel zu finden sind. Letztere Population schrumpfte vor allem in den 50er Jahren des letzten Jahrhunderts und ist heute insbesondere durch herumstreunende Katzen und Kleinräuber gefährdet, die die Bodennester während der Brutzeit ausnehmen.

Örtliche Schutzprojekte bzw. -maßnahmen existieren für alle Unterarten, so dass eine gute Chance besteht, dass sich insbesondere die Unterarten auf den verhältnismäßig kleinen und anfälligen Bahama- und Cayman-Inseln in ihrer Bestandsgröße halten können.

Die Art wurde am 01.07.1975 in den Anhang I des WA aufgenommen.

Menschenobhut

Die Kuba-Amazone gehört bei den Züchtern zwar nach wie vor zu den besonderen Amazonenarten, dennoch ist sie oft in den Zuchtanlagen zu finden. Aufgrund der guten Beziehungen der ehemaligen DDR zu Kuba war sie in Ostdeutschland zwar häufig anzutreffen, gehörte vor der deutschen Wiedervereinigung sonst aber zu den selteneren Amazonen in Menschenobhut. Heute ist sie häufig bei Züchtern in ganz Europa vertreten.

Als zahme Hausvögel werden Kuba-Amazonen häufig in Kuba gehalten. In Europa ist diese Haltungsform nicht üblich, und die Kuba-Amazonen werden in erster Linie zur Zucht eingesetzt.

In Menschenobhut wurde bei der Zucht nur selten auf die Unterartenzugehörigkeit Wert gelegt, so dass heute von einer „Einheits-Kuba-Amazone“ ausgegangen wird, die der Nominatform zugerechnet wird. Die wenigen Halter anderer Unterarten sollten bei den Zuchtbemühungen unbedingt nur unterartengleiche Tiere verpaaren.

Handaufgezogene Kuba-Amazonen können in der Wohnungshaltung angenehme Hausgenossen werden. Allerdings sollte man sie eher zu Zuchtzwecken einsetzen, um langfristig einen guten Zuchtstamm zu gewährleisten. Die Kuba-Amazone gehört nicht zu den herausragend sprachbegabten Amazonenarten, kann bei entsprechendem Training aber durchaus einige Worte nachahmen lernen. Die mittellaute Stimme wird von den Vögeln oft eingesetzt, so dass sie gelegentlich als unangenehm angesehen wird.

Unterbringung

Da Kuba-Amazonen gerne nagen, ist eine Metallkonstruktion für die Unterbringung empfehlenswert. Die beste Unterbringungsmöglichkeit stellt eine kombinierte Außenvoliere mit temperiertem Innenraum dar. Wärmere Temperaturen sind für Kuba-Amazonen unabdingbar, da sie aus der Karibik stammen. Der Innenraum sollte deshalb in der kälteren Jahreszeit immer auf mindestens 10 bis 15 °C geheizt werden, um den Tieren eine „Wohlfühlatmosphäre" zu schaffen. Mehr oder weniger lange Aufenthalte in der Außenvoliere sind nur an frostfreien Tagen möglich.

Kuba-Amazonen sind sehr bewegungsaktiv und in Gehegen unterzubringen, die genügend Bewegungs- und Flugmöglichkeiten bieten. Längere Volieren von 6 m und mehr kommen den Vögeln zugute, denn Kuba-Amazonen fliegen lieber als dass sie klettern. Bei der Haltung in einer Zimmervoliere muss deshalb den Amazonen täglich ausreichend Freiflug im Raum gewährt werden, um einer Verfettung der Tiere vorzubeugen.

Zur Haltung der Kuba-Amazone empfiehlt sich die paarweise Unterbringung. Eine Unterbringung zur Zucht in der Gruppe wurde in der Loro Parque Fundación wieder abgebrochen, da das Aggressionspotential der Tiere untereinander so hoch war, dass stärkere Verletzungen befürchtet wurden. Wir empfehlen daher, künftige Gruppenexperimente mit Kuba-Amazonen nur mit äußerster Vorsicht durchführen.

Große und lange Gehege

kommen dem Flugbedürfnis der Kuba-Amazonen entgegen

Fütterung

Die Fütterung der Kuba-Amazonen entspricht der allgemein beschriebenen Methode, wie sie in Band 1 dargestellt wurde. Ergänzend können reife Zapfen von Nadelbäumen gereicht werden.

Zucht

Die Welterstzucht der Kuba-Amazone gelang schon im Jahre 1922 bei Prinz Taka-Tsukasa in Tokio, Japan. Während die europäische Erstzucht 1956 bei E. Boosey in England gelang, glückte die deutsche 1975 bei S. Schenk in der ehemaligen DDR. Ramon Noegel und Greg Moss aus Florida in den USA waren wohl die erfolgreichsten Züchter der Kuba-Amazonen. Zwischen 1974 und 1995 konnten sie über 400

Zur Zucht

sollten Kuba-Amazonen aufgrund ihrer Aggressivität nur paarweise gehalten werden

Jungtiere aufziehen. Bis zur siebten Generation züchteten sie ihre Tiere weiter, 1996 wurde jedoch der komplette Zuchtbestand gestohlen.

Vom Schwierigkeitsgrad her gehört die Kuba-Amazone zu den relativ einfach zu züchtenden Arten, die lediglich wegen ihres Aggressionspotentials auch dem eigenen Partner gegenüber Erfahrung und Fingerspitzengefühl des Züchters erfordern.

Es sind mehrere Kuba-Amazonenzuchten bekannt geworden, die schon mit zweijährigen Tieren glückten.

Im zeitigen Frühjahr beginnt in Mitteleuropa die Brutzeit für die Kuba-Amazonen.

Als Nistgelegenheit eignen sich Nistkästen mit Maßen von 20 cm bis 25 cm x 20 cm bis 25 cm als Bodenfläche bei einer Höhe zwischen 60 cm und 80 cm. Das Eingangsloch sollte einen Durchmesser von 8 cm bis 10 cm haben. Als Einstreu eignet sich Holzhäcksel, das von den brütenden Tieren durch Nagen zusätzlich noch zerkleinert wird.

Naturbrut

Das bereits erwähnte Aggressionspotential der Kuba-Amazonen erlaubt nur eine paarweise Haltung zur Brut. Insbesondere die Männchen sind aggressiv; gelegentlich wird auch das eigene Weibchen angegriffen und es kann zu Todesfällen oder Verletzungen kommen. Eine gute Beobachtung der Zuchtpaare während der Brutzeit ist unbedingt notwendig, um bei ersten Hinweisen auf aggressives Verhalten eingreifen zu können. Während der Brutzeit können Kuba-Amazonen auch gegenüber dem Pfleger aggressiv werden.

Während verschiedene Literaturquellen die Gelegegröße zwischen zwei und drei Eiern angeben, die 26 bis 28 Tage bebrütet werden und die Jungtiere dann nach einer Nestlingszeit von acht bis zehn Wochen ausfliegen, lag die Eierzahl von 7 Gelege in der Loro Parque Fundación bei 4,14 Eiern pro Gelege, wobei die Gelegegröße zwischen drei und fünf Eiern schwankte. Die durchschnittlichen Maße von 8 Eiern lagen bei 34,9 mm x 27,8 mm. Entnimmt man die Eier des Erstgeleges frühzeitig, kommt es in der Regel zu einem Nachgelege.

Die Kuba-Amazone wird regelmäßig in kleinen Stückzahlen in der Loro Parque Fundación gezüchtet; dabei erwiesen sich die Elterntiere, die ihre Jungtiere selbst aufzogen, stets als zuverlässig. Das Schlupfgewicht lag bei 10 gewogenen Jungtieren exakt bei 10 g.

Kuba-Amazonen benötigen 9,5-mm-Ringe.

Handaufzucht

In der Handaufzucht erweisen sich auch Aufzuchten ab dem Ei als problemlos. Ein handelsübliches Handaufzuchtfutter leistet dabei gute Dienste. Handaufgezogene Jungtiere sind sehr zutraulich und geben beste Hausgenossen ab, sollten aber dennoch stets paarweise gehalten werden, um auch ihnen die Möglichkeit zur Zucht zu gewähren.

Kuba-Amazonen-junges

im Alter von 62 Tagen

Mutationsformen

Aus der Tschechischen Republik wurden Kuba-Amazonen mit fast völlig roter Brust und rotem Bauch bekannt. Daneben sind eine olivfarbene, eine blaue und eine Lutino-Mutation aufgetreten.

Sonstige Anmerkungen

Die Kuba-Amazone ist in guten Stückzahlen in den Volieren der Züchter vertreten. So wurden in den Jahren 2000 bis 2007 in der AZ-Nachzuchtstatistik insgesamt 165 Jungtiere der Nominatform gemeldet. Damit belegt diese Amazonenart zusammen mit der Gelbwangenamazone den vierten Platz der am häufigsten gezüchteten Amazonenarten. In den europäischen Zoos werden 69 Kuba-Amazonen der Nominatform gehalten (Stand August 2008). Behält man die Zucht auch in Zukunft im Auge, dürfte die Art auch langfristig ihren Platz in Menschenobhut haben. Auf jeden Fall sollte man auf die Unterartenreinheit bei der Zucht achten. Sind neben der Nominatform noch reine Tiere der anderen Unterarten zu finden, sollten diese unbedingt unterartenrein weitergezüchtet und Mischlinge von der Weiterzucht ausgeschlossen werden.

Weiterführende Literatur

Freileben und Artenschutz: Aguilera (1997), Attrill (1980), Bangs (1916), Barbour (1923), Bond (1956), Bond (1969), Bond (1971), Bond (1980), Bradley & Rey-Millet (1985), Brudenell-Bruce (1975), Brykczinski (1987), Buden (1987), Dorge (1997), Forshaw (1989), Gnam (1988), Gnam (1990), Gnam (1993), King (1976), King (1981), Lambert & Lambert (2004), Noegel (1975), Noegel (1976), Noegel (1983), Snyder *et al.* (1981), Snyder *et al.* (1996), Stahala & Stafford (2004), Todd (1916), Wiley (1991), Wiley *et al.* (1998), Wiley *et al.* (2004)

Haltung und Zucht: Bernasek (1976), Boosey (1957), de Grahl (1974), Haase (1987b), Haase (1987c), Low (1996), Nichols (1981a), Noegel (1977), Noegel (1980), Noegel (1983), Noegel (1988), Noegel & Moss (1991), Them (1996)

Amazona ventralis (P.L.S. Müller 1776)

Blaukronenamazone

Die Blaukronenamazone ist nie in großen Stückzahlen in Menschenobhut gelangt und heute selten bei den Haltern und Züchtern anzutreffen, obwohl ihre Zucht nicht schwer ist. Aufgrund der eher schlichten Färbung ist sie aber nie so beliebt gewesen wie ihre nächsten Verwandten. In der Literatur finden sich dementsprechend auch nur wenige Berichte über ihre Haltung und Zucht.

Hin und wieder wurde von verschiedenen Autoren vorgeschlagen, die Blaukronenamazone der Kuba-Amazone (*A. leucocephala*) als Unterart zuzuordnen, doch weisen jüngere DNA-Untersuchungen darauf hin, dass beiden der Rang einer eigenen Art zusteht.

Die Art ist monotypisch.

Engl.: Hispaniolan Amazon

Beschreibung und Verbreitung

Die Grundfärbung dieser mittelgroßen Amazone ist grün. Die Federn von Kopf, Nacken und Rücken sind schwarz gesäumt, Stirn und Zügel weiß, wobei die Ausdehnung der weißen Färbung variiert. Der Scheitel und der obere Wangenbereich sind mattblau, die Ohrdecken und bei manchen Vögeln auch Teile der angrenzenden Wangenbereiche schwarz. Einige Federn auf dem Kinn sind rosarot, wobei diese variabel sind und bei einigen Vögeln gänzlich fehlen. Brust und Bauch sind mehr gelblich in der Grünfärbung. Der Bauch weist eine in der Ausdehnung variable kastanienbraune Färbung auf. Der Unterrücken ist gelblichgrün.

Die Handdecken und Handschwingen sind blau. Die Außenfahnen der ansonsten blauen Armschwingen und großen Flügeldecken besitzen eine grüne Säumung. Die Unter- und Oberschwanzdecken sind gelbgrün. Die äußeren Schwanzfedern haben auf den Außenfahnen einen bläulichen Anflug und eine rote Basis. Die Oberseite ist dunkelgrün, wobei die Federn eine grüngelbe Spitze aufweisen.

Der nackter Augenring ist weiß und die Iris braun, der Schnabel gelblich hornfarben. Die Wachshaut ist hell fleischfarben und die Füße sind blassgrau.

Die Weibchen sind wie die Männchen gefärbt, aber im Durchschnitt etwas kleiner. Viele Weibchen zeigen im Kinnbereich einige orangerote Federn und eine ausgedehntere rötliche Bauchfärbung (Robiller & Trogisch 1984).

Jungtiere besitzen ein insgesamt matteres Gefieder und weniger Blau auf dem Scheitel. Der Bauch ist nahezu grün und die Iris dunkel. Die Umfärbung ins Adultgefieder ist mit etwa 10 Monaten beendet.

Größe: 28 cm (Flügellänge 170 mm - 200 mm, Schwanzlänge 90 mm - 105 mm)

Gewicht: ca. 240 g

Verbreitung: Hispaniola (Haiti und Dominikanische Republik) und die vorgelagerten Inseln Grande Cayemite, Gonâve, Beata (Haiti) und Sanoa (Dominikanische Republik). Die Art wurde auf Puerto Rico und möglicherweise auch auf Culebra (Puerto Rico) eingebürgert.

Auf den Jungferninseln St. Croix und St. Thomas befanden sich kleine Populationen freigelassener oder entflogener Vögel, von denen nicht bekannt ist, ob sich der jeweilige Bestand festigen konnte.

rechte Seite: Blaukronenamazone (Amazona ventralis)

Blaukronenamazone

Verbreitung der Blaukronen-amazone

Lebensraum

Die Art bewohnt die unterschiedlichsten Gebiete mit Baumbestand ab Meeresspiegel bis 1.500 m Höhe. Zu den bevorzugten Habitaten zählen mit Palmen bestandene Savannen sowie die bewaldeten Gebiete im gebirgigen Innern Hispaniolas. Dort ist sie sowohl im feuchten, immergrünen Bergwald als auch in den Pinienwäldern zu finden. Sie kommt mit teilweise gerodeten Gebieten zurecht. Anbaugebiete werden nur zur Nahrungsaufnahme aufgesucht.

Ökologie

Außerhalb der Brutzeit werden Blaukronenamazonen in der Regel paarweise oder in Gruppen bis zu 12 Vögeln gesehen. Während der Brutzeit sondern sich die Paare ab. Nach dem Ausfliegen der Jungen bilden sich dann wieder kleine Schwärme, in denen die Familiengruppen gut zu unterscheiden sind. In der Regel sind die Amazonen sehr vorsichtig, und man kann sich ihnen kaum nähern; nur beim intensiven Fressen zeigen sie eine überraschend geringe Fluchtdistanz.

Blaukronenamazonen werden bereits bei Tagesanbruch aktiv. Sie klettern auf die oberen Zweige von Bäumen, von wo aus sie laut rufen und schnattern. Je nach Schwarmgröße kann dies weithin zu vernehmen sein. Die Paare oder Familienverbände verlassen die Schlafbäume nach einiger Zeit nahezu gemeinsam und fliegen zu Futterplätzen. Dort verbringen sie den größten Teil des Tages fressend oder ruhend in Bäumen, wo sie aufgrund ihrer Gefiederfärbung kaum zu entdecken sind. In den späten Nachmittagsstunden kehren sie gemeinsam zu den Schlafbäumen zurück. Dort können sich beträchtliche Ansammlungen einfinden.

Es wurden regelmäßige jahreszeitliche Wanderungen beobachtet, die alle auf die örtliche Verfügbarkeit von Nahrung zurückzuführen sind.

Der Flug ist verhältnismäßig langsam und durch schnelles, kurzes Flügelschlagen gekennzeichnet, das an den von Enten erinnert. Während sich die Vögel auf den morgend- und abendlichen Flügen von bzw. zu den Schlafplätzen in beträchtlicher Höhe fortbewegen, sieht man sie ansonsten tagsüber lediglich die Baumkronen überfliegen.

Rufe

Die Lautäußerungen sind variabel. Es werden laute Schreie beschrieben, die die Amazonen insbesondere hören lassen, wenn sie aufgeschreckt werden. Der Flug wird durch fortwährende schrille und quakende Rufe begleitet. Während des Fressens ist ein ständiges Schnattern zu hören. Zur Brutzeit geben die Männchen ein regelmäßiges, nahezu melodiöses Schnattern von sich.

Nahrung

Die Nahrung der Blaukronenamazonen besteht aus Samen und Früchten (*Caesalpinia*, *Psidium*, *Ficus*, wilden Orangen). Daneben fressen sie Beeren, Nüsse und wahrscheinlich auch Blüten. Regelmäßig fallen sie in Gärten, Obstplantagen und Getreidefeldern ein, wo sie Schäden bei Bananen, Guaven, Mais oder Kakteenfrüchten verursachen.

Brutbiologie

Die Brutsaison liegt auf allen Inseln zwischen Februar und Mai, vermutlich jedoch auch länger. In der Regel werden Nester in natürlichen oder von Spechten herausgearbeiteten Höhlen gefunden, die sich oft in großer Höhe lebender oder abgestorbener Bäume befinden. In einem Fall befand sich ein Nest in 9 m Höhe mit einem Durchmesser von 23 cm in einem abgestorbenem Baumstamm, der auf einer Rodungsfläche rund 100 m vom Waldrand entfernt stehen gelassen worden war. Nester sind jedoch auch in Felswänden, Palmen oder Kakteen gefunden worden. Die ersten von Einheimischen zum Verkauf aus den Nestern genommenen Jungen werden meist im Mai angeboten. Blaukronenamazonen zeigen während der Brut ein ausgeprägtes Revierverhalten, bei dem Konkurrenten aggressiv aus der Umgebung des Nestes vertrieben werden. Das Gelege besteht aus zwei oder drei, seltener auch aus vier Eiern.

Die Eimaße betragen 35,7 mm x 27,6 mm.

Status und Schutzmaßnahmen

Die Art war ehemals häufig und auf der ganzen Insel verbreitet. Im 19. Jahrhundert konnten noch Schwärme von 500 und mehr Blaukronenamazonen beobachtet werden. Durch intensive Waldrodungen, Verfolgung als Ernteschädling, Abschuss als Nahrungsquelle und Fang für den Vogelhandel sanken die Bestände aber im letzten Jahrhundert drastisch. Bereits in den 30er Jahren war das Vorkommen auf das bewaldete Innere Hispaniolas geschrumpft und die Amazonen nur noch zur Nahrungssuche im Tiefland anzutreffen.

Heute ist die Blaukronenamazone auf ein Gebiet

von ca. 14,300 km^2 beschränkt und in größeren Stückzahlen in der Dominikanischen Republik lediglich in der Sierra de Baoruco, Sierra Neiba und in der Cordillera Central zu finden. In Haiti ist sie in kleineren Populationen nur noch im gebirgigen Süden anzutreffen.

Auf Puerto Rico ist die Blaukronenamazone im letzten Jahrhundert eingeschleppt worden. Die dortigen Bestände gehen auf entflogene und freigelassene Vögel zurück. In einem Fall war einer illegalen Sendung von mehreren hundert jungen Amazonen von den puertoricanischen Behörden die Einfuhr nach Puerto Rico verweigert worden, worauf die Schmuggler die Vögel auf offener See außerhalb des Hafens von Mayaguez in der Hoffnung fliegen ließen, polizeilichen Nachstellungen zu entkommen. Viele der Vögel erreichten jedoch Puerto Rico, und es ist anzunehmen, dass

Nur noch im gebirgigen Inneren Hispaniolas

sind die Amazonen in nennenswerten Beständen anzutreffen

Blaukronen-amazonen

sind durch ihre Gefiederfärbung im Freiland nur schwer im Grün der Bäume auszumachen

die heutige Population vor allem auf diese Tiere zurückzuführen ist.

Die Freilandpopulationen belaufen sich heute auf Hispaniola auf 10.000 bis 20.000 Amazonen. Auf Puerto Rico leben mehrere Hundert Vögel, deren Bestände zuzunehmen scheinen.

Man bemüht sich heute, die Bevölkerung über die Situation der Blaukronenamazonen aufzuklären, um dadurch deren Schutz zu verstärken. In den Jahren 1997 und 1998 wurden 49 in Menschenobhut aufgezogene und mit Radiosendern versehene Amazonen erfolgreich im Parque del Este, Dominikanische Republik, freigelassen.

Die Art wurde am 06.06.1981 in den Anhang II des WA aufgenommen.

Menschenobhut

Nur bei spezialisierten Amazonenzüchtern kann man Blaukronenamazonenpaare sehen, die gelegentlich auch zur Zucht schreiten. In Europa besteht noch kein gefestigter Zuchtstamm dieser Art.

In der Wohnungshaltung sind die Blaukronenamazonen so gut wie nicht vertreten, und sie sollten derzeit auch nicht ohne Zuchtabsichten gepflegt werden.

Von der Stimme her gehört die Blaukronenamazone zu den mittellauten Vertretern der Gattung, die aber in der Zeit der Brutstimmung durchaus auch ihre Stimme hören lässt.

Eine Sprachbegabung der Blaukronenamazonen ist nicht bekannt.

Die Blaukonenamazone gehört zu den sehr bewegungsaktiven Amazonenarten, bei denen die Männchen während der Brutzeit auch aggressiv gegenüber ihrem Weibchen werden können. Nicht nur aufgrund ihrer Seltenheit sollte diese Amazonenart in erster Linie von erfahrenen Papageienhaltern gepflegt werden.

Unterbringung

Blaukronenamazonen nagen gerne an frischen Zweigen, die man auch regelmäßig anbieten sollte. Wegen ihres Nagebedürfnisses müssen die Volierenelemente aus Metall sein. Die beste Unterbringung stellt eine kombinierte Freivoliere mit anschließendem temperierten Schutzraum dar. Blaukronenamazonen sind sehr bewegungsaktive Vögel. Da sie gerne fliegen, sollte man die Freivoliere so lang wie möglich gestalten. Dabei muss die Mindestlänge wenigstens vier Meter betragen. Die Temperaturen dürfen im Winter nicht unter 10 °C liegen.

Fütterung

Die Fütterung orientiert sich an den allgemeinen Fütterungshinweisen für Amazonen, wie sie in Band 1 dargestellt sind.

Zucht

Die Welterstzucht der Blaukronenamazone gelang 1971 im Jersey Wildlife Preservation Trust in England. Im selben Jahr glückte Ramon Noegel in Florida die Zucht. Innerhalb von 10 Jahren zog er 28 Jungtiere per Hand auf. 1982 züchtete er die Art schon in der dritten Generation. Die Erstzucht im deutschsprachigen Raum gelang 1980 bei Finck in der Schweiz. Die Zucht von Blaukronenamazonen ist nicht allzu schwierig. Spätestens ab dem dritten Lebensjahr sind Männchen und Weibchen zuchtreif. Der Brutbeginn in Europa liegt im Frühjahr.

Die Nisthöhlen sollten eine Grundfläche zwischen 20 cm x 20 cm und 25 cm x 25 cm bei einer Höhe zwischen 60 und 100 cm haben. Gerne werden auch tiefere Nisthöhlen angenommen. Das Einschlupfloch ist mit acht Zentimeter Durchmesser optimal. Als Einstreu verwendet man grobes Holzhäcksel, das den Tieren noch die Möglichkeit zum Nagen lässt.

Naturbrut

Zur Zucht ist die paarweise Unterbringung empfehlenswert. Erfahrungen mit der Zucht in der Gruppenhaltung mit artgleichen oder anderen Amazonen liegen nicht vor. Allerdings gelang die Zucht der Blaukronenamazone in einer gemischten Haltung mit einem Zuchtpaar Jendayasittichen (*Aratinga jendaya*) im Vogelpark Walsrode, ohne dass es zu Aggressionen zwischen den Arten gekommen wäre. Die Blaukronenamazonen zeigen sich während der Brutzeit gegenüber dem Pfleger meist aggressiv. Dieser wird angedroht, und die Vögel versuchen, ihn durch lautes Schreien zu vertreiben.

Die durchschnittliche Gelegegröße in der Loro Parque Fundación lag bei 3,5 Eiern pro Gelege. Von den 10 ausgewerteten Gelegen bestanden fünf aus 3 Eiern und fünf aus 4 Eiern. Dies entspricht auch den Angaben in der Literatur. Die Brutzeit wird von verschiedenen Autoren mit 25 bis 29 Tagen angegeben. Die Nestlingszeit wird ebenfalls sehr variabel beschrieben. Sie liegt zwischen 7 und 8 Wochen (Arndt 1990) und 69 Tagen (Robiller 1990).

Blaukronenamazonen-Küken

im Alter von etwa drei Wochen

Wird das Erstgelege nach etwa 10 Tagen zur künstlichen Inkubation entnommen, kommt es in vielen Fällen zu einem Nachgelege.

In der Loro Parque Fundación wird die Blaukronenamazone regelmäßig in kleinen Stückzahlen gezüchtet. Dabei wird das Erstgelege zur künstlichen Bebrütung entnommen und das Nachgelege den Eltern zur eigenen Aufzucht überlassen. Dabei haben sich die Blaukronenamazonen stets als zuverlässige Eltern erwiesen, die ihre Jungtiere problemlos großziehen.

Die durchschnittliche Größe von 11 Eiern betrug 34,71 mm x 27,94 mm, das durchschnittliche Schlupfgewicht 10,22 g. Hierbei hatte das schwers-

In Menschenobhut

befinden sich nur noch kleine Bestände der Blaukronen-amazone

te der 10 Küken 11,3 g und das leichteste 9,2 g.

Die Ringgröße für Blaukronenamazonen liegt bei 9,5 mm.

Handaufzucht

Die Handaufzucht gelingt in der Regel ohne Probleme mit einer handelsüblichen Handaufzucht-futtermischung. Handaufgezogene zahme Tiere sind sehr verspielt und zutraulich, sollten aber wegen der Seltenheit der Art nicht als Heimtier, sondern ebenfalls zur Zucht verwendet werden.

Mutationsformen

Es sind keine Farbmutationen bekannt.

Sonstige Anmerkungen

Um einen sich selbst erhaltenden Zuchtstamm der Blaukronenamazonen aufzubauen, sollten alle derzeit in Europa verfügbaren Tiere zur Zucht eingesetzt werden. Noch sind dafür einige Tiere vorhanden und bei konsequentem Vorgehen ist die Chancen relativ gut, dass man die Blaukronenamazonen in Menschenobhut langfristig etablieren kann. Da derzeit nur 13 Blaukronenamazonen (Stand 2008) in den europäischen Zoos gehalten werden (davon 8 in der Loro Parque Fundación), liegt die Zukunft dieser Art in Menschenobhut derzeit vor allem in den Händen verantwortungsvoller Züchter. Es ist nicht damit zu rechnen, dass jemals noch Tiere aus der Natur nach Europa gelangen.

In der AZ-Nachzuchtstatistik in den Jahren 2000 bis 2007 ist nicht eine einzige Nachzucht der Blaukronenamzone gemeldet. Dies sollte ein Alarmzeichen sein, um sich intensiver um diese Art zu kümmern.

Weiterführende Literatur

Freileben und Artenschutz: Bond (1956), Bond (1965), Bond (1971), Collazo *et al.* (2003), Dod (1992), Forshaw (1989), Lantermann (1990), Raffaele *et al.* (1998), Schwartz (1970), Snyder *et al.* (2000), Vásquez *et al.* (1995), Vilella *et al.* (1999), Wetmore & Swales (1931), White *et al.* (2005), Wiley (1991)

Haltung und Zucht: Arndt (1990), Brock (1991), Gates (1971), Finck (1979), Noegel (1983), Robiller (1990), Robiller & Trogisch (1984), Sambroni (2001), Sjodahl (1985), Snyder *et al.* (1987)

Weißstirnamazonen-Weibchen (Amazona albifrons albifrons) zeigen durchschnittlich eine weniger ausgeprägte Weiß- und Rotfärbung

Amazona albifrons (Sparrman 1788)

Weißstirnamazone

Die Weißstirnamazone ist in Menschenobhut zumindest seit den 70er Jahren des letzten Jahrhunderts gut bekannt. Sie ist heute zwar nicht so zahlreich bei den Haltern anzutreffen wie andere häufige Arten, doch scheinen die Volierenbestände durch Nachzuchten gefestigt zu sein.

Es gibt drei Unterarten, die im Prinzip nicht schwer voneinander zu unterscheiden sind. Eine Bestimmung ohne genaue Kenntnis der Herkunft wird aber dadurch erschwert, dass es in Mexiko zwischen den einzelnen Unterarten fließende Übergänge gibt und man davon ausgehen kann, dass auch solche Vögel importiert wurden. Zusätzlich dürften zumindest in früheren Jahrzehnten die verschiedenen Unterarten miteinander gekreuzt worden sein. Deutsche Züchter bemühen sich aber heute in der Regel, ihre Vögel unterartenrein zu verpaaren, soweit eine Größenbestimmung anhand der Flügelmaße (siehe hierzu unter Einführung) dies zulässt.

Beschreibung und Verbreitung

1. *Amazona a. albifrons* (Sparrman 1788)

Weißstirnamazone

Engl.: White-fronted Amazon

Beschreibung: Die Grundfärbung dieser kleinen Amazone ist grün. Beim Männchen sind Stirn und vorderer Scheitelbereich weiß bis cremefarben. Der Rest des Scheitels ist mattblau, wobei jede Feder schwärzlich gesäumt ist. Die grünen Nackenfedern sind schwarz gesäumt. Zügel und Augenbereich sind rot.

Flügelsaum, Handdecken und Daumenfittich sind rot gefärbt, die Handschwingen und die Außenfahnen der Armschwingen blau. Ober- und Unterschwanzdecken sind gelbgrün. Die Schwanzfedern besitzen auf den Außenfahnen eine breite rote Basis und auf der Oberseite eine grüngelbe Spitze.

Der nackte Augenring ist grau und die Iris blassgelb bis orangefarben. Der Schnabel ist gelb, wobei der Oberschnabel eine hornfarbene Spitze besitzt. Wachshaut und Füße sind fleischfarbengrau.

Weibchen sind wie die Männchen gefärbt, jedoch sind Daumenfittich und Handdecken in der Regel grün. Einige Weibchen haben zwar ebenfalls mehrere oder alle Handdecken rot, allerdings ist der Daumenfittich auch bei ihnen immer grün.

Sonora-Weißstirnamazone (Amazona albifrons saltuensis)

Kleine Weißstirnamazone (Amazona albifrons nana)

Jungtiere besitzen kein Rot in den Flügeln. Auf der Stirn sind nur wenige gelbliche Federn. Der Scheitel zeigt keinen oder nur einen schwachen blauen Anflug. Die Iris ist dunkel.

Die Umfärbung ist in der Regel mit 10 Monaten beendet.

Größe: 26 cm (Flügellänge 170 mm - 190 mm; Schwanzlänge 80 mm - 100 mm)

Verbreitung: Die Nominatform bewohnt die Tieflandgebiete und die Gebirgshänge entlang der Pazifik-Küste in Zentralwest-Mexiko in der Provinz Nayarit südwärts bis Chíapas. In Guatemala ist sie noch im südwestlichen Tiefland anzutreffen, während Vögel von Nord-Guatemala und dem trockenen Inland bereits der Unterart *nana* zugerechnet werden. Exemplare aus Nordwest-Nayarit zeigen bereits einen bläulichen Anflug und liegen zwischen *albifrons* und *saltuensis*.

Links: Weißstirnamazonen-Männchen (Amazona albifrons albifrons)

2. *Amazona a. saltuensis* Nelson 1899

Sonora-Weißstirnamazone

Engl.: Sonora White-fronted Amazon

Beschreibung: Männchen sind wie die Nominatform gefärbt, insgesamt ist das Grün aber bläulich verwaschen. Dies ist insbesondere auf Rücken und Nackenseiten zu sehen. Das Blau auf dem Scheitel ist weiter ausgedehnt und reicht bis in den Nacken.

Verbreitungskarte

für die Weißstirnamazone

Weibchen sind ebenfalls bläulicher in der Grünfärbung und zeigen die gleichen Geschlechtsunterschiede, wie sie auch bei der Nominatform auftreten.

Größe: 26 cm (Flügellänge 175 mm - 190 mm; Schwanzlänge 81 mm - 96 mm)

Verbreitung: Nordwest-Mexiko in Sinaloa, West-Durango und Süd-Sonora.

3. *Amazona a. nana* (W. de W. Miller 1905)

Kleine Weißstirnamazone

Engl.: Lesser White-fronted Amazon

Beschreibung: Männchen sind wie die Nominatform gefärbt, jedoch insgesamt kleiner. Die Flügelmaße überschreiten nur bei sehr wenigen Vögeln die Länge von 170 mm. Einige Exemplare zeigen einen blasseren Grünton im Gefieder.

Weibchen sind ebenfalls kleiner und zeigen die gleichen Geschlechtsunterschiede, wie sie auch bei der Nominatform auftreten.

Größe: 24 cm (Flügellänge 155 mm - 170 mm; Schwanzlänge 73 mm - 91 mm)

Verbreitung: Süd-Mexiko entlang der Karibikküste im äußersten Südosten von Veracruz über Tabasco und die gesamte Yucatán-Halbinsel bis nach Nordost-Chíapas und von dort südwärts bis Nordwest-Costa-Rica.

Lebensraum

Die Art nutzt eine breite Palette an Habitaten ab dem Meeresspiegel bis zu 1.850 m Höhe. Sie ist praktisch in allen mit Bäumen bestandenen Gebieten zu finden einschließlich der trockenen Gegenden auf der Yucatán-Halbinsel, die neben Trockenwäldern auch aus Kakteen- und Dornbuschsavannen bestehen, bis hin zu den Regenwaldgebieten von Chíapas. In den gebirgigeren Gegenden nutzt die Art laubabwerfende oder Pinienwälder. Auf der Karibikseite bevorzugt sie offenere Gebiete als auf der Pazifikseite. Regelmäßig ist sie in Anbaugebieten, Obstgärten und Obst- und Kokosnussplantagen anzutreffen.

Während die Art gewöhnlich nur Gebiete bis 900 m Höhe bewohnt, wird sie in Sonora auch in 1.500 m und in Honduras sogar in 1.850 m Höhe angetroffen.

Ökologie

Außerhalb der Brutzeit werden die Weißstirnamazonen meist in kleineren Schwärmen bis zu 20 Vögeln beobachtet, nur selten auch einzeln oder paarweise. An ergiebigen Nahrungsplätzen wurden bereits mehrere hundert Exemplare gezählt und an sicheren Schlafplätzen (z. B. Mangrovengebiete) mehrere tausend. In der Regel sind die Vögel verhältnismäßig zutraulich. Vor allem während der Nahrungsaufnahme in belaubten Bäumen zeigen sie nur eine geringe Fluchtdistanz. Werden die Amazonen bei der Nahrungsaufnahme gestört, fliegen sie meist bloß eine kurze Strecke und lassen sich auf dem nächsten Baum nieder.

In den Bäumen tarnt ihr Gefieder ausgezeichnet, und sie sind nur schwer zu entdecken, zumal sie sich während des Fressens oder Ruhens ruhig und unauffällig verhalten. Andererseits wurde auch beobachtet, dass die Weißstirnamazonen gerade während der Nahrungsaufnahme „aufgeregt" und laut sein können.

Gegen Abend sammeln sich die Gruppen bereits auf ihrem Weg zu den Schlafbäumen zu großen Schwärmen von mehreren hundert Vögeln. Dort kommen die ersten Trupps bei Sonnenuntergang an, und es dauert bis in die Nacht, bis die letzten laut schreiend ihren Platz auf den Bäumen gefunden haben. Jeder neu ankommende Schwarm verursacht einen erhöhten Geräuschpegel durch das Geschrei der bereits anwesenden Vögel. Sie verlassen die Bäume bei Tagesanbruch in Gruppen von 10 bis 15 Tieren. Gelegentlich bilden die Weißstirnamazonen an Nahrungs- oder Schlafplätzen gemeinsame Schwärme mit Goldzügelamazonen (*Amazona xantholora*).

Der Flug ist sprunghaft, von schweren Flügelschlägen gekennzeichnet und von Rufen begleitet.

In der Regel zeigt die Art kein Wanderverhalten. Aus einigen Teilen des Verbreitungsgebietes wie auf der Yucatán-Halbinsel, im westlichen El Salvador oder in der Gebirgsregion von Ost-Guatemala sind die Vögel jedoch nur als jahreszeitliche Besucher bekannt.

Rufe

Die Weißstirnamazonen besitzen ein umfangreiches Rufrepertoire. Neben scharfen *tscha-tscha-tscha-tscha*-Rufen, die an die Schreie der sympatrisch vorkommenden Elfenbeinsittiche (*Aratinga canicularis*) erinnern, wurden bellende *jack-jack-jack-*, harsche *krack-krack*-Schreie oder trillernde *graaaht*-Rufe registriert. Einige der Lautäußerungen können sehr laut und durchdringend sein. Zu ihnen gehören harsche *skiit-*, metallische *skii-et-* oder kurze *klaaat*-Schreie.

Offenes Gelände mit Baumbestand

ist der typische Lebensraum der Weißstirnamazonen im mexikanischen Bundesstaat Chíapas

Nahrung

Die Nahrung der Weißstirnamazonen besteht aus Früchten (*Lemaireocereus thurberi*, *Pachycereus*-Kaktus, Feigen, Mango), Knospen (*Jatropha cordata*, *Ehretia tinifolia*, *Metopium browneei*), Samen, Beeren, Nüssen und Blüten. Sie fallen regelmäßig in Getreidefelder und mit Obstbäumen bestandene Gärten sowie in Obstplantagen ein und richten dort Schäden an.

Brutbiologie

Die Brutsaison erstreckt sich von November bis Juni. Die Nisthöhlen befinden sich meist in abgestorbenen oder lebenden Laubbäumen, Ästen und Palmen. Hin und wieder werden von Spech-

Ein Weibchen an der Bruthöhle

Weißstirnamazonen sind hinsichtlich ihrer Brutbäume nicht wählerisch

ten herausgearbeitete Höhlen übernommen oder Termitenbauten als Bruthöhlen verwendet. Auf der Yucatán-Halbinsel sind *Bursera simaruba* und *Caesalpinia gaumeri* die am häufigsten genutzten Brutbäume.

Die Elterntiere verhalten sich sehr vorsichtig in der näheren Umgebung der Bruthöhle. In der Regel wird erst ein nahe stehender Baum angeflogen und überprüft, ob keine Gefahr besteht. Erst dann lassen sich die Amazonen auf einen Ast des Brutbaumes nieder und verharren dort mehrere Minuten, bevor sie sich zum Nesteingang wagen. Das Gelege besteht aus drei bis vier Eiern. Die durchschnittlichen Eimaße betragen 30,3 mm x 22,7 mm.

Status und Schutzmaßnahmen

Die Art ist noch durchweg häufig bis sehr häufig und zählt entlang der Pazifikküste neben dem Elfenbeinsittich (*Aratinga canicularis*) zu den am einfachsten zu beobachtenden Papageien. Auf der Karibikseite scheinen die Bestände örtlich sogar aufgrund der Waldrodungen zuzunehmen, da die nun offenen Gebiete mit vereinzeltem Baumbestand von den Weißstirnamazonen bevorzugt werden. Die Größe des tatsächlichen Verbreitungsgebietes beträgt etwa 550.000 km^2, allerdings fehlt die Art örtlich oder ist nur in einer geringen Populationsdichte anzutreffen, wobei nicht immer zu erkennen ist, worin die Ursache hierfür liegt.

Obwohl die Art in Mexiko geschützt ist, wird sie immer noch regelmäßig von den Einheimischen für den Heimvogelmarkt gefangen. Auf der Yucatán-Halbinsel gilt die Weißstirnamazone als Ernteschädling und wird in einigen Gebieten verfolgt.

Schutzprojekte für die Weißstirnamazone existieren zurzeit nicht.

Die Art wurde am 06.06.1981 in den Anhang II des WA aufgenommen.

Menschenobhut

Die Weißstirnamazone wird verhältnismäßig häufig in den Volieren von Züchtern gehalten. Dabei wird meist zwischen der Nominatform und der Kleinen Weißstirnamazone unterschieden, die deutlich durch ihre Größenunterschiede erkennbar sind. Die Sonora-Weißstirnamazone ist in der Haltung so gut wie unbekannt oder wird nicht als solche erkannt. Auch wird gelegentlich die Nominatform mit der Kleinen Weißstirnamazone verpaart, so dass auch Unterartenmischlinge aufgetreten sind, die aber teilweise nicht als solche erkannt werden und je nach individueller Größe einer der Unterarten zugeordnet werden. Bei Zuchtbemühungen in Menschenobhut sollte daher auf die Reinhaltung der Unterarten geachtet werden.

In der Wohnungshaltung sollte trotz der relativ geringen Körpergröße den Tieren entweder eine große Voliere oder aber regelmäßig täglich Freiflug gewährt werden, da die Weißstirnamazonen bewegungsaktiv sowie sehr gute und schnelle Flieger sind.

Die durchdringende und bei öfterem Gebrauch auch durchaus unangenehm laute Stimme, die aus teilweise hohen und schrillen Lauten besteht, hat schon manchen privaten Halter dazu bewegt, sich wieder von den Tieren zu trennen. Meist sind es jedoch einzeln gehaltene Tiere, die vermehrt ihre Stimme hören lassen, da diese auch zur Kontaktaufnahme genutzt wird. Dagegen gibt es Paare, die nur selten zu hören sind und deshalb nicht als unangenehm auffallen.

Die Sprachbegabung bei Weißstirnamazonen ist nur mäßig ausgeprägt, meist werden nur wenige Worte oder einzelne Pfiffe erlernt.

Grundsätzlich bestehen bezüglich der einzelnen Unterarten keine Unterschiede im Verhalten bzw. den Haltungs- und Zuchtbedingungen in Menschenobhut.

Die Weißstirnamazonen gehören zu den robusten und wenig empfindlichen Amazonenarten, die auch durchaus dem Anfänger in der Amazonenhaltung empfohlen werden können.

Unterbringung

Trotz ihrer geringen Körpergröße gehören Weißstirnamazonen zu den nagefreudigen Papageienarten, so dass bei einer Volierenhaltung einer Metallkonstruktion gegenüber einer Holzbauweise der Vorzug zu geben ist.

In der Wohnungshaltung eignen sich die üblichen Zimmervolieren bestens zur Unterbringung, allerdings sollte täglich Zeit für Rundflüge eingeplant werden.

In der Volierenhaltung im Garten ist diese Amazonenart recht robust, braucht aber an Tagen unter 10°C die Möglichkeit, einen temperierten Innenraum aufzusuchen.

Die paarweise Haltung ist die optimale Haltungsform für die Weißstirnamazonen, denn sie zeigen dann eine sehr starke Paarbindung, die sich in gemeinsamen Unternehmungen wie gegenseitigem Kraulen, Fressen, Spielen usw. äußert.

In der Volierenhaltung

erweisen sich Weißstirnamazonen als robuste Vögel

Fütterung

Bei der Fütterung sind keine besonderen, von der allgemein für Amazonen beschriebenen Fütterungstechnik abweichenden Dinge zu beachten (siehe Band 1). Eine Amazonendiätfuttermi-

Junge Weißstirnamazone

im Alter von 14 Tagen

schung mit niedrigem Energiegehalt sowie eine reichhaltige Obst- und Gemüsemischung bilden die Grundlagen der Ernährung.

Zucht

Die europäische Erstzucht gelang Horst Müller, Bomlitz, Deutschland, im Jahre 1977, während die Welterstzucht bereits im Jahre 1922 in der Kollektion des japanischen Prinzen Taka-Tsukasa erfolgte.

Die Weißstirnamazonen gehören zu den leichter zu züchtenden Amazonenarten. Junge Weibchen können schon im Alter von zwei Jahren zum ersten Mal zur Brut schreiten, während die Männchen meist im Alter von drei Jahren befruchtungsfähig sind. Der Brutbeginn liegt in Mitteleuropa im Frühjahr.

Als Nisthöhlen werden gezimmerte Brutkästen mit den Maßen 25 cm x 25 cm Grundfläche sowie einer Höhe zwischen 50 cm und 60 cm gerne angenommen. Das Einflugloch sollte 10 cm im Durchmesser nicht überschreiten und im oberen Drittel des Nistkastens positioniert sein. Als Nistkasteneinstreu eignet sich grobes Holzhäcksel, das von den Tieren benagt werden kann.

Naturbrut

Zuchtreife Paare schreiten bei guten Rahmenbedingungen relativ einfach zur Brut, allerdings sollten sie dazu einzeln in einer Zuchtvoliere untergebracht werden, da sie in der Brutzeit sehr aggressiv gegenüber anderen Mitbewohnern werden können. Brütende Paare können aber auch den Pfleger beim Saubermachen des Geheges oder bei der Nistkastenkontrolle angreifen.

Das Gelege besteht in der Regel aus drei bis vier Eiern, und die Brutzeit beträgt 26 Tage. Weißstirnamazonen sind grundsätzlich gut sorgende Eltern, und nur gelegentlich kommt es zu Aufzuchtschwierigkeiten und man muss die Jungen zur Handaufzucht entnehmen. Nach 55 bis 60 Tagen werden die jungen Weißstirnamazonen flügge und verlassen die Nisthöhle.

Entfernt man das Erstgelege rechtzeitig, etwa acht bis zehn Tage nach Ablage des letzten Eies, um es künstlich zu erbrüten, produzieren die meisten Weibchen innerhalb von vier bis sechs Wochen ein Nachgelege. Dieses sollte man dann auf jeden Fall den Eltern zur natürlichen Aufzucht belassen, um ihnen die Möglichkeit zu bieten, ihre natürlichen Verhaltensweisen ausleben zu können.

Die Nominatform sowie die Kleine Weißstirnamazone werden seit Jahren in der Kollektion der Loro Parque Fundación gehalten und regelmäßig in größeren Stückzahlen sowohl in Naturbrut als auch in Handaufzucht aufgezogen. Dabei erwiesen sich die Elterntiere stets als zuverlässig, und es wurden bis zu vier Jungtiere gleichzeitig groß. Drei Gelege der Nominatform bestanden je aus vier Eiern ohne Abweichung. Die Größe von vier Eiern lag duchschnittlich bei 33,86 mm x 27,49 mm. Das Schlupfgewicht von 11 Jungtieren der Nominatform lag bei 9,4 g, wobei das schwerste Küken 10,1 g und das leichteste lediglich 8,7 g wog.

Bei der Kleinen Weißstirnamazone besteht der Durchschnitt von 16 Gelegen aus 3,4 Eiern, wobei das kleinste zwei und das größte fünf Eier umfasste. Die Eigröße von 16 Kleinen Weißstirnamazonen liegt im Durchschnitt bei 33,94 mm x 27,62 mm. Bei einer vermessenen Kükenanzahl von 34 Vögeln liegt das mittlere Schlupfgewicht bei 9,8 g, wobei das schwerste frisch geschlüpfte

Küken 12,5 g und das leichteste gerade einmal 7,5 g wog.

Betrachtet man die Ei- bzw. Jungvogeldaten der beiden Unterarten, erkennt man, dass sich diese nicht signifikant unterscheiden und somit anhand dieser keine Zuordnung zur Unterart möglich ist.

Die Ringgröße beträgt 8,5 mm.

Handaufzucht

Die Handaufzucht von Weißstirnamazonen gelingt auch vom an Ei in der Regel ohne Probleme. Handelsübliches Aufzuchtfutter ist dazu bestens geeignet. Sollte bei der Handaufzucht ab dem Ei nach zwei bis drei Wochen ein Stagnieren der täglichen Gewichtszunahme auftreten, kann man diese durch Erhöhen des Fettanteils im Aufzuchtfutter wieder forcieren. Handaufgezogene Weißstirnamazonen eignen sich, auch zu mehreren gehalten, bestens als Hausgenossen. Sie sind zahme und liebeswerte Pfleglinge, die nicht aufdringlich werden, sondern durch natürliches Verhalten begeistern.

Mutationsformen

Es sind blaue und zimtfarbene sowie eine Albino- und Lutino-Weißstirnamazone bekannt; letztere wurde in den 1970er Jahren im Zoo von Houston, USA, gehalten.

Sonstige Anmerkungen

Die Weißstirnamazone ist in den Volieren der Züchter sowie auch als Haustier noch in ausreichenden Stückzahlen vertreten, um sich selbst erhaltende Zuchtstämme aufbauen zu können. Die europäischen Zoos halten 46 Exemplare von *albifrons* und 15 von *nana*, und in der AZ-Nachzuchtstatistik der Jahre 2001 bis 2008 sind 36 Junge der Nominatform und 10 der Unterart *nana* gelistet. Wenn die Züchter sich weiterhin um die Reinhaltung der Unterarten kümmern, haben die beiden oben genannten Unterarten auch in Zukunft ihren Platz in den Volieren.

Junge Weißstirnamazonen

wenige Tage nach dem Verlassen des Nests

Weiterführende Literatur

Freileben und Artenschutz: Binford (1968), Binford (1989), Blake (1953), Brockner (1999), Cano et al. (1990), Clinton-Eitniear (1988), Davis (1944), Davis & Bennit (1972), Dickey & Rossem (1938), Edwards (1972), Forshaw (1989), Friedmann et al. (1950), Griscom (1932), Kantak (1979), Klaas (1968), Land (1962), Land (1970), Lewis (1971), Levinson (1981), Monroe (1968), Orians (1969), Paynter (1955), Peterson & Chalif (1973), Ridgely (1981), Rossem, van (1945), Rossem, van (1953), Russel (1964), Short (1974), Slud (1964), Smithe (1966), Tyne, van (1935), Wetmore (1943), Wetmore (1944)

Haltung und Zucht: Asmus (2002), Böni (1979), Clarke (1982), Hebel (1991), Ivy (1991), Klein (2000), Levinson (1980), Marsian (1997), Müller (1978), Muschellik & Stegeweit (1984), Ruiter, de (1993), Russo (1999)

Goldzügelamazonen-Weibchen

haben nur wenig Rot im Wangenbereich und ihnen fehlt die gelbe Zügelfärbung

Amazona xantholora (G. R. Gray 1859)

Goldzügelamazone

Die Goldzügelamazone war jahrzehntelang in Menschenobhut nahezu unbekannt und noch in den 90er Jahren des letzten Jahrhunderts eine Seltenheit in den Volieren der Züchter. Auch heute ist sie verhältnismäßig selten bei den Haltern und Züchtern anzutreffen, obwohl sie regelmäßig nachgezüchtet wird. Aufgrund ihrer ansprechenden Färbung wird sie aber immer beliebter, und es ist zu erwarten, dass sie künftig häufiger in Menschenobhut gehalten wird.

Die Art ist monotypisch.

Engl.: Yellow-lored Amazon

Beschreibung und Verbreitung

Die Grundfärbung dieser kleinen Amazone ist grün, wobei die Federn deutlich schwarz gesäumt sind. Beim Männchen sind Stirn und vorderer Scheitelbereich weiß bis cremefarben. Der Rest des Scheitels ist mattblau, wobei jede Feder deutlich schwärzlich gesäumt ist. Die Zügel sind gelb, der Augenbereich und die oberen Wangen rot und die Ohrdecken schwärzlich gefärbt.

Die Handdecken, die vorderen Flughautfedern und bei den meisten Vögeln die Daumenfittiche sind rot gefärbt, die Handschwingen und die Außenfahnen der Armschwingen blau. Ober- und Unterschwanzdecken sind gelbgrün. Die Schwanzfedern besitzen auf den Außenfahnen eine rote Basis und auf der Oberseite eine grüngelbe Spitze.

Der nackte Augenring ist weiß und die Iris gelblichbraun. Der Schnabel ist gelblich hornfarben. Wachshaut und Füße sind fleischfarben.

Weibchen sind wie die Männchen gefärbt, jedoch sind die Stirn und der Vorderscheitel blau und die gelbe Zügelfärbung fehlt. Das Rot unter dem Auge ist nicht so weit ausgedehnt und bei vielen Vögeln auf wenige rote Federchen reduziert. Alle oder mehrere Handdecken können jeweils rot

Rechts: Goldzügelamazonen-Männchen (Amazona xantholora)

Goldzügelamazone

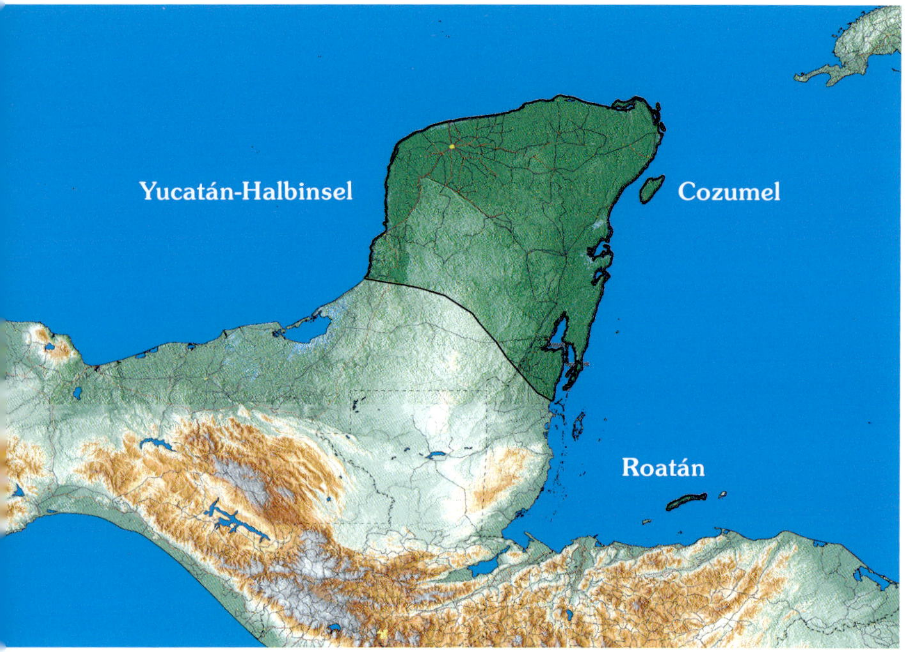

Verbreitungskarte

für die Goldzügelamazone

oder grün gefärbt sein. Der Daumenfittich ist immer grün. Die vorderen Flughautfedern sind grün, manchmal jedoch mit wenigen roten Federn durchsetzt.

Jungtiere besitzen eine mattblaue Stirn. Bei den Männchen ist das Rot in den Flügeln bereits vorhanden, während es bei den jungen Weibchen meist mit Grün durchsetzt ist. Die Iris ist dunkel.

Die Umfärbung ist mit 10 Monaten beendet.

Größe: 26 cm (Flügellänge 160 mm - 180 mm; Schwanzlänge 72 mm - 85 mm)

Gewicht: ca. 200 g

Verbreitung: Die Art bewohnt die Yucatán-Halbinsel in Südost-Mexiko in den Bundesstaaten Yucatán, Campeche und Qintana Roo sowie den benachbarten Norden von Belize. Zusätzlich ist sie auf der mexikanischen Insel Cozumel sowie möglicherweise auf der Insel Roatán, Honduras, zu finden.

Lebensraum

Die Art nutzt vor allem Laubwälder, Trockenwälder, trockenes Buschland und Sekundärvegetation. In Belize ist die Art in Pinienwäldern sowie in Mischwäldern mit überwiegend Pinien- und Eichen-Bestand anzutreffen. Auf Roatán soll sie die etwas höher gelegenen Pinienwälder nutzen.

Beobachtungen liegen ebenfalls vor aus lichten Regenwäldern, doch ist hierbei nicht immer klar, ob nicht eine Verwechslung mit der Weißstirnamazone (*Amazona albifrons*) vorliegt, mit der die Goldzügelamazone in Teilen des Verbreitungsgebietes sympatrisch vorkommt und von der sie im Feld nur schwer zu unterscheiden ist. Offensichtlich meidet die Art Regenwälder und hat sich auf die verschiedenen trockeneren Habitate spezialisiert.

Ökologie

Außerhalb der Brutzeit werden die Goldzügelamazonen in der Regel in Gruppen von 4 bis 16 Vögeln gesehen. Abends sammeln sie sich auf Schlafbäumen zu großen Schwärmen von oft mehreren tausend Amazonen. In der Umgebung des mexikanischen Dorfes Champotón, Campeche, wurden in den 60er Jahren des letzten Jahrhunderts an den Schlafplätzen immer wenigstens 1.500 Tiere gezählt, die sich in einer kleinen Flächen von Sekundärvegetation bereits ab den Nachmittagsstunden eingefunden hatten. Die Goldzügelamazonen verlassen die Schlafplätze bei Tagesanbruch in kleinen Gruppen und verteilen sich zur Nahrungsaufnahme auf die umliegenden Gebiete, wo sie sich den Rest des Tages fressend oder ruhend in den oberen Baumregionen aufhalten.

Während die Art in den meisten Gegenden, in denen sie sympatrisch mit der Weißstirnamazone vorkommt, aufgrund unterschiedlicher Habitatspräferenzen keine gemischten Schwärme bildet, liegen Berichte aus Champotón, Campeche, vor, dass sie hier oft zusammen mit der Weißstirnamazone gesehen wird. Diese Schwärme können beträchtliche Größen erreichen. Insgesamt ist die Art scheu, und nur während der Nahrungsaufnahme in Büschen und Bäumen ist die Fluchtdistanz etwas geringer. Dann sind die Vögel aber auch nur schwer zu entdecken, da sie sich ruhig und unauffällig verhalten. Werden sie bei der Nahrungsaufnahme gestört, fliegen sie meist nur eine kurze Strecke und lassen sich auf dem nächsten Baum oder Busch nieder. Während berichtet wird, dass die Amazonen auf dem Festland überwiegend in den Baumwipfeln nach Nahrung suchen, sind sie auf Cozumel fast nur in niedrigen Büschen und kleinen Bäumen zu finden.

In den frühen Morgenstunden ist die Art sehr lärmend, und man hört die Vögel bereits aus rund einem Kilometer Entfernung.

Der Flug ist durch flache Flügelschläge und permanentes Rufen gekennzeichnet, wirkt aber nicht so schwerfällig wie der der größeren Amazonenarten. Das liegt vor allem daran, dass er oft durch Gleitphasen unterbrochen wird. In offenen Gebieten fliegen die Amazonen nur wenige Meter über dem Boden. Während des Fluges sind sie ausgesprochen lärmend.

Jahreszeitliche Wanderungen sind nicht bekannt, aber auf Cozumel sind die Amazonen offensichtlich außerhalb der Brutzeit nur Besucher, die täglich vom benachbarten, nur 15 km entfernten Festland zur Nahrungsaufnahme die Insel besuchen. Jeden Morgen kurz nach Sonnenaufgang fliegen unterschiedlich große Schwärme laut schreiend zur Insel, wo sie sich hauptsächlich im östlichen Teil aufhalten. Kurz vor Sonnenuntergang kehren sie dann wieder zurück.

Rufe

Die Goldzügelamazonen besitzen ein ähnlich umfangreiches Rufrepertoire wie die Weißstirnamazonen (*Amazona albifrons*). Die einzelnen Rufe sind sich so ähnlich, dass die beiden Arten im Feld anhand der Stimmen nicht zu unterscheiden sind. Sie wurden bislang jedoch noch nicht beschrieben.

Nahrungsgebiete *der Goldzügelamazone auf der Insel Cozumel*

Nahrung

Die genaue Nahrung der Goldzügelamazonen ist bisher kaum dargestellt worden. Sie besteht aus Früchten (Zitrusfrüchte), Samen (*Acacia gaumeri*) und Beeren. Daneben werden wahrscheinlich auch Knospen, Nüsse und Blüten aufgenommen. Die Vögel fallen gelegentlich in Maisfelder und mit Obstbäumen bestandene Gärten ein und richten dort Schäden an.

Brutbiologie

Die Brutsaison erstreckt sich von März bis Juni. Die Bruthöhlen befinden sich in abgestorbenen Bäumen und wahrscheinlich auch in Baumtermi-

Goldzügelamazonen bei der Nahrungsaufnahme,

fotografiert auf Cozumel

tenbauten. Die bislang gefundenen Brutbäume befanden sich überwiegend in Anbaugebieten, in denen einzelne Bäume stehen gelassen worden waren. Über die Gelegegröße oder Brutdauer ist nichts bekannt. Jungvögel bleiben noch etliche Zeit mit den Alttieren zusammen.

Es wird zwar berichtet, dass die Art Cozumel nur zur Nahrungsaufnahme besucht, doch weisen jüngere Beobachtungen darauf hin, dass die Amazonen auch auf der Insel brüten.

Status und Schutzmaßnahmen

Die Art ist nur in Teilen ihres Verbreitungsgebietes häufiger, und in vielen Gegenden ist sie selten oder fehlt ganz. In Gebieten, in denen sie sympatrisch mit der Weißstirnamazone (*Amazona albifrons*) vorkommt, ist sie – von wenigen Ausnahmen abgesehen – in deutlich geringeren Stückzahlen vertreten.

Die größte Populationsdichte wird offensichtlich im Osten Yucatáns und auf der Insel Cozumel erreicht, obwohl hier zumindest die Küstenbereiche immer stärker touristisch erschlossen werden und als Habitate verloren gehen. Auf Cozumel wird von den Einheimischen bereits seit Jahren ein deutlicher Rückgang der die Insel besuchenden Schwärme beobachtet. Vor allem im nördlichen Bereich des Verbreitungsgebietes sinken die Bestandszahlen aufgrund zunehmender Habitatsvernichtung.

In Belize war die Art Mitte des letzten Jahrhunderts zumindest örtlich in guten Stückzahlen vertreten. Es liegen jedoch keine jüngeren Angaben über den Status der Art vor.

Unsicher ist die heutige Existenz auf Roatán. Zwar wurde hier 1947 ein Balg gesammelt, doch jüngere Nachforschungen auf der Insel konnten keine Belege für eine frühere oder heutige Existenz finden.

Obwohl die Art in Mexiko geschützt ist, wird sie örtlich immer noch von den Einheimischen in kleinen Stückzahlen für den Heimvogelmarkt gefangen. Sie gilt wie die Weißstirnamazone als Ernteschädling und wird in einigen Gebieten verfolgt.

Die Größe des tatsächlichen Verbreitungsgebietes beträgt etwa 130.000 km^2 und die Gesamtpopulation wird trotz der oben angeführten Beobachtungen noch als verhältnismäßig stabil eingeschätzt. Ob dies aber tatsächlich gerechtfertigt ist, können erst künftige Untersuchungen erbringen.

Schutzprojekte für die Goldzügelamazone existieren zurzeit nicht. Sie kommt aber in mehreren geschützten Gebieten vor, was zumindest einen örtlichen Schutz bedeutet.

Die Art wurde am 06.06.1981 in den Anhang II des WA aufgenommen.

Menschenobhut

Nur wenige spezialisierte Amazonenzüchter haben sich bisher der Haltung und Zucht dieser sehr interessanten Papageienart angenommen. Ungeübte Papageienhalter können die Goldzügelamazone auch leicht mit der Weißstirnamazone verwechseln, da die Größe und das Färbungsmuster ähnlich sind.

Für die Wohnungshaltung ohne Zuchtabsichten kommt die Goldzügelamazone derzeit wegen ihrer Seltenheit nicht in Betracht.

Von der Stimme her zählen die Goldzügelamazonen zu den mittellauten Amazonenarten. Eine Sprachbegabung ist nicht bekannt.

Die Goldzügelamazone ist eine Amazonenart für fortgeschrittene Halter, da sie nicht leicht zur Zucht zu bewegen ist. Erfahrung und Fingerspitzengefühl sind sicherlich für einen Zuchterfolg notwendig.

Unterbringung

Da Goldzügelamazonen gerne nagen, ist die Unterbringung in einer Voliere aus Metallkonstruktion empfehlenswert.

Die Unterbringung in einer Gartenvoliere mit angrenzendem, auf mindestens 15 °C temperierten Schutzraum ist ideal. Eine Haltung im Haus sollte nur in großen Volieren angestrebt werden, die genügend Flugmöglichkeiten bieten. Goldzügelamazonen fliegen gerne und deutlich öfter als andere Vertreter der Gattung. Insgesamt sind es aktive Vögel, und die Unterbringung muss so großzügig wie möglich bemessen sein.

Eine Gruppenhaltung wird bei Robiller (1990) im Vogelpark Walsrode beschrieben. Hier wurden

sechs Tiere gemeinsam mit Sonnensittichen (*Aratinga solstitialis*) in einer Voliere gehalten, ohne dass es zu Aggressionen kam. Allerdings wurde bei dieser Haltung auch nicht gezüchtet.

Nur erfahrene Papageienfreunde

sollten sich an die Haltung und Zucht von Goldzügelamazonen wagen

Fütterung

Die Fütterung der Goldzügelamazone weicht nicht von der in Band 1 beschriebenen allgemeinen Fütterung von Amazonen ab und kann dort nachgelesen werden.

Zucht

Die Welterstzucht der Goldzügelamazone gelang 1980 A. Meier in der Schweiz. Seither sind nur wenige Zuchten, u. a. im Vogelpark Walsrode, im Palmitos Park auf Gran Canaria und im Loro Parque auf Teneriffa, bekannt geworden.

Der Schwierigkeitsgrad der Zucht ist deutlich höher einzuschätzen als bei der verwandten Weiß-

Goldzügelamazone

Das Geschlecht der Goldzügelamazonen

ist bereits bei den Nestlingen zu erkennen

stirnamazone (*Amazona albifrons*), denn es dauert oft sehr lange, bis die Tiere überhaupt zur Brut schreiten, und es werden viele unbefruchtete Gelege produziert. Bei dieser kleinen Amazonenart tritt die Geschlechtsreife relativ früh ein; so kann man schon ab dem zweiten, spätestens ab dem dritten Lebensjahr mit dem ersten Gelege bei den Weibchen rechnen. Die Männchen sind ab dem dritten Lebensjahr befruchtungsfähig, fangen aber auch schon vorher an zu balzen.

Der Legebeginn liegt in Europa im Frühjahr. Das erste Gelege wurde schon im März registriert, doch die Eiablage beginnt normalerweise erst Ende Mai oder Anfang Juni.

Als Nisthöhlen eignen sich neben Naturstammhöhlen auch selbst gezimmerte Brutkästen mit den Grundmaßen 20 cm x 20 cm bei einer Höhe von 60 cm und einem Einschlupflochdurchmesser zwischen 6 cm und 8 cm. Als Nistkasteneinstreu hat sich grobes Holzhäcksel bewährt, das von den Tieren noch ausgiebig benagt werden kann.

Naturbrut

Zur Zucht sollte das vorgesehene Brutpaar einzeln untergebracht werden. Erfahrungen in der Gruppenhaltung zur Zuchtzeit liegen bisher noch nicht vor.

Grundsätzlich erwiesen sich die Goldzügelamazonen stets als zuverlässige Brüter. Das Aggressionspotential nimmt während der Brutzeit zu, und der Pfleger kann durchaus angegriffen werden, wenn er dem Brutkasten zu nahe kommt. Aggressionen innerhalb des Paares konnten bisher in der Kollektion der Loro Parque Fundación nicht beobachtet werden.

Die Goldzügelamazone wird regelmäßig, aber immer nur in kleinen Stückzahlen in der Loro Parque Fundación gezüchtet.

Sechs Eier hatten eine durchschnittliche Größe von 33,01 mm x 26,12 mm. Die Gelegegröße variiert allerdings stark; so wurden zwischen 2 und 5 Eier gelegt, wobei die durchschnittliche Größe von 11 Gelegen bei 3,8 Eier lag. Die Brutzeit liegt zwischen 24 und 26 Tagen. Trotz der Gelegegröße von bis zu fünf Eiern ist die Schlupfrate niedrig, da nie alle Eier befruchtet sind.

Bei sieben frisch geschlüpften Küken der Goldzügelamazone wurde das Schlupfgewicht festgestellt. Es liegt durchschnittliche bei lediglich 7,4 g. Das schwerste vermessene Küken in der Loro Parque Fundación wog 8,4 g, während das leichteste gar nur 6,9 g wog. Die Jungtiere sind nach etwa sieben Wochen flügge.

Die Ringgröße liegt für die Goldzügelamazone bei 8,5 mm.

Handaufzucht

In der Handaufzucht unterscheidet sich die Goldzügelamazone nicht von den Ansprüchen anderer Amazonen, ist aber im Vergleich zu den anderen Arten etwas schneller entwöhnt. Mit einem handelsüblichen Handaufzuchtfutter können Goldzügelamazonen problemlos aufgezogen werden.

Handaufgezogene Goldzügelamazonen sind sehr verspielt, zahm und sicherlich gut als Hausgenossen geeignet. Allerdings sollte wegen ihrer Seltenheit in Menschenobhut allen Nachkommen wieder die Möglichkeit zur Nachzucht gegeben werden, und sie sollten auf keinen Fall von den Züchtern für den Heimtiermarkt angeboten werden.

Mutationsformen

Bisher sind keine Farbmutationen der Goldzügelamazonen beschrieben worden.

Sonstige Anmerkungen

Wegen ihrer Seltenheit in Menschenobhut liegt bei den Pflegern der Goldzügelamazonen eine besondere Verantwortung für den Erhalt dieser Amazonenart als Volierenvogel. Zwar ist die Art derzeit in ihrem natürlichen Lebensraum noch nicht bedroht, doch wird wegen der Einfuhrsperre für wildgefangene Vögel nicht mehr mit Nachschub aus der Natur zu rechnen sein. Die wenigen Tiere sollten deshalb gezielt nur zu Zuchtzwecken eingesetzt werden, um den Bestand zu erhalten und langfristig in den Volieren zu etablieren.

Derzeit (Stand 2008) ist die Loro Parque Fundación die einzige zoologische Einrichtung in Europa, die diese Amazonenart hält und züchtet. Ohne die Initiative der Privatzüchter wird deshalb der Bestand der Goldzügelamazonen langfristig nicht gehalten werden können. In den Jahren 2000 bis 2007 wurden in der AZ-Nachzuchtstatistik lediglich 10 Jungtiere aufgelistet, was die Seltenheit dieser Art in Menschenobhut unterstreicht.

Junge Goldzügelamazonen

haben nach dem Ausfliegen noch sehr matte Gefiederfarben

Weiterführende Literatur

Freileben und Artenschutz: Brockner (1999), Cano *et al.* (1990), Davis & Bennit (1972), Edwards (1972), Friedmann *et al.* (1950), Griscom (1926), Klaas (1968), Howell & Webb (1992), Monroe (1968), Paynter (1955), Peterson & Chalif (1973), Ridgely (1981), Russel (1964)

Haltung und Zucht: de Grahl (1985), Low (2000), Meier (1980), Robiller & Trogisch (1984), Robiller (1990), Sweeney (1997)

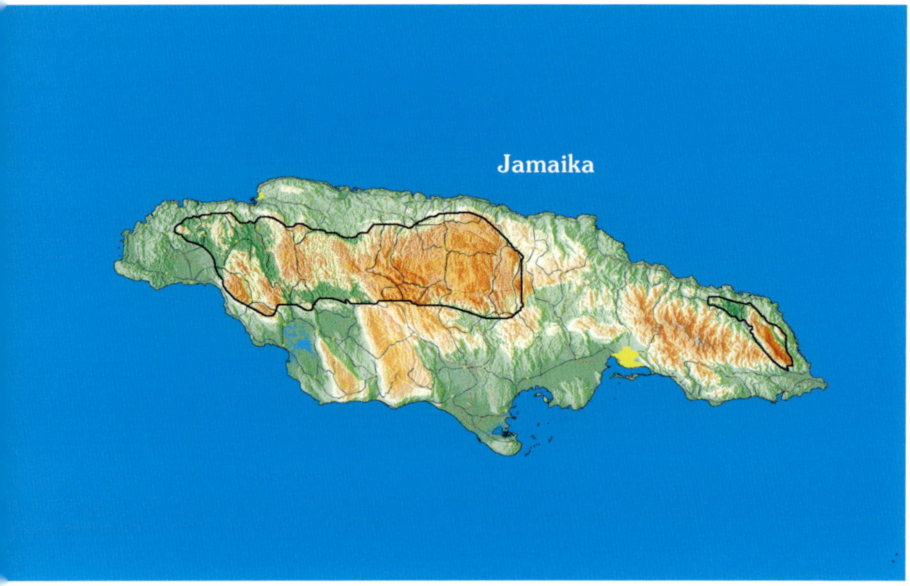

Das Verbreitungsgebiet

der Rotspiegelamazone erstreckt sich hauptsächlich auf das gebirgige Innere der Westhälfte Jamaikas

Amazona agilis (Linné 1758)

Rotspiegelamazone

Die Rotspiegelamazone ist äußerst selten in Menschenobhut gelangt und nur in sehr kleinen Stückzahlen bei den Haltern und Züchtern anzutreffen. Das liegt zum einen daran, dass Importtiere schwierig einzugewöhnen waren, zum anderen aber auch an der schlichten Färbung, die diese Amazone nur für eine Handvoll Spezialisten attraktiv machte. Dementsprechend ist nur wenig über sie bekannt, was sich auch in der verfügbaren Literatur widerspiegelt.

Die Art ist monotypisch.

Engl.: Black-billed Amazon

Beschreibung und Verbreitung

Beschreibung: Die Grundfärbung dieser kleinen Amazone ist grasgrün. Stirn und Kopfseiten sind smaragdgrün. Auf dem Scheitel befindet sich ein leicht blauer Anflug. Die Nackenfedern sind schwarz gesäumt. Viele Vögel besitzen vereinzelte rote Federn auf der Stirn. Die Ohrdecken zeigen bei vielen, jedoch nicht allen Vögeln einen mehr oder weniger deutlichen schwärzlichen Anflug. Das Brust- und Bauchgefieder sind etwas gelblich im Grünton.

Die Handdecken sind rot gefärbt, die Handschwingen violettblau und die Außenfahnen der Armschwingen dunkelblau. Die Unterflügeldecken sind blaugrün und die Unterschwanzdecken gelbgrün. Die äußeren Schwanzfedern besitzen auf den Innenfahnen eine rote Basis und auf der Oberseite einen deutlich blauen Anflug.

Der nackte Augenring ist grau und die Iris dunkelbraun. Der Schnabel ist grau, wobei der Oberschnabel eine hellere Basis besitzt. Wachshaut und Füße sind grau.

Weibchen sind wie die Männchen gefärbt, jedoch sind mehrere Handdecken grün. Im Durchschnitt sind sie etwas kleiner.

Jungtiere besitzen kein Rot in den Flügeln. Bei jungen Männchen sind einige Handdecken bereits mit Rot verwaschen. Das Kopfgefieder ist insgesamt etwas matter. Der Scheitel zeigt keinen oder nur einen schwachen blauen Anflug. Die Iris ist dunkel.

Die Umfärbung ist mit 10 Monaten beendet.

Größe: 25 cm (Flügellänge 159 mm - 176 mm; Schwanzlänge 75 mm - 90 mm)

Körpergewicht: etwa 200 g

Verbreitung: Jamaika

Rechts: Rotspiegelamazone (Amazona agilis)

Rotspiegelamazone

Die Wälder im Cockpit Country

sind noch eines der wenigen Gebiete, in denen Rotspiegelamazonen anzutreffen sind

Lebensraum

Die Art ist ab 100 m über dem Meeresspiegel bis zu einer Höhe von 1.400 m zu finden, bewohnt aber vor allem die Feuchtwälder der mittleren Höhenlagen mit jährlichen Niederschlagsmengen zwischen 1.900 mm und 4.500 mm. Daneben ist sie in offenen Gebieten mit vereinzeltem Baumbestand am Rande von Wäldern anzutreffen. Sie besucht regelmäßig zur Nahrungsaufnahme Anbaugebiete und Obstplantagen. Das Gesamtverbreitungsgebiet umfasst rund 2.600 km^2.

Ökologie

Rotspiegelamazonen werden meist in Gruppen oder Schwärmen von 5 bis 60 Vögeln beobachtet. Berichtet wurden allerdings auch schon Ansammlungen von 200 und mehr Exemplaren. Gelegentlich sind sie zusammen mit der Jamaika-Amazone (*Amazona collaria*) oder dem Jamaikasittich (*Aratinga nana nana*) anzutreffen. Es ist noch unklar, ob dies futterbedingte Ansammlungen auf Nahrungsbäumen sind oder ob die Arten tatsächlich gemischte Schwärme bilden. Bei der Nahrungsaufnahme oder bei der Rast in hohen Bäumen sind Rotspiegelamazonen nur schwer zu entdecken, da sie zum einen leise sind und zum anderen das Gefieder ideal tarnt. In der Regel fallen sie erst auf, wenn eine Gruppe kreischend auffliegt. Regelmäßige Beobachtungen liegen aus den Morgen- und Abendstunden vor, wenn die Gruppen oder Schwärme laut rufend die Wälder überfliegen. Sie kommen dann von den Schlafplätzen bzw. kehren zu diesen zurück.

Insgesamt sind die Rotspiegelamazonen verhältnismäßig scheu und besitzen eine große Fluchtdistanz. Ihre Hauptnahrungszeiten fallen in die frühen Morgenstunden bzw. in den Nachmittag. Sie nehmen zweimal täglich Wasser auf, wobei sie in der Regel aus Bromelienkelchen auf den Bäumen trinken. Allerdings liegen auch Beobachtungen vor, dass die Vögel Wasser direkt aus einem Fluss aufnahmen.

Offensichtlich scheinen die Amazonen in einem geringen Umfang jahreszeitliche Wanderungen durchzuführen, die vom jeweiligen Nahrungsangebot abhängen.

Rufe

Die Rotspiegelamazone ist genau so ruffreudig wie die Jamaika-Amazone, mit der sie sympatrisch vorkommt, allerdings sind ihre Rufe deutlich hochtoniger. Insbesondere während des Fliegens ist die Art nicht zu überhören. Neben *rrak-* und *muh-wiip*-Rufen sind dann auch trompetenartige *tuh-tuk*-Schreie zu vernehmen. Berichtet wurde auch von scharfen, rollenden Schreien, die denen von *Amazona collaria* ähneln. Vögel, die den Schlafplatz verlassen, geben laute, aber wohlklingende Schreie von sich. Bei der Rast oder beim Fressen in Bäumen kann ein weiches Krächzen vernommen werden.

Nahrung

Die Palette der von den Vögeln aufgenommenen Nahrung reicht von Früchten (*Musa*, *Cecropia*,

Ficus, Nectandra, Bryophyllum, Blighia sapida, Melia azedarach), Beeren, Blüten, Knospen bis zu Nüssen und Samen (*Pimenta dioica*), die sie in den Wäldern in den mittleren und oberen Baumschichten finden. Die Amazonen fallen gelegentlich in Gärten, Obstplantagen und Getreidefelder ein, wo sie zum Teil erhebliche Schäden verursachen. Eine Vorliebe zeigen sie hierbei für Mais und Mango-Früchte.

Brutbiologie

Die Brutzeit der Amazonen reicht von März bis Mai, kann sich aber bis August ausdehnen. Das erste Balzverhalten kann bereits ab Januar oder Februar beobachtet werden. Das Nest befindet sich in großen Waldbäumen in einer Höhe von wenigstens 18 m. Die Nisthöhlen sind in einigen Fällen von Jamaika-Spechten (*Melanerpes radiolatus*) herausgearbeitet worden, doch werden in der Regel Höhlen bevorzugt, die einen besseren Schutz vor dem Wetter oder Insekten bieten. Offensichtlich besteht keine oder nur eine geringe direkte Konkurrenz hinsichtlich der Bruthöhlen oder der Brutreviere mit der sympatrisch vorkommenden Jamaika-Amazone.

Die Gelege bestehen aus zwei oder drei Eiern, nur selten scheinen die Vögel auch einmal vier Eier zu legen. Während des Brütens und der Jungenaufzucht verteidigen Rotspiegelamazonen die direkte Umgebung des Nestes gegen Artgenossen oder andere Vögel.

Zu den natürlichen Nesträubern zählt die Gelbe Boa (*Epicrates subflavus*). Bei Untersuchungen zur Brutbiologie der Art wurde festgestellt, dass von den beobachteten 26 Nestern über 30 Prozent ganz und weitere 6 Prozent teilweise dieser Schlange zum Opfer fielen.

Status und Schutzmaßnahmen

Die ehemals häufige Art hat sich heute in wenige entlegene Gebiete in den Bergen zurückgezogen, und die Größe des tatsächlichen Verbreitungsgebietes ist deutlich geschrumpft. Örtliche Populationen sind lediglich noch bekannt aus dem Gebiet des Cockpit Country ostwärts bis zum Mount Diablo im Zentrum Jamaikas einschließlich der Trelawny und St. Ann Hills sowie der Dry Harbour Mountains. Im Osten scheint es nur noch eine oder zwei kleine Populationen in den Osthängen der John-Crow-Berge zu geben. Der Gesamtbestand auf Jamaika wird auf 10.000 bis 20.000 Vögel geschätzt.

Zwar gilt die Art noch nicht als akut gefährdet, doch nehmen die Bestände weiterhin langsam ab. Neben dem Habitatsverlust und dem Schaden durch Wirbelstürme, die potentielle Brutbäume vernichten, ist auch der Abbau von Bauxit in großen Minen und in geringem Umfang der örtliche Fang für den Tierhandel hierfür verantwortlich.

Zurzeit gibt es zwar auf Jamaika kein aktuelles Schutzprojekt, aber seit 1995 bemühen sich di-

Im Freiland

sind Rotspiegelamazonen durch ihre Gefiederfärbung ideal getarnt

Rotspiegelamazonenpaar

im Loro Parque auf Teneriffa

verse Schutzorganisationen wie BirdLife oder das Windsor Research Centre, Aufklärungsarbeit zur Bestandssicherung der Amazonen zu leisten. Einheimische werden ausgebildet, die sowohl die Öffentlichkeitsarbeit als auch Untersuchungen zur Biologie und Bestandsgröße durchführen.

Die Habitate in den John Crow Mountains wurden zwischenzeitlich zum Nationalpark erklärt, allerdings ist hierdurch ein Schutz der Amazonenbestände nicht gewährleistet.

Die Art wurde am 06.06.1981 in den Anhang II des WA aufgenommen.

Menschenobhut

Die Rotspiegelamazone gehört in Menschenobhut zu den absoluten Raritäten. Sie wird derzeit nur in einigen Zoos (z. B. Loro Parque, Teneriffa, und Zoo Wuppertal) sowie bei wenigen spezialisierten Züchtern gehalten.

Aufgrund ihrer Seltenheit sollte sie nur zu Zuchtzwecken und nicht zur Wohnungshaltung verwendet werden.

Diese mittellaute Amazone lässt ihre Stimme nur gelegentlich hören. Eine Sprachbegabung ist nicht bekannt.

Die Rotspiegelamazone gehört zu den empfindlichen Amazonen-Arten. Nur wenige Importe mit kleinen Stückzahlen gelangten Ende der siebziger und Anfang der achtziger Jahre des letzten Jahrhunderts nach Europa. Die meisten Tiere vertrugen das europäische Klima nicht und starben. In einem Fall wurde ein Paar Rotspiegelamazonen in Deutschland allerdings ab 1981 über nahezu 20 Jahre ohne Probleme privat in der Wohnung gehalten. Die gleichmäßigen Temperaturbedingungen der Wohnung wirkten sich offensichtlich positiv auf die Gesundheit der empfindlichen Amazonen aus.

Unterbringung

Da Rotspiegelamazonen gerne nagen, ist eine Voliere aus einer Metallkonstruktion anzuraten. Die Haltung in großen Zimmervolieren ist für diese empfindliche Art durchaus geeignet. Eine Unterbringung in der Außenvoliere sollte nur gewagt werden, wenn sich ein Schutzraum anschließt, der auf mindestens 20 °C beheizbar ist. Der Zugang zur Freivoliere darf nur an Tagen mit Temperaturen über 15 °C erfolgen.

Eine paarweise Unterbringung zur Zucht ist derzeit die einzige Option, zumal auch Versuche mit einer Gruppenhaltung mangels verfügbarer Vögel unrealistisch sind. Erfahrungen in der Gruppenhaltung liegen bisher nicht vor.

Fütterung

Die Fütterung der Rotspiegelamazonen orientiert sich an den Hinweisen, die in Band I gegeben wurden.

Zucht

Die Welterstzucht gelang Ramon Noegel 1978 in Florida, USA. Die deutsche Erstzucht glückte Karin Krimmer 1996. In diesem und im Folgejahr wurde jeweils ein Jungvogel groß. Im Zoo Wuppertal gelang im Jahr 2007 erstmals die Aufzucht eines Jungvogels in einem europäischen Zoo. Der Zoo hatte zwei von den Behörden beschlagnahmte Paare Rotspiegelamazonen einige Jahre zuvor bekommen, von denen eines zur Brut schritt.

Rotspiegelamazonen gehören wegen ihrer Empfindlichkeit sicherlich zu den schwieriger zu züchtenden Amazonen-Arten. Es sind zu wenig Daten bekannt, um die genaue Zuchtreife der Rotspiegelamazone festlegen zu können. Wildgefangene Vögel haben oft erst nach vielen Jahren erstes Brutverhalten gezeigt.

Die Brutzeit liegt in Europa im Frühjahr. Als Nisthöhle eignen sich kleinere Naturnisthöhlen mit einer Grundfläche von 20 cm x 20 cm und einer Höhe von 60 cm. Das Einschlupfloch sollte einen Durchmesser von 8 cm nicht übersteigen.

Naturbrut und Handaufzucht

Zur Zucht sollte unbedingt die paarweise Unterbringung gewährleistet sein. So hatte Ramon Noegel (1980) zunächst vier Tiere gemeinsam untergebracht, musste aber wegen der Aggressivität des dominanten Paares die unterlegenen Tiere abtrennen. Von anderen Haltern ist bekannt, dass brütende Tiere sehr aggressiv gegenüber dem Pfleger reagieren können.

Die Gelegegröße liegt zwischen zwei (Krimmer 1999) und drei Eiern (Low 2005). Krimmer gibt eine mittlere Eigröße von 37 mm x 28 mm an. Die Brutdauer variierte bei ihr zwischen 24 und 28 Tagen und wird bei Low mit 24 Tagen angegeben. Bei Krimmer flog das Jungtier am 63. Lebenstag aus, bei Low schon mit 50 Tagen.

Die deutsche Erstzucht

der Rotspiegelamazone gelang mit dem oben abgebildeten Paar

Im Loro Parque auf Teneriffa wird die Rotspiegelamazone ebenfalls gehalten, unter anderem das Zuchtweibchen von Krimmer und Jungtiere aus dem Zoo Wuppertal. Allerdings kam es noch nicht zu einer Brut.

Bei Krimmer (1999) erwiesen sich die Elterntiere nicht immer bis zum Schluss als zuverlässig, denn sie stellten gelegentlich die Fütterung des Jungtieres vor dem Ausfliegen ein. Dann wurde versucht, den Jungvogel per Handaufzucht zu retten.

Low beschreibt den Schlupf von drei Jungtieren bei einem tschechischen Züchter im Jahr 2001, von denen zwei die ersten zehn Tage aufgezogen wurden. Dann mussten die Jungtiere allerdings zur weiteren Handaufzucht dem Nest entnommen werden.

Rotspiegelamazonen-Junges im Alter von 29 Tagen

Rotspiegelamazonen-Junges im Alter von 45 Tagen

Die Ringgröße für Rotspiegelamazonen liegt bei 8,5 mm.

Mutationsformen

Farbabweichungen bei den Rotspiegelamazonen sind bisher nicht bekannt.

Sonstige Anmerkungen

Da nur äußerst wenige Einzelexemplare dieser seltenen Amazonenart derzeit noch in Europa gehalten werden, ist unbedingt darauf zu achten, dass diese Tiere unter optimalen Haltungsbedingungen gepflegt werden, die ihnen das Brutgeschäft erlauben, um langfristig die Chance zu wahren, die Bestände dieser Art in Europa zu erhalten.

Derzeit werden lediglich 11 Rotspiegelamazonen (Stand 2008) in europäischen Zoos gehalten (zwei davon in der Loro Parque Fundación); deshalb sind hier auch die wenigen Züchter dieser Vögel aufgerufen, sich sehr intensiv um den Erhalt der Art zu kümmern, denn die Zoos alleine werden dies nicht schaffen.

Dass diese Tiere allerdings auch bei den Züchtern so gut wie nicht vertreten sind, zeigt die AZ-Nachzuchtstatistik zwischen den Jahren 2000 und 2007. Hier taucht nicht eine einzige junge Rotspiegelamazone auf. Dies verdeutlich ebenfalls die Seltenheit dieser Amazonenart und untermauert die Annahme, dass es sehr schwer werden wird, sie langfristig in den europäischen Volieren zu erhalten.

Weiterführende Literatur

Freileben und Artenschutz: Collar *et al.* (1994), Cruz & Gruber (1981), Downer *et al.* (1990), Fairbairn (1981), Forshaw (1989), Gosse (1847), Juniper & Parr (1998), Lack (1976), Snyder *et al.* (2000), Varty (1991), Wiley (1991)

Haltung und Zucht: Arndt (1996), de Grahl (1974), Krimmer (1999), Lantermann (2007), Low (2005), Noegel (1980)

Amazona vittata (Boddaert 1783)

Puerto-Rico-Amazone

Die Puerto-Rico-Amazone wird zurzeit außerhalb des unten beschriebenen Zuchtprogramms nicht in Menschenobhut gehalten. Es ist die mit Abstand am stärksten gefährdete Amazonenart mit dem kleinsten Freilandbestand. Aufgrund der intensiven Forschungen und Schutzmaßnahmen ist es aber auch die am besten untersuchte Art, was sich auch in der Literatur widerspiegelt.

Es sind zwei Unterarten beschrieben worden, wobei die ehemals auf Culebra vorkommende Subspezies *gracilipes* nur von wenigen Balgexemplaren bekannt ist und sich so geringfügig von der Nominatform unterscheidet, dass ihre Berechtigung mehr als fraglich erscheint.

Beschreibung und Verbreitung

1. *Amazona v. vittata* (Boddaert 1783)

Puerto-Rico-Amazone

Engl.: Puerto Rican Amazon

Beschreibung: Die Grundfärbung dieser mittelgroßen Amazone ist grün. Die Kopf-, Brust-, Nacken-, Rücken- und teilweise auch die Bauchfedern sind schwarz gesäumt. Stirn und Zügel sind rot und Brust und Bauchgefieder etwas gelblicher im Grünton. Der Bauchbereich weist bei einigen Vögeln einen rötlichen Anflug auf.

Die Handdecken und die Handschwingen sind dunkelblau, die Außenfahnen der äußeren Armschwingen dunkelblau mit einer grünen Säumung. Die äußeren großen Flügeldecken sind blau. Die Unterseite der Schwingen ist blaugrün. Die Unterschwanzdecken sind gelbgrün, die Schwanzfedern auf der Oberseite grün mit einer schmalen gelbgrünen Spitze. Die äußeren Schwanzfedern besitzen auf den Innenfahnen eine rote Basis und auf der Oberseite einen deutlich blauen Anflug.

Der nackte Augenring ist weiß und die Iris braun. Der Schnabel ist hornfarben. Die Wachshaut und die Füße sind grau bis fleischfarben.

Weibchen sind wie die Männchen gefärbt.

Jungtiere besitzen ein geringfügig matteres Gefieder und eine mit Grün durchsetzte Stirnfärbung. Die Basis und der untere Bereich der Oberschnabelspitze sowie die Iris sind dunkel.

Größe: 29 cm (Flügellänge 178 mm - 196 mm; Schwanzlänge 90 mm - 105 mm)

Körpergewicht: 250 g - 300 g

Verbreitung: Die Nominatform bewohnt die zu den USA gehörende Insel Puerto Rico. Früher war sie möglicherweise auch auf den vorgelagerten Inseln Vieques und Mona anzutreffen. Berichte von einer Amazonenart auf St. Thomas weisen darauf hin, dass die Art dort ehemals eingebürgert worden war.

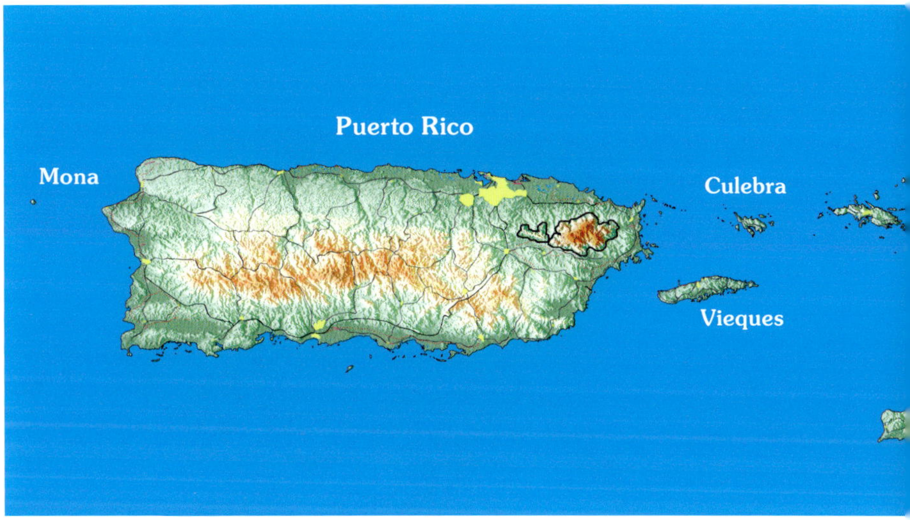

Das Verbreitungsgebiet der Puerto-Rico-Amazone

ist auf ein 160 km² großes Gebiet im Osten Puerto Ricos geschrumpft

Culebra-Amazone

(*Amazona vittata gracilipes*)

2. *Amazona v. gracilipes* Ridgway 1915

Culebra-Amazone

Engl.: Culebra Island Amazon

Beschreibung: Diese Unterart unterscheidet sich von *vittata* durch kleinere, verhältnismäßig schlanke Läufe und Zehen. Sie ist etwas kleiner.

Größe: 27 cm (Flügellänge 169 mm - 175 mm; Schwanzlänge 90 mm - 95 mm)

Verbreitung: Diese Unterart kam früher auf der östlich von Puerto Rico gelegenen Insel Culebra vor. Sie ist bereits zu Beginn des letzten Jahrhunderts ausgestorben.

Lebensraum

Die Art war ehemals mit Ausnahme des trockenen Küstenstreifens im Süden der Insel in allen Gebieten mit Baumbestand und vor allem in Wäldern sowie in Mangroven zu finden. Sie bewohnt heute ein 160 km^2 großes Gebiet zwischen 200 m und 600 m über dem Meeresspiegel innerhalb der Loquillo-Berge im Osten Puerto Ricos. Es ist ein feuchter Bergregenwald, der vor allem mit *Dacryodes exelsa* besetzt ist. In den oberen, sumpfigen Bereichen findet man verstärkt *Cyrilla-racemiflora-* und *Prestoea-montana*-Bestände.

Ökologie

Früher waren auf Puerto Rico noch große Schwärme von mehreren hundert Vögeln zu sehen. Heute werden die Puerto-Rico-Amazonen meist paarweise oder in kleinen Gruppen beobachtet. Auf Nahrungsbäumen können diese Ansammlungen etwas größer sein. Die Paare halten innerhalb der Gruppen eng zusammen, und in der Regel fliegen die Partner meist nicht weiter als 2 m voneinander entfernt. Ihr Gefieder tarnt die Vögel ideal. Sie werden deshalb meist erst entdeckt, wenn sie aus einem Baum auffliegen oder sich auf dem Weg zu oder von den Nahrungsplätzen befinden.

Die Gruppen zeigen ein regelmäßiges Verhaltensmuster. Sie bleiben nach Sonnenaufgang noch für eine Stunde in der Umgebung des Schlafplatzes. In dieser morgendlichen Rufperiode sind auch kurze Orientierungsflüge zu beobachten. Während des lauten Rufens setzen sie sich bevorzugt auf herausragende Äste, die einen Rundumblick zulassen. Anschließend fliegen sie zusammen mit anderen Paaren zu den Nahrungsplätzen. Die Nahrungsaufnahme findet zwischen 6 und 9 Uhr und 16 und 19 Uhr statt und wird zwischen 10 und 15 Uhr durch eine Ruhephase unterbrochen. Die Partner putzen sich dann das Gefieder, kraulen sich gegenseitig oder schlafen. Nach 19 Uhr fliegen die Amazonen entweder direkt zu den Schlafbäumen oder zu nahen Bäumen, wo sie laut rufen. Bevor sie

Rechts: Puerto-Rico-Amazone (Amazona vittata vittata)

Der El-Yunque-Nationalwald

in den Trujillo-Bergen ist das letzte Rückzugsgebiet der Puerto-Rico-Amazonen

sich im dichten Laubwerk ihres Schlafbaumes niederlassen, fliegen sie oft noch von Ast zu Ast.

Nahrungsplätze werden so lange durchgehend genutzt, bis sie keine Nahrung mehr bieten. Während der Nahrungsaufnahme sind die Puerto-Rico-Amazonen leise und unauffällig. Beim Fressen wird die Frucht mit dem Schnabel abgebissen und dann mit dem Fuß festgehalten, bis sie verspeist ist.

Innerhalb ihres Gebietes haben die Amazonen feste Flugrouten. Der Flug selbst ist schnell und durch kräftige Flügelschläge gekennzeichnet. Die blauen Schwingen fallen während des Fliegens stark auf.

Rufe

Die Puerto-Rico-Amazone ist ruffreudig und besitzt ein umfangreiches Repertoire, das sich aus Pfeiftönen, Quaken, trompetenähnlichen Rufen und anderen Schreien zusammensetzt, die offenbar noch von den einzelnen Exemplaren individuell variiert werden. Berichtet wurde auch von rauen Rufen und rollenden Schreien. Beim Auffliegen nach einer Störung lassen die Vögel einen besonderen Alarmschrei hören. Während des Fliegens sind *kar....kar*-Rufe zu vernehmen.

Nahrung

Die Nahrung der Puerto-Rico-Amazone setzt sich aus Früchten (*Dacryodes exelsa*, *Prestoea montana*, *Clusia krugiana*), Beeren, Blüten (*Piptocarpha tetranthra*), Nektar (*Marcgravia sintenisii*), Knospen, Nüssen und Samen zusammen. Daneben werden auch Blätter (*Magnolia splendens*), Zweige und Rinde (*Psychotria berteriana*) aufgenommen. Während der Brutzeit bilden vor allem Palmfrüchte (*Prestoea montana*) den Hauptbestandteil der Nahrung. Möglicherweise werden auch kleine Echsen gefressen.

Brutbiologie

Die Brutzeit der Amazonen reicht von Februar bis Juni. Während früher verschiedene Baumarten in verschiedenen Höhenlagen und im Nordwesten Puerto Ricos sogar Höhlen in Kalksteinwänden zur Brut genutzt wurden, können Nester heute im Loquillo-Gebiet ausschließlich in den dickstämmigen *Cyrilla-racemiflora*-Bäumen in den oberen Bereichen der Berge registriert werden. Es stehen zusätzlich tiefe künstliche Nisthöhlen zur Verfügung, die von den Amazonen auch

Puerto-Rico-Amazone

vor einer der künstlichen Bruthöhlen

gern angenommen werden, da sie einen Schutz vor den Perlaugen-Spottdrosseln (*Margarops fuscatus*) bieten, die starke Nistplatzkonkurrenten für die Amazonen darstellen.

Das Gelege besteht aus zwei bis vier Eiern, wobei in der Regel drei Eier gelegt werden. Die Eimaße betragen im Durchschnitt 35,7 mm x 28,7 mm. Die Brutzeit variiert von 25 bis 27 Tagen. Die Befruchtungs- und Schlupfraten sind relativ hoch. Die Nestlingszeit beträgt neun Wochen. Nach dem Ausfliegen bleiben die Jungen noch mehrere Monate bei den Altvögeln.

Zu den natürlichen Feinden bzw. Nistplatzkonkurrenten der Puerto-Rico-Amazonen zählen neben den zuvor erwähnten Perlaugen-Spottdrosseln auch diverse Greifvögel, die unerfahrene Jungtiere schlagen, eingeschleppte Honigbienen (*Apis melifera*) sowie Dasselfliegen (*Philornis pici*), die die Nestlinge befallen.

Die erste Brut wird in einem Alter von drei bis vier Jahren durchgeführt. Puerto-Rico-Amazonen sind während der Brut sehr aggressiv gegen andere Vögel, die dem Nest zu nahe kommen. Das Brutrevier wird vor allem gegen Artgenossen heftig verteidigt.

Status und Schutzmaßnahmen

Der Puerto-Rico-Amazonen-Bestand dürfte vor der Besiedelung der Insel durch die Europäer mehrere hunderttausend Vögel umfasst haben. Die Art konnte um die Mitte des 19. Jahrhunderts noch in großen Schwärmen beobachtet

Ein Zuchtpaar

in der Zuchtstation „Luquillo Aviary“

werden und war ausgesprochen häufig. Anfang des 20. Jahrhunderts schrumpfte der Bestand aber aufgrund der extremen Waldvernichtung auf etwa 2.000 Exemplare, die 1937 gezählt wurden. Untersuchungen zwischen August 1953 und März 1956 erbrachten noch einen Schwarm von 200 Vögeln, der vermutlich den Gesamtbestand ausmachte. Weitere Nachforschungen in den Jahren 1965 und 1966 ergaben, dass die Zahl auf rund 70 Vögel geschrumpft war. Seit den 60er Jahren ist das Vorkommen der Amazonen auf die Luquillo-Berge begrenzt, wo sie zurzeit effektiv nur noch 16 km^2 nutzen, was etwa 0,2 Prozent des ehemaligen Verbreitungsgebietes ausmacht. Der derzeitige Freilandbestand beläuft sich auf 40 bis 45 Vögel.

Die Unterart *gracilipes* wurde letztmals 1899 auf Culebra gesichtet und starb vermutlich Anfang des 20. Jahrhunderts aus. Die Population auf Vieques war bereits 1912 erloschen.

Seit 1968 wird mit Unterstützung des United States Fish and Wildlife Service, des WWF und der Regierung von Puerto Rico ein Schutzprojekt zur Rettung der Art durchgeführt, das sich auf den Schutz des Waldgebietes, die Überwachung der Nester, die Kontrolle der Nestkonkurrenten und Fressfeinde, Detailuntersuchungen zur Biologie der Art sowie den Aufbau eines Volierenbestandes konzentriert. Diese Maßnahmen haben die Puerto-Rico-Amazone vor dem Aussterben bewahren können, aber Fortschritte in der Freilandpopulation werden nur langsam und mühsam erzielt. So sank der Bestand 1975 auf ein historisches Tief von 13 Vögeln, und der Wirbelsturm Hugo dezimierte 1989 die Population von 47 auf 23 Amazonen.

Seit 1972 wurde eine Volierenpopulation aufgebaut, die 1992 bereits 58 Tiere umfasste. Im Jahr 2000 befanden sich schon über 100 Amazonen, von denen ein Jahr später aber ein Teil gestohlen wurde, in zwei Zuchtstationen.

Erstmals wurden im Jahre 1979 Nachzuchtvögel erfolgreich ausgewildert, indem die Nestlinge brütenden Freilandpaaren untergelegt wurden. Bis 2004 wurden rund 40 Amazonen direkt freigelassen, von denen rund die Hälfte überlebte.

Die Art wurde am 01.07.1975 in den Anhang I des WA aufgenommen.

Menschenobhut

Die Puerto-Rico-Amazone wird derzeit weltweit nur in zwei staatlichen Zuchtstationen des United States Fish and Wildlife Service auf Puerto Rico gehalten. Insgesamt werden dort derzeit (Stand Oktober 2008) 225 Amazonen gepflegt. Noch nie war der Bestand in Menschenobhut so groß wie heute. Außerhalb Puerto Ricos gibt es gegenwärtig keine legale Haltung dieser Art. Immer wieder tauchen Gerüchte über die Haltung von Puerto-Rico-Amazonen außerhalb Puerto Ricos auf, aber nie hat sich eine der fraglichen Meldungen bestätigt. Falls es solche Vögel geben sollte, sind diese auf jeden Fall illegal.

Unterbringung

In den beiden puertoricanischen Zuchtstationen werden die Amazonen in herkömmlichen Volieren gehalten, die eine Innen- sowie eine Außenvoliere (3,50 m x 1,50 m x 2 m) haben; hier dienen die Innenvolieren nicht wie in Europa als Wärmeschutz, sondern in erster Linie als Schutz gegen Wirbelstürme, mit denen auf den Karibikinseln immer wieder gerechnet werden muss. Die Volierenkonstruktionen bestehen aus Metall.

Zur Zucht werden die Tiere paarweise untergebracht. Jungvögel werden zur Sozialisierung in größeren Volieren in Gruppen zusammengesetzt.

Fütterung

Zur Fütterung der Puerto-Rico-Amazonen in den beiden Zuchtstationen werden überwiegend natürliche Nahrungspflanzen verwendet, die von den Tieren auch in der Natur aufgenommen werden. Zu ihnen zählen Früchte (*Dacryodes exelsa*, *Clusia rosea*), Tamarinde (*Tamarinus indica*) und wilde Himbeeren (*Rubus rosafolius*). Während der Brutzeit werden vor allem Palmfrüchte (*Prestoea montana*) angeboten.

Zucht

Zwar wurde die Puerto-Rico-Amazone nachweislich im Jahre 1900 im Zoo von London gehalten, aber außerhalb Puerto Ricos war die Art stets eine große Rarität. Die einzigen Zuchterfolge stammen aus den beiden Zuchtstation auf Puerto Rico. Inzwischen wurden in beiden Stationen viele Zuchtpaare etabliert, so dass es jedes Jahr zu besseren Zuchterfolgen kommt. Neben dem Aufbau einer genetischen Reserve in Menschenobhut dient die Population in Menschenhand dazu, überzählige Tiere auszuwildern, was seit dem Jahr 2000 regelmäßig durchgeführt wird.

Jungtiere

werden zur Sozialisierung in der Gruppe gehalten

Naturbrut

Während Jungvögel in großen Gruppen zur Sozialisierung zusammengehalten werden, sind die Zuchtpaare paarweise untergebracht. Die Zuchtreife tritt in beiden Geschlechtern zwischen dem dritten und fünften Lebensjahr ein. In der Regel werden zwei bis vier Eier je Gelege produziert. In den Jahren zwischen 1979 und 1998 wurden in der Zuchtstation auf Puerto Rico 993 Eier gelegt, davon waren 323 Eier befruchtet, aus denen 156 Jungtiere schlüpften. 130 Tiere wurden selbstständig; das sind im Schnitt 6,5 Junge pro Jahr.

Im gleichen Zeitraum wurden in der Natur in den überwachten Nestern 301 Eier gelegt, von denen

Die Handaufzucht

wird bei Puerto-Rico-Amazonen gezielt eingesetzt, um den Bestand zu vergrößern

248 befruchtet waren. 189 Jungtiere schlüpften und 148 wurden tatsächlich aufgezogen und verließen das Nest.

Vergleicht man die beiden Gruppen, fällt auf, dass in Menschenobhut das größte Problem die hohe Anzahl an unbefruchteten Eiern darstellt. Um ein Küken in der Natur zum Ausfliegen zu bringen, mussten in der Natur 2,03 Eier gelegt werden, in Menschenobhut hingegen 7,64 Eier. Dieser erhebliche Unterschied zeigt, dass die Haltungsbedingungen nicht optimal sind.

Handaufzucht

Die Handaufzucht wurde innerhalb des Erhaltungszuchtprogramms immer wieder angewendet, um unterentwickelte oder unterversorgte Tiere aus den Naturnestern zu retten oder in Menschenobhut geschlüpfte Tiere aufzuziehen. Während der Aufzucht der Puerto-Rico-Amazonen wurden stets Handpuppen in Amazonenform bei der Fütterung eingesetzt, um eine Fehlprägung während der Handaufzucht auf den Menschen zu vermeiden.

Puerto-Rico-Amazonen scheinen sich in der Handaufzucht nicht von der Aufzucht anderer Amazonenarten zu unterscheiden.

Mutationsformen

Bis heute wurden keine Farbveränderungen bei Puerto-Rico-Amazonen festgestellt.

Sonstige Anmerkungen

Der Erhalt der Puerto-Rico-Amazone liegt komplett in den Händen der amerikanischen Naturschutzbehörde. Seit vielen Jahrzehnten versucht diese nun die Population der Art im Freiland zu vergrößern. Trotz guter Jahre und der Auswilderung von in Menschenobhut gezüchteten Tieren wuchs der Bestand niemals über 50 Tiere. Die Population in Menschenobhut hingegen hat sich trotz der regelmäßigen Auswilderung von Tieren ständig nach oben entwickelt und bietet inzwischen mit über 225 Tieren in zwei Zuchtstationen einen beachtlichen Bestand, mit dem es sicherlich gelingen wird, die Puerto-Rico-Amazone zumindest in Menschenobhut langfristig zu erhalten.

Weiterführende Literatur

Freileben und Artenschutz: Collar *et al.* (1992), Collar *et al.* (1994), Forshaw (1989), Juniper & Parr (1998), Kepler (1970), Recher & Recher (1966), Rodriguez-Vidal (1959), Snyder *et al.* (1987), Wetmore (1927), Wiley (1981), Wiley (1991)

Haltung und Zucht: Arndt (1996), de Grahl (1974), Low (2006), Snyder *et al.* (1987), Robiller (1990), Seitre (2008), Stafford & Stafford (2004)

Gruppe der kleinen Amazonen aus dem südlichen Südamerika

Die Amazonenarten dieser Gruppe zeigen neben einer dunklen Säumung des Grundgefieders allesamt eine rote Stirnzeichnung. Es handelt sich um die drei Arten *A. tucumana*, *A. pretrei* und *A. vinacea*, deren Verbreitungsgebiet im südlichen Südamerika zu finden ist. Die Tucumán- und die Prachtamazone wurden früher zu einer Art zusammengefasst, gelten heute jedoch durchweg als eigenständige Arten.

Amazona tucumana (Cabanis 1885)

Tucumán-Amazone

Die Tucumán-Amazone wurde vor allem in den 80er Jahren des letzten Jahrhunderts in großen Stückzahlen nach Europa und in die Vereinigten Staaten importiert. Aufgrund der Massenimporte war sie damals zu einem niedrigen Preis zu erwerben, wegen ihres schlichten Gefieders aber nie besonders beliebt.

Auch heute sind die Bestände in Menschenobhut noch sehr klein, und nur wenige Züchter beschäftigen sich mit der Art.

Die Art ist monotypisch.

Engl.: Tucumán Amazon

Beschreibung und Verbreitung

Beschreibung; Die Grundfärbung dieser mittelgroßen Amazone ist grün, die Kopf- und Körperfedern sind deutlich schwarz gesäumt. Stirn und Vorderscheitel sind rot. Teile der Schenkel weisen eine variable orangegelbe Färbung auf.

Tucumán-Amazonen-Weibchen

Amazona tucumana

Der Rücken und die Flügeldecken besitzen einen leicht olivenfarbenen Anflug. Der Flügelsaum ist blau, und die Handdecken und der Daumenfittich sind rot. Die Handschwingen sind grün mit blauer Spitze. Die äußeren Armschwingen besitzen blaue Außenfahnen. Ober- und Unterschwanzdecken sind gelbgrün, die Unterflügeldecken grün. Die Unterseite der Schwingen ist deutlich olivgrün. Die Schwanzspitze ist auf der Oberseite gelbgrün. Der nackte Augenring ist leuchtend weiß, der Schnabel hell hornfarben, die Iris orangegelb, und Wachshaut sowie Füße sind bräunlich fleischfarben.

Die Weibchen sind wie die Männchen gefärbt, aber im Durchschnitt kleiner und weniger kräftig. Sie zeigen oft eine geringer ausgedehnte Stirnfärbung und höchstens sechs rote Handdeckfedern, meist sind es jedoch weniger. Die restlichen Handdecken sind grün. Gelegentlich finden sich Weibchen, bei denen sogar alle Handdecken grün sind.

Jungtiere zeigen wie die Weibchen nur teilweise rote Handdecken. Die Schenkel sind noch vollständig grün. Die Iris ist dunkelbraun. Bei den Männchen färben die Handdecken im Alter von 10 Monaten um.

Größe: 31 cm (Flügellänge 198 mm - 223 mm, Schwanzlänge 90 mm - 112 mm)

Körpergewicht: 240 g bis 300 g; Weibchen sind durchschnittlich deutlich leichter als Männchen.

Verbreitung: Argentinien in den Provinzen Catamarca, Tucumán, Salta und Jujuy sowie Südost-Bolivien in den Provinzen Chuquisaca und Tarija. Seit 1938 gibt es allerdings keine Nachweise mehr für Bolivien und dem sich anschließenden Jujuy (Juniper & Parr).

Lebensraum

Die Tucumán-Amazone bewohnt die Osthänge der Anden in den Höhenlagen zwischen 1.000 m und 2.200 m. Nachweise aus Bolivien zeigen, dass die Art früher in der Provinz Chuquisaca auch zwischen 2.150 m und 3.050 m Höhe vorkam. Bevorzugter Lebensraum sind Erlenwälder (*Alnus jorullensis*), daneben aber auch *Podocarpus*- und *Nothofagus*-Wälder. Es sind standorttreue Vögel; im Herbst und Winter ziehen sie jedoch regelmäßig in angrenzende Nahrungsplätze in tiefer gelegenen Wäldern bis hinunter zu 300 m Höhe. Sie sind dann mitunter sogar in der Umgebung von Dörfern und kleinen Städten anzutreffen.

Links: Tucumán-Amazone (Amazona tucumana) - Männchen

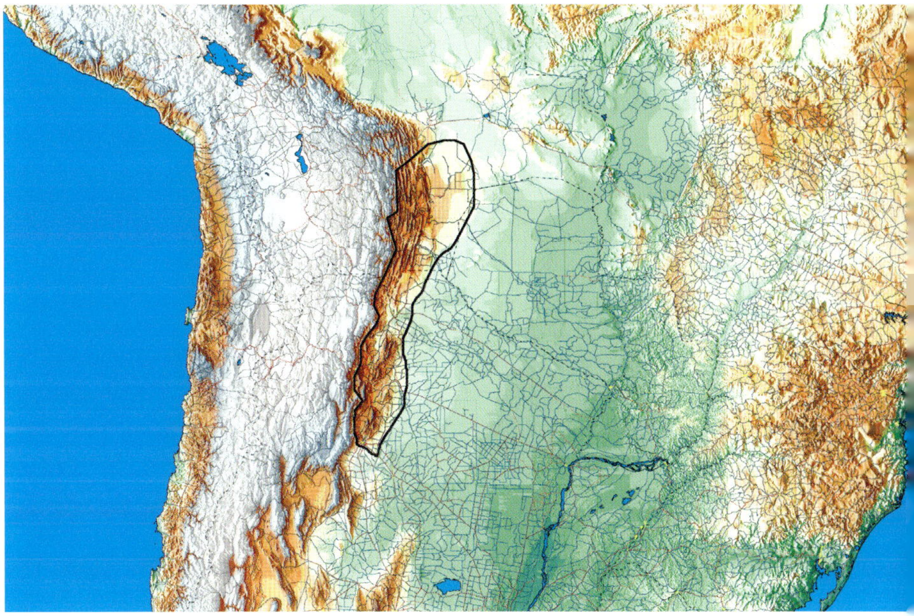

Verbreitungskarte

für die Tucumán-Amazone

Das Gesamtverbreitungsgebiet umfasst rund 69.200 km^2.

Ökologie

Tucumán-Amazonen werden meist in Schwärmen von 6 bis zu 40 Vögeln beim Überfliegen der Wälder beobachtet. Gelegentlich sieht man aber auch Ansammlungen von 200 Tieren und mehr. Außerhalb der Brutzeit wurden früher in Salta (Finca del Rey) auch Schlafplätze mit 15.000 Amazonen gesichtet. Es ist anzunehmen, dass es sich hierbei um die gesamte Population in der Provinz Salta gehandelt hat. In Jujuy findet man gemischte Schlafplätze mit Tucumán-Rotmaskensittichen (*Aratinga mitrata tucumana*).

Tucumán-Amazonen sind durch ihr Gefieder ideal getarnt und in den Bäumen nur sehr schwer zu entdecken. In der Regel fallen sie nur während des Fliegens durch lautes Schreien auf.

Tucumán-Amazone

Lebensraum der Tucumán-Amazone

in der Umgebung von Villamonte in der argentinischen Provinz Jujuy

Tucumán-Amazonen und Rotmaskensittiche

haben sich gemeinsam auf einem Schlafbaum niedergelassen (vorherige Seiten)

Vermutlich durch den intensiven Fang sind die Amazonen scheu und besitzen eine große Fluchtdistanz.

Der Flug ist schwirrend und mit steifen, flachen Flügelschlägen. In der Regel fliegen die Amazonen nur knapp über den Baumkronen, und nur auf dem Weg zu weiter entfernten Nahrungsplätzen sieht man sie in größerer Höhe.

Rufe

Die Rufe sind schrill und hochtoniger als bei den meisten anderen Amazonen. Juniper & Parr (1998) beschreiben schrille *kroeo...krieo...kroe*-Rufe.

Nahrung

Die Nahrung besteht vermutlich überwiegend aus Erlen- und *Podocarpus*-Samen, die im Verbreitungsgebiet der Art nahezu ganzjährig zu finden sind. Zusätzlich wurde die Aufnahme von *Erythrina*-Blüten und jungen *Cedrela*-Früchten beobachtet. In niedrigeren Lagen fressen die Amazonen in *Morus*-Bäumen. Es ist anzunehmen, dass auch andere Früchte, Samen, Beeren, Blüten, Knospen und Nüsse gefressen werden und nur eine Teilspezialisierung auf Erlensamen vorliegt.

Brutbiologie

Die Brutzeit der Amazonen reicht von Oktober bis März. Die Bruthöhlen befinden sich in der Regel in großen Erlen- und *Podocarpus*-Bäumen in den höher gelegenen Lagen des Verbreitungsgebietes.

Die Gelege bestehen aus drei bis vier Eiern. Es sind keine weiteren Einzelheiten bekannt. Die Eimaße betragen 34,5 mm x 26,7 mm.

Status und Schutzmaßnahmen

Die ehemals häufige Art ist heute nur noch örtlich anzutreffen und aus dem nördlichen Teil des Verbreitungsgebietes bereits verschwunden. Die Gesamtpopulation wird auf etwa 10.000 Vögel geschätzt.

Die Art gilt noch nicht als akut gefährdet, doch nehmen die Bestände deutlich ab. Neben dem Habitatsverlust ist auch der Fang für den Tierhandel hierfür verantwortlich, der insbesonders in den 80er Jahren die Populationen dezimierte.

Die Art wurde am 18.01.1990 in den Anhang I des WA aufgenommen.

Menschenobhut

Die Tucumán-Amazone gehört zu den selten gehaltenen Amazonen-Arten. Mitte der achtziger Jahre des letzten Jahrhunderts wurden Zehntausende aus Argentinien in alle Welt exportiert. Dabei gelangten auch viele Tiere in den Heimtierhandel. Allerdings erwiesen sich diese Tiere als wenig sprachbegabt und erfüllten somit nicht die Erwartungen der Käufer an einen zahmen sprechenden Papagei. So wurden viele Tiere wieder abgegeben. Für viele Züchter wurde die Tucumán-Amazone erst interessant, als sie im Jahre 1989 auf den Anhang I des WA gesetzt wurde.

Heute ist die Tucumán-Amazone so gut wie nicht mehr in der Wohnzimmerhaltung vorhanden, und sie wird nur noch von einigen spezialisierten Amazonenzüchtern gehalten und gelegentlich gezüchtet.

Die Stimme ist durchdringend und wird regelmäßig, vor allem in den Morgen- und Abendstunden, eingesetzt. Die Art gehört zu den robusteren Amazonen, die wegen ihrer Seltenheit aber von erfahrenen Amazonenzüchtern gehalten werden sollte.

Unterbringung

Obwohl die Nagefreudigkeit der Tucumán-Amazone in der Regel nicht ganz so stark ausgeprägt ist wie bei anderen Amazonenarten, sollte möglichst eine Metallvoliere gewählt werden. Da die Tucumán-Amazone zur Wohnzimmerhaltung wenig geeignet ist, stellt eine kombinierte Gartenvoliere mit anschließendem Schutzraum die ideale Unterbringung dar. Im Winter sollte der Innenraum frostfrei gehalten werden. Der Aufenthalt in der Gartenvoliere kann aber an sonnigen Wintertagen gewährt werden, da die Tucumán-Amazone auch in höheren Berglagen Argentiniens bis in Höhen von 2.200 m vorkommt und nicht so wärmebedürftig ist wie andere Amazonenarten.

Es ist eine sehr bewegungs- und flugfreudige Amazonenart, und die Voliere sollte so groß wie möglich gebaut werden. In kleinen Gehegen leidet die körperlicher Verfassung der Vögel.

Außerhalb der Brutzeit kann man die Tucumán-Amazone auch in einer größeren artgleichen Gruppe unterbringen, allerdings muss dann auch die Voliere entsprechend geräumig sein und genügend Ausweichmöglichkeiten für alle Tiere bieten. Ansonsten sollte man die Tucumán-Amazone nur paarweise in einer Flugvoliere halten.

Tucumán-Amazone

fotografiert in der Umgebung von San Lorenzo, Salta, Argentinien

Fütterung

Die Ernährung der Tucumán-Amazone entspricht den allgemeinen Hinweisen zur Amazonenfütterung, wie sie in Band 1 Amazonen beschrieben wurden. Als Ergänzungsfutter eignen sich Zapfen von Nadelhölzern hervorragend.

Zucht

Die Welterstzucht der Tucumán-Amazone gelang 1981 Ramon Noegel in Florida, USA; allerdings wurde das einzige Küken von Hand aufgezogen. Die europäische Erstzucht gelang John Stoodley 1982 in England, 1987 glückte K. Feldhaar die deutsche Erstzucht.

Im Jahr 1990 entschlossen sich der Zoologische Garten Karlsruhe und der Verein der Vogelfreun-

Kiefernzapfen

dienen nicht nur als Zusatzfutter, sondern auch der Beschäftigung

de Achern e. V. gemeinsam ein Erhaltungszuchtprogramm für die Art zu gründen. Bis zum Jahr 1992 hatten sich 50 Teilnehmer mit einem Gesamtbestand von 174 Tucumán-Amazonen (89 Männchen, 76 Weibchen und 9 nicht bestimmte Tiere) dem Programm angeschlossen. Insgesamt schritten in diesem Jahr 25 Paare zur Brut. Diese legten im Erstgelege zusammen 81 Eier, was einen Durchschnitt von 3,24 Eier pro Gelege entspricht. Die Gelegegröße variierte von einem bis vier Eiern. Sechs Paare zeitigten ein Zweitgelege mit insgesamt 19 Eiern, dies ergibt einen Durchschnitt von 3,16 Eier pro Gelege, das kleinste Gelege wies drei Eier auf, das größte vier. Von den 100 gelegten Eiern des Erst- und Zweitgeleges waren 41 Eier befruchtet. Daraus schlüpften 35 Küken, sechs starben im Ei ab. 24 Küken wurden selbstständig, elf starben während der Aufzuchtphase. Von 25 Paaren, die Eier gelegt hatten, konnten zehn Paare Jungtiere aufziehen.

In seiner Diplom-Arbeit untersuchte der Autor (Reinschmidt 1995) die Brutbiologie der Tucumán-Amazone. Schon im Alter von zwei Jahren schritten zwei im Zoo Karlsruhe nachgezüchtete Weibchen erstmals zur Brut. Sie waren dabei mit älteren Wildfangmännchen verpaart. Ein Paar legte unbefruchtete Eier, während das andere Paar einen Jungvogel erfolgreich aufzog.

Mit Hilfe einer Video-Überwachungsanlage in der Nisthöhle wurde das Aufzuchtverhalten der Elterntiere beobachtet und protokolliert. Demnach waren die Jungtiere in der ersten Lebenswoche am Tag 1 Stunde, 45 Minuten und 50 Sekunden ohne elterliche Betreuung allein in der Nisthöhle. Insgesamt wurden 18 Betreuungsunterbrechungen gezählt, die im Schnitt 6 Minuten und 28 Sekunden dauerten, bevor mindestens ein Elternteil wieder zu den Jungtieren zurückkehrte. Die längste gemessene Pause dauerte 13 Minuten und 50 Sekunden, während die kürzeste lediglich 10 Sekunden betrug. Diese Pausen wurden von den Altvögeln genutzt, um sich zu entleeren, sich zu putzen, Kontakt zum Partner zu haben oder Nahrung aufzunehmen.

Ein ähnliches Bild zeigte sich in der zweiten Lebenswoche, während der die Jungtiere 2 Stunden, 1 Minute und 20 Sekunden alleine waren bei einer mittleren Dauer von 8 Minuten und 8 Sekunden. Ab der dritten Lebenswoche wurden die Jungen nicht mehr regelmäßig und dauerhaft gehudert, und die Zeit des Alleinseins stieg auf 13 Stunden, 1 Minute und 20 Sekunden an. Die Besuche der Elterntiere dienten fast ausschließlich dem Füttern und der Gefiederpflege der Jungtiere. Extremwerte wurden in der achten Lebenswoche der Jungvögel erreicht. In der Woche des Ausfliegens hatten die Jungen 20 Minuten und 30 Sekunden Kontakt zu ihren Eltern. Dieser diente fast ausschließlich dem Füttern.

In einer Fragebogenaktion an die Teilnehmer der Erhaltungszuchtprogramms für die Tucumán-Amazone, die im Rahmen der Diplomarbeit des Autors ausgewertet wurde, ergaben sich einige interessante Aspekte: Bei einer Anzahl von 40 Gelegen gab es eine Eiablage im März, drei

Weibchen begannen im April, 19 Weibchen im Mai, 16 Weibchen im Juni, und im Juli fing lediglich noch ein Weibchen mit der Brut an.

Die Eimaße aus der Fragebogenaktion betrugen bei 19 Eiern im Mittel 35,1 mm x 28,4 mm. Im Zoo Karlsruhe konnte der Autor ebenfalls 19 Eier vermessen, die eine durchschnittliche Größe von 34,8 mm x 27,6 mm hatten. Die gemittelte Größe aller 38 Eier betrug 34,95 mm x 2,80 mm.

50 Paare legten in ihrem Erstgelege 170 Eier, das entsprach 3,4 pro Gelege. Die Gelegegröße lag zwischen einem bis fünf Eiern. In einem Nachgelege wurde von neun Weibchen weitere 29 Eier gelegt. Dies ergab eine durchschnittliche Größe des Nachgeleges von 3,2 Eiern. Die Gelegegröße lag hier bei drei bis vier Eiern. Fasst man die Erst- und Zweitgelege zusammen, wurden insgesamt in 59 Gelegen 199 Eier gelegt. Dies ergibt eine durchschnittliche Gelegegröße von 3,37 Eier pro Gelege. Lediglich 82 Eier waren befruchtet (41,2 %).

Die im Zoo Karlsruhe ermittelte Brutzeit der Tucumán-Amazone liegt zwischen 23 und 24 Tagen.

Von 82 befruchteten Eiern schlüpften 69 Jungtiere, das entspricht 84,1 % bzw. 34,7 % der insgesamt gelegten Eier. Bei 13 befruchteten Eiern (15,85 %) starben die Embryonen während der Entwicklungsphase im Ei ab.

Die Angaben zur Nestlingszeit variierten in der Fragebogenaktion zwischen 49 und 60 Tagen. Nach dem Ausfliegen wurden die Jungtiere noch zwischen zwei und acht Wochen von den Eltern gefüttert, bevor sie selbstständig waren.

Von den insgesamt 69 geschlüpften Tucumán-Amazonen erreichten 52 Tiere die Selbstständigkeit (75,4 %). 17 Jungvögel (24,6 %) starben während der Aufzuchtphase. Insgesamt wurden also lediglich aus 26,1 % der gelegten Eier Junge aufgezogen.

Von 50 Paaren, die ein Gelege hatten, zeitigten 9 Paare ein Nachgelege (18 %). Es wurde nur dann erneut gelegt, wenn das erste Gelege fehlgeschlagen war. Allerdings legen nicht alle Paare, deren erstes Gelege fehlschlug, ein Nachgelege.

Im Loro Parque auf Teneriffa wurde bei acht Gelegen der Tucumán-Amazone eine durchschnittliche Gelegegröße von 3,88 Eiern festgestellt. Dabei gab es lediglich ein Dreiergelege und sieben Vierergelege. Elf Tucumán-Amazonen-Küken hatten ein durchschnittliches Schlupfgewicht von 10,02 g, wobei das leichteste Küken lediglich 7,1 g wog, während das schwerste Jungtier 12,5 g auf die Waage brachte.

Die Ringgröße für Tucumán-Amazonen beträgt 9,5 mm.

Die Bruterfolge

bei Tucumán-Amazonen reichen noch nicht aus, um den Bestand in Menschenobhut zu sichern

Handaufzucht

Die Handaufzucht der Tucumán-Amazone stellt keine besonderen Anforderungen dar und ist mit einer handelsüblichen Handaufzuchtfuttermi-

Olivenfarbene Tucumán-Amazone (rechts) mit einem normal gefärbten Vogel

Die Handaufzucht

stellt bei Tucumán-Amazonen kein Problem dar

schung gut zu bewerkstelligen. Da ein handaufgezogenes Jungtier zwar zahm wird, aber nicht sehr kommunikationsfreudig ist, sollte man die Handaufzucht nur anwenden, wenn die Eltern nicht selbst aufziehen. Handaufgezogene Vögel können ohne weiteres zu Zuchtzwecken verwendet werden, da sie nach dem Selbstständigwerden wieder schnell verwildern, wenn man den direkten Kontakt zum Menschen einschränkt.

Mutationsformen

Es ist eine olivenfarbene Mutationsform der Tucumán-Amazonen bekannt.

Sonstige Anmerkungen

Das Anfang bis Ende der neunziger Jahre des vorigen Jahrhunderts durchgeführte Zuchtprogramm für die Art ist eingeschlafen, und es gibt heute kein koordiniertes Programm für die inzwischen selten gewordene Art. Deshalb sollten alle, auch handaufgezogene Tiere, wieder zur Zucht verwendet werden, um langfristig einen sich selbst erhaltenden Zuchtstamm aufzubauen. Derzeit werden in allen in der EAZA organisierten europäischen Zoos und Vogelparks nur noch 29 Tucumán-Amazonen gehalten (Stand 2008). Ein Erhalt der Art in Menschenobhut gelingt nur, wenn sich private Züchter beteiligen. Wurde die Tucumán-Amazone zu Zeiten des Zuchtprogramms noch regelmäßig und in guten Stückzahlen gezüchtet, gibt die Nachzuchtstatistik der AZ für die Jahre 2000 bis 2007 nur noch fünf Jungtiere an. Dieser dramatische Rückgang zeigt, wie schnell das Interesse an einer Vogelart bei den Züchtern oder Zoos nachlassen kann.

Weiterführende Literatur

Freileben und Artenschutz: Bond & Meyer de Schauensee (1943), Fjeldså & Krabbe (1990), Forshaw (1989), Mosa *et.al.* (1992), Narosky & Yzurieta (1989), Nores & Yzurieta (1994), Olrog (1963a), Olrog (1963b), Orfila (1938), Rivera & Politi (2004)

Haltung und Zucht: Hansen (1998), James (1998), Hoppe (1981), Niemann & Niemann (1998), Noegel (1982), Noegel (1989), Pfeffer (2002), Reinschmidt (1995), Reinschmidt & Becker (1991), Reinschmidt & Becker (1996a), Reinschmidt & Becker (1996b), Robiller (1990), Weigel (1994), Vít (1989)

Amazona pretrei (Temminck 1830)

Prachtamazone

Prachtamazonen-Weibchen

(Amazona pretrei)

Die Prachtamazone gelangte nur vereinzelt nach Europa und in die Vereinigten Staaten. Heute sind die Bestände sehr klein, und nur wenige Züchter beschäftigen sich mit der Art.

Die Art ist monotypisch.

Engl.: Red-spectacled Amazon

Beschreibung und Verbreitung

Beschreibung: Die Grundfärbung dieser mittelgroßen Amazone ist grün, etwas heller und mehr gelblichgrün auf Brust- und Bauchgefieder. Die Rücken- und Körperfedern sind schmal schwarz gesäumt. Stirn, Zügel, Scheitel, Augenbereich und untere Schenkelfedern sind rot.

Flügelbug und -saum, Daumenfittich und Handdecken sind rot, die Hand- und Armschwingen grün mit blauen Spitzen. Ober- und Unterschwanzdecken sind gelbgrün, die Unterflügeldecken und die Unterseite der Schwingen grün. Die Schwanzspitze ist auf der Oberseite breit gelbgrün gefärbt, die Innenfahnenbasis der drei äußeren Federn rot und der nackte Augenring hellgrau. Der Schnabel ist gelblich hornfarben, die Iris orangegelb, die Wachshaut bräunlich fleischfarben und die Füße sind grau.

Die Weibchen sind wie die Männchen gefärbt, aber im Durchschnitt kleiner und weniger kräftig. Sie besitzen höchstens sechs rote Handdeckfedern, meist sind es jedoch weniger. Die restlichen Handdecken und der Daumenfittich sind grün. Bei einigen Weibchen ist der Flügelsaum grün.

Jungtiere zeigen wie die Weibchen nur teilweise rote Handdecken. Die Schenkel sind noch vollständig grün und der Rotanteil im Gefieder ist deutlich reduziert. Die Iris ist dunkelbraun. Die Ausfärbung der Männchen ist im Alter von 12 Monaten abgeschlossen.

Größe: 32 cm (Flügellänge 200 mm - 225 mm, Schwanzlänge 100 mm - 120 mm)

Körpergewicht: durchschnittlich 260 g, es kann zwischen 240 und 300 g variieren.

Verbreitung: Das ehemalige Verbreitungsgebiet der Prachtamazone erstreckte sich von Südost-Brasilien im südlichen Teilen der Provinz São Paulo bis Rio Grande do Sul sowie in Argentinien in der Provinz Misiones und im äußersten Südost-Paraguay. Berichte über ein Vorkommen in Nord-Uruguay sind sehr zweifelhaft. Das heutige Verbreitungsareal ist auf das Zentrum sowie den Norden und Osten Rio Grande do Sul begrenzt.

Lebensraum

Die Prachtamazone ist zwar in verschiedenen Waldregionen anzutreffen, außerhalb der Brutzeit aber nahezu vollständig auf *Araucaria-angustifolia*-Wald fixiert. Während der Brutsaison ist sie neben den *Araucaria*-Wäldern auch in Savannen mit niedrigem Baumbestand und Galleriewäldern entlang von Flüssen anzutreffen. Benutzt werden hier vor allem *Podocarpus*-, *Scutia*- und *Celtis*-Bäume in den Lagen zwischen 300 m und 1.000 m Höhe. In Rio Grande do Sul besucht die Art gelegentlich auch tiefere Gebiete.

Das Gesamtverbreitungsgebiet umfasst heute lediglich noch rund 10.400 km^2.

Ökologie

Prachtamazonen werden tagsüber und während der Brutsaison meist paarweise oder in Schwärmen von 6 bis zu 50 Vögeln gesehen. Seltener sind es Ansammlungen von 150 Tieren und mehr. Bemerkenswert sind die Schlafplätze in den Nahrungsgebieten, an denen früher bis zu 30.000 Amazonen zusammenkamen. Aber auch heute noch gibt es während der Wintersaison Schlafplätze mit mehreren Tausend Vögeln, die dann meist die gesamte Population eines Gebietes ausmachen. Das Geschrei ist ohrenbetäubend. Bekannt sind solche Plätze von der Aracuri-Esmeralda-Ecological-Station, wo sich gelegentlich die Gesamtpopulation versammelt, und vom Carazinho Municipal Park. Die Schlafplätze liegen oft in *Pinus*- und *Eucalyptus*-Plantagen und werden auf regelmäßigen Routen angeflogen. Gelegentlich werden sie ohne ersichtlichen Grund gewechselt.

In der Regel sind die Prachtamazonen auffallend und laut. Sie ziehen tagsüber nomadisierend umher und werden meist beim Überfliegen der Wälder beobachtet. Sie legen dabei oft große Entfernungen zurück. Während der Brutzeit findet man sie meist nur paarweise. Sie sind dann deutlich leiser und nur schwer auszumachen.

Links: Prachtamazone (Amazona pretrei) - Männchen

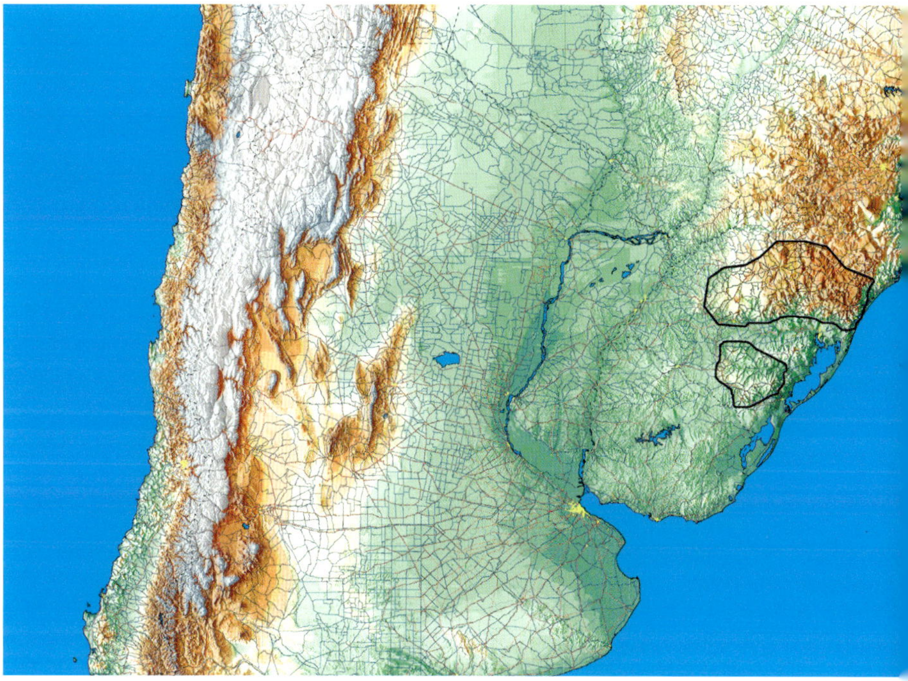

Das heutige Verbreitungsgebiet

der Prachtamazone ist auf das Zentrum sowie den Norden und Osten des brasilianischen Bundesstaates Rio Grande do Sul beschränkt

Bekannt ist die Art für die jahreszeitlichen Wanderungen zu den nördlich gelegenen *Araucaria*-Wäldern, wenn diese während des Winters reife Samen tragen. Solche Nahrungsplätze werden regelmäßig aufgesucht; allerdings scheinen einige Vögel auch standorttreu zu sein und sich nicht an den Wanderungen zu beteiligen. Dies gilt insbesondere für die nördliche Population. In der Regel sammeln sich die Paare mit ihren Jungen vor dem Aufbruch in die Wintergebiete zu Schwärmen von 30 bis 50 Vögeln.

Der Flug der Prachtamazonen ist wellenförmig und kräftig und durch schlagende und schnelle, aber flache Flügelbewegungen gekennzeichnet. Manchmal wird er von taumelnden, seitlich ausbrechenden Flugphasen unterbrochen.

Ein Schwarm Prachtamazonen

verlässt sein Nahrungsgebiet in einem Araucarien-Wäldchen

Rufe

Die schrillen Rufe sind metallisch und zweisilbig; sie werden zweimal kurz hintereinander wiederholt. Juniper & Parr (1998) beschreiben laute *hii-o...hii-o...hii-o-* und raue *kaw...kaw...kiiu...kiiu*-Rufe während der abendlichen Flüge zu den Schlafplätzen. Bekannt sind auch kläffende Schreie.

Nahrung

Die Nahrung setzt sich aus Samen, Beeren, Früchten und wahrscheinlich auch Blüten, Knospen und Nüssen zusammen, die die Amazonen in den Bäumen finden. Die Vögel ernähren sich aufgrund der wechselnden jahreszeitlichen Verfügbarkeit und örtlichen Gegebenheiten von Oktober bis Februar schwerpunktmäßig von *Cupania*, *Eugenia*, *Phytolacca*, *Allophylus*, *Campomanesia*, *Nectandra*, *Ocotea*, *Cytharexylum*, *Myrcianthes*, *Blepharocalyx*, *Ficus* und *Symplocos*, von Januar bis Februar von den Samen von *Podocarpus lamberti* und von April bis August von *Araucaria angustifolia* und *Melia*. In den letztgenannten Monaten finden sich oft große Ansammlungen auf den Fruchtbäumen. Danach spalten sich die großen Schwärme in kleine Gruppen auf.

Brutbiologie

Die Brutzeit der Prachtamazonen reicht von September bis Januar, die meisten Jungtiere fliegen bereits im Dezember aus. Die Bruthöhlen befinden sich in der Regel in 10 m Höhe in *Casearia*- und *Qillaja-brasiliensis*-Bäumen. Höhlen in *Ficus*- und *Cuparia-vernalis*-Bäumen hatten die Eingangsöffnung mit 7,8 m bis 9,2 m Höhe etwas niedriger. Die Nester enthalten gewöhnlich drei Junge, es können aber auch zwei oder vier sein. Die Eltern sammeln sich im Januar mit den Jungen in den höher gelegenen Gebieten zu Schwärmen von 30 bis 50 Vögeln. Die Eimaße betragen 34,7 mm x 26,3 mm.

Status und Schutzmaßnahmen

Die ehemals häufige Art ist heute nur noch sehr örtlich anzutreffen und aus dem größten Teil des Verbreitungsgebietes bereits verschwunden. Die Gesamtpopulation wird noch auf etwa 16.300 Vögel geschätzt.

Die Art gilt noch nicht als akut gefährdet, doch nehmen die Bestände deutlich ab. Neben dem Habitatsverlust ist auch der Fang für den Tierhandel hierfür verantwortlich, der vor allem in den 80er Jahren die Populationen dezimiert hat.

Ein Schutzprojekt der Universität von Curitiba überprüft die Restpopulation und führt regelmäßig Zählungen insbesondere an den Winterschlafplätzen durch.

Die Art wurde am 01.07.1975 in den Anhang I des WA aufgenommen.

Menschenobhut

Die Prachtamazone gehört zu den Kostbarkeiten jeder Papageiensammlung. Sie ist nur in wenigen Papageienkollektionen vertreten, und wegen des sehr hohen Anschaffungspreises beschränkt sich das Interesse an der Art auf einen kleinen Kreis spezialisierter Züchter.

In der Wohnungshaltung ist die Prachtamazone derzeit wohl nicht vorhanden, und sie sollte auch nur zu Zuchtzwecken gehalten werden.

Die Stimme der Prachtamazone kann vor allem während der Brutzeit sehr durchdringend werden und wird besonders bei Störungen vorgetragen. Eine Sprachbegabung ist nicht bekannt.

Diese Amazone ist sicherlich kein „Anfängervogel" und gehört zu den Arten, die wegen ihrer Seltenheit und der höheren Haltungsansprüche nur in erfahrene Züchterhände gehören.

Unterbringung

Die Nagefreudigkeit der Prachtamazone ist im Vergleich zu den anderen Amazonenarten als durchschnittlich einzustufen, dennoch sollte sie in einer Metallvoliere untergebracht werden, um eventuelle Schäden durch Benagen von vornherein auszuschließen.

Für die Unterbringung in einer Zimmervoliere sind die flugfreudigen Prachtamazonen ungeeignet. Um ihren Bewegungsdrang ausleben zu können, ist eine Innen- mit anschließender Außenvoliere im Garten, die möglichst lang sein sollte, am besten geeignet. Der Innenraum muss immer auf mindestens 10 °C geheizt sein. Nur dann kann man die Prachtamazonen auch im Winter in die Außenvoliere lassen und ihnen gleichzeitig Rückzugsmöglichkeiten vor Frost gewähren. Bei Temperaturen deutlich unter dem Gefrierpunkt sollten die Vögel auf jeden Fall in der Innenvoliere verbleiben. Abhärtungsversuche jeglicher Art mit so seltenen Amazonen sind abzulehnen.

Die Unterbringung sollte immer paarweise geschehen. Allerdings muss man beachten, dass Prachtamazonen-Männchen während der Brutzeit sehr aggressiv werden und auch die eigenen Weibchen angreifen können, wodurch es immer wieder zu Todesfällen kommt. Deshalb sollte man die Voliere so gestalten, dass das Weibchen auch Möglichkeiten hat, sich aus dem Sichtfeld des Männchens zu entfernen.

Eine Gruppenhaltung mit mehreren Paaren wurde in der Loro Parque Fundación auf Teneriffa in einer großen Flugvoliere versucht. Das Experiment musste aber abgebrochen werden, um Todesfälle zu vermeiden, da sich einige Männchen als äußerst aggressiv erwiesen.

Prachtamazone

beim Fressen von Araucarien-Samen

Fütterung

Prachtamazonen werden nach der in Band 1 beschriebenen Fütterungsmethode für Amazonen gefüttert. Sie unterscheiden sich in ihrer Ernährung nicht von den meisten anderen Amazonenarten. Zusätzlich sollten allerdings noch kleine Mengen Piniensamen und Zapfen von Nadelbäumen angeboten werden, die zusätzlich auch für Beschäftigung sorgen.

Die Stimme

der Prachtamazonen kann sehr durchdringend sein

Zucht

Die weltweit ersten belegten Brutversuche fanden 1980 im Zoo von Sapucaia in Brasilien statt. Allerdings konnte dort erst 1992 das erste Jungtier aufgezogen werden.

Die europäische Erstzucht der Prachtamazone gelang 1990 im Palmitos Park auf Gran Canaria. Auch im Loro Parque auf Teneriffa kommt es seit Mitte der 90er Jahre des letzten Jahrhunderts zu regelmäßigen Zuchterfolgen. Für Deutschland steht die offizielle Erstzucht bis heute aus. Insgesamt liegen nur sehr wenige Meldungen von Nachzuchten der Art vor, was wahrscheinlich daran liegt, dass nur wenige Tiere in Menschenobhut vorhanden sind.

Sobald die Prachtamazonen drei Jahre alt geworden sind, kann man mit Brutaktivitäten rechnen. Die ersten Eiablagen fallen in der Zuchtstation der Loro Parque Fundación in den März, wobei die Mehrzahl der Paare stets erst im April und Mai zur Eiablage schreitet.

Als Nisthöhlen eignen sich Holznistkästen mit einer Grundfläche von 25 cm x 25 cm und einer Höhe zwischen 60 cm und 80 cm. 10 cm Durchmesser für das Einflugloch sind ideal. Als Nistkasteneinstreu eignet sich grobes Holzhäcksel, das während der Nestvorbereitungszeit sowie der Brutphase von den Elterntieren noch bearbeitet werden kann.

Naturbrut

Die paarweise Unterbringung zur Zucht ist gerade bei dieser Art wegen des hohen Aggressionspotentials obligatorisch. Auch dem Pfleger gegenüber zeigen die Prachtamazonen während der Brutzeit aggressive Verhaltensweisen. Sie schreien laut, sträuben ihr Nackengefieder und versuchen mit Scheinangriffen gegen das Gitter, den vermeintlichen Feind zu vertreiben. Betritt man allerdings die Voliere, fliegen die zuvor noch laut schreienden Vögel meist rasch in den hinteren Teil.

In der Loro Parque Fundación, in der Prachtamazonen regelmäßig in kleinen Stückzahlen gezüchtet werden, konnten Daten von 22 Gelegen ausgewertet werden. Dabei zeigte sich, dass die Gelegegröße zwischen 2 und 5 Eiern liegt, wobei der Schnitt 3,4 Eier beträgt. Es wurden 4 Gelege mit nur 2 Eiern registriert, 8 Gelege wiesen 3 Eier auf, weitere 8 Gelege waren mit 4 Eiern vollständig und 2 Gelege umfassten sogar 5 Eier.

Die Eimaße wurde von elf Eiern gemessen und betrugen im Schnitt 34,96 mm x 26,31 mm.

Die Brutzeit liegt zwischen 24 und 27 Tagen. Elf Jungen hatten ein durchschnittliches Schlupfgewicht von 9,03 g. Das schwerste Küken wog 10,4 g, das leichteste 7,9 g.

Prachtamazonen gehören in der Regel zu den zuverlässigen Eltern, die auch drei oder vier Junge problemlos aufziehen können. Allerdings erweisen sich sehr viele Gelege als unbefruchtet. Dies ist für den Züchter die größte Herausforderung, denn Prachtamazonen schreiten, wenn sie in Brutstimmung kommen, relativ einfach zur Eiablage. Bis ein Paar jedoch befruchtete Eier produziert, vergehen oft viele Jahre.

Schon nach etwa 50 Tagen Nestlingszeit verlassen die ersten Jungtiere den Nistkasten. Sie werden allerdings noch mehrere Wochen von den

Eltern versorgt, bevor sie selbstständig sind und abgesetzt werden können.

Die Ringgröße für die Art liegt bei 9,5 mm.

Handaufzucht

Die Handaufzucht der Prachtamazone gelingt relativ problemlos. Allerdings sollte man zuerst die Naturbrut versuchen, denn nicht alle Weibchen, denen man die Eier des Erstgeleges zur Kunstbrut entnimmt, produzieren auch ein Nachgelege. Wer in der Hoffnung auf ein Nachgelege dennoch die Eier entnimmt, aber keinen Erfolg damit hat, sollte spätestens im dritten Zuchtjahr dem Weibchen die Eier belassen, damit dieses unter natürlichen Bedingungen seine Jungen aufziehen kann. Weibchen, die ein Nachgelege produzieren, sollten bei diesem die Möglichkeit erhalten, die Jungtiere selbst großzuziehen.

Handaufgezogene Prachtamazonen sind liebenswerte zahme Vögel, die aber wegen ihrer Seltenheit nicht als zahme Hausgenossen gehalten, sondern zur Zucht eingesetzt werden sollten.

Mutationsformen

Bis heute sind keine Farbabweichungen bei der Prachtamazone bekannt.

Sonstige Anmerkungen

Papageienzüchter, die die Chance bekommen, Prachtamazonen zu halten, müssen alles daran setzen, diese Tiere zu züchten, um beizutragen, langfristig einen sich selbst erhaltenden Zuchtstamm aufzubauen. Dies ist gerade im Hinblick auf die in der Natur drastisch abnehmenden Bestände notwendig, um ein „Sicherheitsnetz“ in Menschenobhut bereitzustellen. In den Jahren 2000 bis 2007 wurde in der AZ-Nachzuchtstatistik nicht eine einzige junge Prachtamazone gemeldet; dies zeigt deutlich, wie selten die Art bei den Züchtern zu finden ist.

Prachtamazonenküken

im Alter von etwa zwei Wochen

Innerhalb der europäischen Zoos werden derzeit Prachtamazonen nur im Loro Parque und im Palmitos Park (beide auf den Kanarischen Inseln) gehalten. Das von der EAZA (European Association of Zoos and Aquaria) initiierte Europäische Zuchtbuch, für das der Autor in Vertretung des Loro Parque als Zuchtbuchführer verantwortlich zeichnet, umfasst aktuell einen Bestand von 43 Prachtamazonen in zwei Haltungen (Stand September 2008). Darüber hinaus dürften nur sehr wenige Paare bei spezialisierten Züchtern vorhanden sein.

Weiterführende Literatur

Freileben und Artenschutz: Belton (1984), Collar *et al.* (1992), Collar *et al.* (1994), Diefenbach & Goldhammer (1986), Forshaw (1989), Hayes (1995), Lowen *et al.* (1996), Narosky & Yzurieta (1989), Nores & Yzurieta (1994), Snyder *et al.* (2000), Varty *et al.* (1994), Wirth (1989)

Haltung und Zucht: Arndt (1996), Low (1991b), Low (1991c), Sweeney (1998), Vít (1997)

Amazona vinacea (Kuhl 1820)

Taubenhalsamazone

Die Taubenhalsamazone wurde nie in großen Stückzahlen nach Europa und in die Vereinigten Staaten importiert. Sie war früher bei Haltern und Züchtern dementsprechend selten anzutreffen und verhältnismäßig teuer.

Heute sind die Bestände gefestigt, und zahlreiche Züchter beschäftigen sich mit der Art.

Die Art ist monotypisch.

Engl.: Vinaceous Amazon

Beschreibung und Verbreitung

Das Verbreitungsgebiet der Taubenhalsamazone

ist heute sehr lückenhaft und deutlich geschrumpft

Beschreibung: Die Grundfärbung dieser mittelgroßen Amazone ist grün. Die Kopf-, Brust-, Nacken-, Rücken- und teilweise Bauchfedern sind schwarz gesäumt, ein schmales Stirnband und die Zügel rot. Die Nacken- und zum Teil die oberen Rückenfedern sind verlängert und können fächerartig aufgestellt werden. Sie weisen eine deutliche blaue Säumung und einen schwarzen Rand auf. Der Hals und die Brust sowie die Basis der Bauchfedern sind variabel bläulich bis weinrot gefärbt. Der Flügelsaum ist grün und variabel mit gelblichen bis rötlichen Federn durchsetzt.

Die Handschwingen sind blaugrün, die Armschwingen haben eine blaue Spitze. Die drei äußeren Armschwingen besitzen einen roten Flügelspiegel. Die Unterschwanzdecken sind gelbgrün, die Unterflügeldecken und die Unterseite der Schwingen grün. Die Schwanzfedern sind auf der Oberseite grün und besitzen gelbgrüne Spitzen, die äußeren Schwanzfedern sind an der Innenfahnenbasis rot und an den Außenfahnen lila. Der nackte Augenring und die Wachshaut sind hellgrau. Der Schnabel ist matt rötlich mit einer hornfarbenen Spitze. Die Iris ist orangefarben bis rot und die Füße sind grau.

Links: Taubenhalsamazone (Amazona vinacea)

Die Weibchen sind wie die Männchen gefärbt, aber im Durchschnitt kleiner und weniger kräftig.

Jungtiere haben eine blassere und weniger ausgedehnte rote Stirnfärbung. Die Unterbrust ist noch grün. Der Schnabel ist hornfarben und nur die Schnabelbasis rot. Die Iris ist dunkelbraun. Die Ausfärbung ins Adultgefieder ist im Alter von 14 Monaten abgeschlossen.

Größe: 30 cm (Flügellänge 203 mm - 220 mm, Schwanzlänge 98 mm - 120 mm); Vögel aus dem nördlichen Teil des Verbreitungsgebietes sind durchschnittlich größer als die südlichen Vertreter (Sick 1993).

Lebensraum der Taubenhalsamazone

im brasilianischen Bundesstaat São Paulo

Körpergewicht: 350 g bis 400 g

Verbreitung: Südost-Südamerika von Nordost-Argentinien in der Provinz Misiones und Nordost-Corrientes sowie Südost-Paraguay in den Provinzen Amambay, Canindeyú, Caaguazú, Alto Paraná, Itapúa und Guaíra nordwärts nach Südost-Brasilien in den Bundesstaaten Rio Grande do Sul, Santa Catarina, Paraná, São Paulo sowie im südlichen Teil von Bahia, dem westlichen Teil von Espírito Santo und einigen Gebieten in Minas Gerais.

Lebensraum

Die Taubenhalsamazone bewohnt vor allem die atlantischen Küstenwälder, insbesondere in den tieferen Lagen. Daneben ist sie auch in hoher Sekundärvegetation und an feuchten bewaldeten Berghängen bis 2.000 m Höhe zu finden. In Rio Grande do Sul zeigt sie örtlich eine Vorliebe für *Araucaria-angustifolia*- und *Euterpe-edulis*-Wälder, auf die sie wahrscheinlich jahreszeitlich angewiesen ist.

Das Gesamtverbreitungsgebiet umfasst heute lediglich noch rund 10.400 km^2.

Ökologie

Taubenhalsamazonen werden heute meist nur noch einzeln, paarweise oder in kleinen Gruppen bis 30 Vögeln beobachtet. Noch in den 60er Jahren des letzten Jahrhunderts waren an den Schlafplätzen große Schwärme von mehreren hundert Vögeln zu finden. Kurz vor der Brutzeit spalten sich die Gruppen in Paare auf. Auf den Nahrungsbäumen können gelegentlich gemeinsame Ansammlungen mit der Prachtamazone (*Amazona pretrei*), der Rotschwanzamazone (*Amazona brasiliensis*) und dem Maximilianpapagei (*Pionus maximiliani*) beobachtet werden. Hier sind die Amazonen leise und vorsichtig.

Es wurden jahreszeitliche Wanderungen beobachtet, die wahrscheinlich vom Nahrungsvorkommen abhängen. In Rio Grande do Sul nehmen die Bestände ab Januar ab. Im März fehlt die Art hier vollkommen, kehrt aber im April wieder zurück und bleibt den Rest des Jahres.

Der Flug ist schnell und durch kräftige Flügelschläge gekennzeichnet.

Rufe

Die Rufe werden einerseits als rau und krächzend beschrieben (*wau-wau-wau* oder *ki-rah*), andererseits sollen die Taubenhalsamazonen bei der Rast auch hochtönige und nasale *kráu-* oder *rak-rak*-Rufe von sich geben. Der Kontaktruf wird als hohles *kré-u* beschrieben. Daneben sind auch sehr laute *eeoo-de-de-eeooo*-Schreie bekannt.

Nahrung

Samen (insbesondere *Araucaria angustifolia* und *Pilocarpus*), Blüten und Früchte von *Euterpe edulis* und *Achatocarpus* sowie Beeren, Blätter und Knospen von Eukalyptusbäumen sowie Nüsse bilden den Hauptbestandteil der Nahrung. Die Vögel wurden dabei beobachtet, wie sie gelegentlich mineralhaltige Erde aufnahmen. Früher besuchten die Schwärme auch Orangenplantagen und richteten dort zum Teil große Schäden an.

Brutbiologie

Die Brutsaison reicht von September bis Januar. Örtlich ist eine weitere Brutsaison ab März möglich. Die Nester befinden sich bevorzugt in Höhlen von *Araucaria*-Bäumen, aber auch andere Baumarten und gelegentlich sogar Spalten in Felswänden werden angenommen. In Felshöhlen wurden auch schon Gemeinschaftsnester beobachtet. In einem Fall war die Bruthöhle 2 m tief. Das Gelege besteht aus zwei bis vier Eiern. Bei den Bruten ab Oktober ist der Bruterfolg mit drei bis vier Jungen in der Regel größer als bei späten Bruten im März, bei denen nur ein oder zwei Junge aufgezogen werden. Die Nestlingszeit dauert 70 Tage. Die Eimaße betragen 38,0 mm x 29,2 mm.

Status und Schutzmaßnahmen

Die ehemals häufige Art ist heute nur noch sehr örtlich anzutreffen und aus dem größten Teil des Verbreitungsgebietes verschwunden. Die Restpopulationen sind weit verstreut und meist klein. Die Gesamtpopulation wird auf unter 10.000 Vögel geschätzt.

Der Flug der Taubenhals-amazonen

ist schnell und auffallend kräftig

Die Art gilt nicht als akut gefährdet, doch nehmen die Bestände weiterhin ab. Während in den 80er Jahren des letzten Jahrhunderts die Populationen in Paraguay als gesichert galten, findet man heute aufgrund ausgedehnter Waldrodungen und intensiven Fangs nur noch kleine Populationen in Alto Paraná und Canindeyú. In Bahia und Espírito Santo scheint die Art schon ausgerottet zu sein. Die größten Bestände existieren heute in Paraná.

Die Art kommt noch in einigen geschützten Nationalparks vor, doch sind hier die Bestände zu klein, als dass sie das Überleben der Art sichern könnten. Ein Schutzprojekt existiert nicht.

Die Art wurde am 01.07.1975 in den Anhang I des WA aufgenommen.

Menschenobhut

Die Taubenhalsamazone ist in guten Stückzahlen bei den Züchtern vorhanden. In der Heimtierhaltung ohne Zuchtabsicht spielt sie nur eine untergeordnete Rolle, da sie nicht zu den besonders sprechbegabten Amazonenarten gehört.

Taubenhals-amazonen

können ihre Nackenfedern zu einem Fächer aufstellen

Ihre Stimme ist nicht sonderlich störend, und sie zählt zu den mittellauten Gattungsvertretern. Da die Taubenhalsamazone zu den robusteren Arten gerechnet werden kann, ist ihre Haltung durchaus auch für jene Vogelfreunde geeignet, die noch keine lange Erfahrung in der Haltung von Papageien und Sittichen gesammelt haben.

Unterbringung

Zur Unterbringung der Taubenhalsamazone eignen sich nur Volieren aus Metall. Zwar ist das Nagebedürfnis der Art nicht besonders stark ausgeprägt, dennoch würden die Vögel eine Holzkonstruktion schnell beschädigen.

Auch die Unterbringung in einer Zimmervoliere ist bei entsprechender Größe mit Flugmöglichkeit möglich. Ideal ist allerdings eine Gartenvoliere mit anschließendem beheizbaren Innenraum, in dem die Temperatur im Winter 10 °C nicht unterschreiten sollte. Bei Plusgraden kann man die Vögel tagsüber in die Außenvoliere lassen.

In der Regel sollte man eine paarweise Haltung der Taubenhalsamazone anstreben und dem Paar die Möglichkeiten zur Zucht bieten. Da die Art nicht zu den aggressiven Amazonen gehört, kann man in großen Flugvolieren auch Gruppen zusammenhalten, bei entsprechend geräumigen Gehegen und ausreichend Nistmöglichkeiten sogar während der Zucht.

Da Taubenhalsamazonen gerne fliegen, sollte man die Tiere mindestens in einer Voliere unterbringen, die ihnen die Möglichkeit gibt, ausgiebig von den Flügeln Gebrauch zu machen.

Fütterung

Die Art unterscheidet sich in ihrer Ernährungsweise nicht von der in Band 1 aufgeführten Fütterungsmethode. Zusätzlich sollte man Zapfen von Nadelbäumen und kleine Mengen Zirbelnüsse anbieten.

Zucht

Die Welterstzucht der Taubenhalsamazone gelang 1977 Clifford Smith in England. Das Zuchtpaar brütete nach dem Tod des Erstbesitzers bei John Scott weiter, bis das Weibchen schließlich 2001 starb. Insgesamt hatte das Paar 150 Junge.

Im deutschsprachigen Raum züchtete Porsching aus der Schweiz die Art 1978. Im Loro Parque auf Teneriffa wird die Taubenhalsamazone seit 1990 regelmäßig gezogen, inzwischen schon in mehreren Generationen. Ab dem dritten Lebensjahr sind Taubenhalsamazonen brutreif. Sie gehören stets zu den ersten ihrer Gattung, die im Frühjahr mit der Brut beginnen. Regelmäßig werden die ersten Gelege im März oder April produziert. Als Nisthöhlen dienen gezimmerte Nistkästen mit den Grundmaßen 25 cm x 25 cm und einer Höhe zwischen 70 cm und 80 cm. Das Eingangsloch im oberen Drittel des Kastens hat einen Durchmesser zwischen 10 cm und 12 cm. Als Einstreu dienen Holzhäcksel, die von den Elterntieren noch während der Vorbereitungszeit des Legens und der Brut zernagt werden.

In der Loro Parque Fundación werden Taubenhalsamazonen zur Brut in der Regel paarweise untergebracht. In Hängekäfigen schreiten sie meist problemlos zur Brut. In einem Experiment zur Gruppenhaltung wurden vier nicht brütende Paare zu Zuchtversuchen und zur freien Partnerwahl zusammengesetzt. Die Voliere hatte eine Größe von 10 m x 10 m bei einer Höhe von 4 m und natürliche Vegetation (Bäume und Bodenbewuchs). Fünf an den Seiten angebrachte Hängekäfige, in denen sich die Nisthöhlen befanden, dienten den Paaren als eigenes Revier bzw. Rückzugsgebiet. Diese Käfige wurden auch gegenüber Artgenossen verteidigt. Aus der Achtergruppe formierten sich vier Paare, von denen zwei zur Brut schritten. Im ersten Jahr wurden die befruchteten Eier zur Handaufzucht entnommen, im Folgejahr jedoch bei den Eltern gelassen. Beide Paare zogen je zwei Jungtiere problemlos auf. Auch nach dem Ausfliegen kam es innerhalb des Schwarms nicht zu Aggressionen den Jungtieren gegenüber. Nach zwei Zuchtsaisons wurden die Paare wieder separat untergebacht, und die zwei Zuchtpaare brüteten auch weiterhin.

Taubenhalsamazonen haben ein interessantes Balzspiel: Sie können die Nackenfedern ähnlich den Fächerpapageien aufstellen. Während der Brutzeit werden die Federn oft als Drohung dem Pfleger gegenüber aufgerichtet, verbunden mit lautem Geschrei, um den potentiellen „Eindringling" zu verjagen und dabei „Eindruck zu schinden".

Die Voliere für Taubenhalsamazonen

sollte aus Metall sein, da Holzteile schnell zerstört werden würden

Gelegentlich kann es während der Brutzeit zu Aggressionen des Männchens gegenüber dem Weibchen kommen. Die Auslöser sind meist zu kleine Volieren und ein Mangel an Ausweichmöglichkeiten.

Die Art gehört zu den Amazonen, die größere Gelege produzieren. Bei 18 in der Loro Parque Fundación registrierten Gelegen mit 58 Eiern betrug das Durchschnittsgelege 3,2 Eier, wobei zwischen 2 und 4 Eier gelegt wurden. Acht Gelege bestanden aus vier Eiern, sechs aus drei Eiern und vier aus lediglich zwei Eiern.

Der Durchschnitt von 17 vermessenen Eiern lag bei 39,72 mm x 31,17 mm. Die Brutzeit lag zwischen 24 und 26 Tagen. 28 frisch geschlüpfte Jungtiere brachten im Schnitt 14,3 g auf die Waage, wobei das schwerste Küken 17,4 g und das leichteste 10,5 g wogen.

Nach eine Nestlingszeit zwischen 55 und 60 Tagen sind die Jungtiere flügge. Sie werden aber

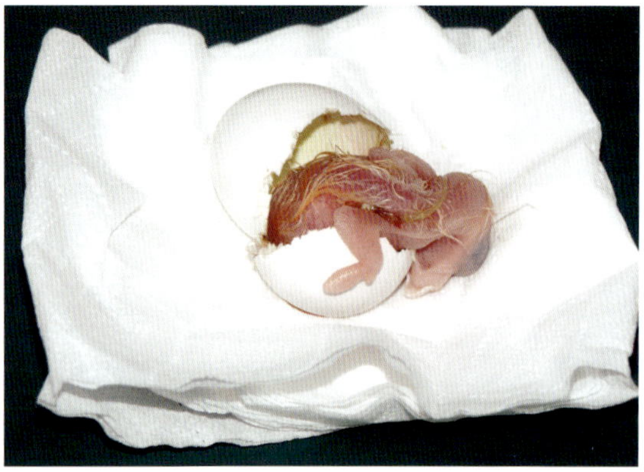

Ein Taubenhals-amazonenküken

verlässt das Ei

noch einige Wochen von den Eltern gefüttert, bevor sie vollständig unabhängig sind und aus der Voliere entfernt werden können. In großen Gruppenvolieren kann man die Jungtiere noch einige Monate länger belassen. Erst zur Vorbereitung auf die neue Zuchtsaison im Dezember oder Januar sollte man sie herausfangen, um den Zuchttieren mehr Ruhe zu gönnen.

Entfernt man das Erstgelege, wird in der Regel ein Nachgelege gezeitigt. Allerdings gibt es auch einige Weibchen, die kein zweites Gelege produzieren. Spätestens nach zwei Zuchtsaisons ohne Nachgelege sollte man den Tieren die Möglichkeit geben, Junge aufzuziehen. Grundsätzlich sind Taubenhalsamazonen zuverlässige Eltern, die bis zu vier Jungtiere aufziehen können.

Die Ringgröße beträgt 11,0 mm.

Handaufzucht

Die Handaufzucht der Taubenhalsamazone stellt keine besonderen Anforderungen dar und gelingt mit einem handelsüblichen Handaufzuchtfutter.

Handaufgezogene Taubenhalsamazonen eignen sich auch als zahme Hausgenossen. Sie sind liebenswert, zahm, lernen aber, wenn überhaupt, nur wenige Worte nachzuahmen. Wegen ihrer Seltenheit sollte man die Jungtiere jedoch in erster Linie wieder zur Zucht verwenden.

Allerdings gibt es bei den Nachzuchten durchschnittlich mehr Männchen als Weibchen, so dass es durchaus vertretbar scheint, das eine oder andere zahme „Überhangmännchen" auch als Hausgenossen zweckzuentfremden.

Mutationsformen

Bis heute sind keine Farbmutationen bei Taubenhalsamazonen bekannt.

Sonstige Anmerkungen

Taubenhalsamazonen sind in durchaus guten Stückzahlen bei privaten Züchtern vertreten, allerdings gehören sie wegen ihrer eher schlichten Färbung nicht zu den Favoriten bei den Haltern. Es ist deshalb wichtig, dass sich auch in Zukunft ausreichend viele Züchter mit der vom Verhalten her sehr interessanten Amazonenart beschäftigen, um den vorhandenen Zuchtstamm zu halten oder weiter auszubauen.

In den Jahren 2000 bis 2007 wurden in der AZ-Nachzuchtstatistik insgesamt 28 Jungtiere gemeldet. Die Art belegt damit den 13. Platz der am häufigsten gezüchteten Amazon. Auch in den europäischen Zoos ist mit 58 Tieren (Stand August 2008) ein Grundstock vorhanden, der aber in Zukunft nicht vernachlässigt werden darf.

Weiterführende Literatur

Freileben und Artenschutz: Belton (1984), Collar *et al.* (1992), Collar *et al.* (1994), Forshaw (1989), Hayes (1995), Lowen *et al.* (1996), Narosky & Yzurieta (1989), Nores & Yzurieta (1994), Ridgely (1981), Sick (1993), Snyder *et al.* (2000)

Haltung und Zucht: Fletcher (2001), Graber (1995), Hoppe (1981), Lepperhoff (1999), Low (1980), Honigs & Reinschmidt (2003), Poschung (1978), Robiller (1990), Silva (1991), Sweeney (1997)

Gruppe der Amazonen mit roter Stirnfärbung und rotem Flügelspiegel

Die Amazonenarten dieser Gruppe besitzen allesamt eine rote Stirnfärbung und einen roten Flügelspiegel. Mit einer Ausnahme (*Amazona autumnalis autumnalis*) sind die Wangen grün gefärbt. Die nördlichen Vertreter haben einen hornfarbenen Schnabel, der bei den südlichen schwärzlich ist. Die Nackenfedern sind bei allen schwärzlich gesäumt. Ein Geschlechtsdimorphismus ist nicht vorhanden.

Insgesamt zählen vier Arten zu dieser Gruppe, unter denen die Diademamazone (*Amazona diadema*) eine Sonderstellung einnimmt, da sie als einziger Vertreter der Gruppe eine befiederte Wachshaut aufweist. In der Regel wird sie noch als Unterart von *A. autumnalis* geführt, obwohl bereits Cory (1918), Pinto (1937) und Ridgely & Greenfeld (2001) ihr den Rang einer eigenen Spezies zuerkennen. Aufgrund ihrer deutlichen morphologischen Unterschiede und des isolierten Verbreitungsgebietes führen wir sie hier ebenfalls als eigene Art.

Ebenfalls Artstatus gebührt möglicherweise der Ekuador-Amazone (*A. autumnalis lilacina*). Da es jedoch vielleicht eine Mischzone zwischen ihr und der Salvin-Amazone (A. *autumnalis salvini*) in West-Kolumbien gibt (Olivares 1957), wird sie hier als Unterart von *A. autumnalis* gelistet.

Amazona viridigenalis (Cassin 1853)

Grünwangenamazone

Die Grünwangenamazone ist in den 70er und 80er Jahren des letzten Jahrhunderts in großen Stückzahlen in Menschenobhut gelangt und war dementsprechend häufig bei den Haltern und

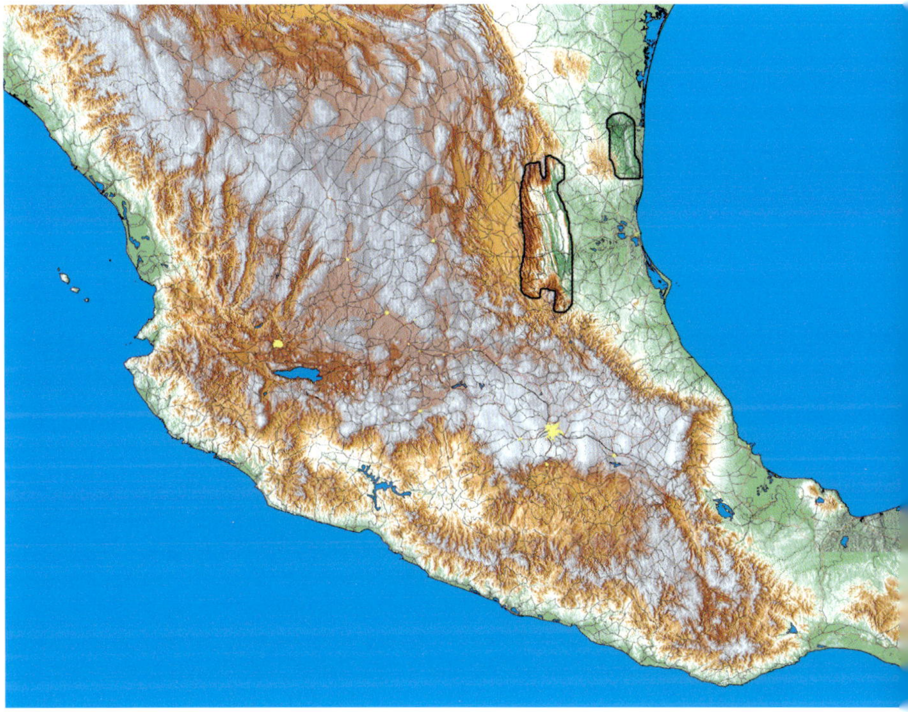

Das Verbreitungsgebiet der Grünwangenamazone

ist auf wenige Gebiete in Tamaulipas, San Luis Potosí und Nordost-Querétaro, Mexiko, geschrumpft

Züchtern anzutreffen. Heute existiert noch ein kleiner Bestand in Menschenobhut, und die Art wird regelmäßig nachgezogen.

Die Art ist monotypisch.

Engl.: Green-cheeked Amazon

Beschreibung und Verbreitung

Beschreibung: Die Grundfärbung dieser mittelgroßen Amazone ist grün, Brust und Bauch sind mehr gelblichgrün. Mit Ausnahme der Wangen sind alle Federn dunkel gesäumt. Die Stirn, der gesamte Scheitel und die Zügel sind rot, der Bereich hinter den Augen und die Nackenseiten hellviolettblau.

Die Außenfahnen der Handschwingen sind violettblau, die Armschwingen besitzen blauschwarze oder schwarze Spitzen. Die fünf ersten Armschwingen sind mit einem roten Flügelspiegel

gezeichnet. Die Unterschwanzdecken sind gelbgrün, und die Schwanzfedern haben eine gelbgrüne Spitze.

Der nackte Augenring und die Wachshaut sind hellgrau, die Iris ist orangegelb und der Schnabel hornfarben. Die Füße sind hellgrau.

Die Weibchen sind wie die Männchen gefärbt, aber die rote Stirnfärbung ist weniger ausgedehnt. Sie sind durchschnittlich kleiner und leichter.

Jungtiere zeigen mattere Farben; bei ihnen sind nur Stirn und Zügel rot. Die Iris ist graugelb. Die Umfärbung ins Adultgefieder ist mit etwa 12 Monaten abgeschlossen.

Größe: 33 cm (Flügellänge 194 mm - 213 mm, Schwanzlänge 97 mm - 116 mm)

Körpergewicht: 260 g - 300 g

Verbreitung: Nordost-Mexiko von 21° nördlicher Breite in Nord-Veracruz über San Luis Potosí und Zentral- und Süd-Tamaulipas bis Süd-Nuevo León. In den Wintermonaten ziehen die Vögel gelegentlich nordwärts bis nach Brownsville im äußersten Südwesten von Texas. Die Art scheint heute nur noch in Taumalipas und San Luis Potosí vorzukommen.

Die Art wurde in den USA örtlich in Florida and Kalifornien sowie auf Puerto Rico und der Hawaii-Insel O'ahu eingebürgert. In Mexiko existieren kleinere Populationen entflogener Vögel in verschiedenen Städten (z. B. in Monterrey).

Lebensraum

Die Art ist insbesondere in trockenen, bewaldeten Gebieten entlang von Flüssen anzutreffen,

Links: Grünwangenamazone (Amazona viridigenalis)

Galeriewälder entlang von Flüssen

sind das bevorzugte Habitat für Grünwangenamazonen

daneben aber auch an Waldrändern und in offenen Flächen mit vereinzeltem Baumbestand in den feuchten bis halbtrockenen Tiefländern und Bergen bis zu einer Höhe von 1.200 m. Die höher gelegenen Gebiete werden offensichtlich nur während der Wintermonate besucht, um in den *Pinus*- und *Quercus*-Wäldern nach Nahrung zu suchen. Grünwangenamazonen fallen auch regelmäßig in Anbaugebiete ein.

Das Gesamtverbreitungsgebiet umfasst heute nur noch rund 7.900 km^2.

Ökologie

Grünwangenamazonen sind in der Regel in Gruppen oder Schwärmen, seltener paarweise zu beobachten. Gelegentlich bilden sie auf Nahrungsbäumen gemeinsame Schwärme mit der Gelbwangenamazone (*Amazona a. autumnalis*) und der Gelbkopfamazone (*Amazona ochrocephala magna*). Besonders in den frühen Morgenstunden fallen sie durch Lärmen auf. Regelmäßig kann man sie bei den abendlichen Flügen zu den Schlafbäumen beobachten. Dort sammeln sich

Grünwangenamazone

Grünwangen-amazonen

lassen sich gerne in den oberen Zweigen der Bäume nieder

oft mehrere hundert Vögel. Auch tagsüber sind die Gruppen aktiv und nicht schwierig zu entdecken. In der Regel lassen sich die Schwärme in den höchsten Zweigen der Bäume nieder, bleiben aber meist nie lange, sondern fliegen nach kurzer Zeit wieder auf. Es wurde beobachtet, dass die Amazonen gelegentlich vom Prachthaubenadlern (*Spizeatus ornatus*) geschlagen werden.

Der Flug ist schnell und mit kräftigen, flachen Flügelschlägen, wobei die Partner dicht nebeneinander fliegen.

Die Art ist den Sommer über standorttreu. Im Winter ziehen die Schwärme nomadisierend umher und besuchen höher gelegene Gebiete wegen der besseren Nahrungsverfügbarkeit.

Rufe

Als typisches Rufmuster für die Art gelten *klii-u... krack...krack...krack*-Rufe . Zusätzlich wurden *kii-yaw graw graw graw-* und *kra kra kra-* sowie raue *ji ji ji ji*-Schreie beschrieben.

Nahrung

Die Palette der von den Vögeln aufgenommenen Nahrung reicht von Früchten, Samen (vor allem Piniensamen, daneben Ahorn), Beeren (*Ehretia sp.*, *Melia azedarach*), Bohnen (*Pithecellobium*), Nüssen und Knospen bis Blüten. Grünwangenamazonen gehen bei der Nahrungsaufnahme sehr verschwenderisch vor; oft werden Früchte nur angebissen und der Rest fallen gelassen. Regelmäßig ist die Art auch in Mais- und Getreidefeldern zu beobachten, wo sie zum Teil erhebliche Schäden anrichtet.

In Städten eingebürgerte Amazonen wurden beim Fressen von Walnüssen, *Liquidambar*, *Eucalyptus* und *Chorisia* in Parkanlagen beobachtet.

Brutbiologie

Die Brutzeit der Amazonen reicht von März bis Juli. Die Nester befinden sich oft in alten Höhlen von Linienspechten (*Dryocopus lineatus*) in abgestorbenen Bäumen in Höhen zwischen 6 m und 20 m, in einem Fall in einer alten Zypresse 20 m über dem Erdboden. Daneben wurden *Taxodium mucronatum*, *Bumelia laetivirens* und *Brosimum alicastrum* als Brutbäume verwendet. Das Gelege besteht aus zwei bis fünf Eiern, die 25 bis 31 Tage bebrütet werden. Die Eimaße betragen 35,7 mm x 27,5 mm.

Status und Schutzmaßnahmen

Die ehemals häufige Art ist heute nur noch in wenigen Gebieten in Tamaulipas and San Luis Potosí zu finden, wo sie örtlich noch häufig sein kann. Kleine Kolonien existieren im äußersten Nordosten von Querétaro. Die Bestände in Nuevo León sind bereits 1945 und die in Veracruz 1960 erloschen. Untersuchungen zwischen 1992 bis 1994 ergaben 5,7 Vögel/km^2, was auf eine Gesamtpopulation von gerade noch 3.000 bis 6.500 Vögel schließen ließ. In den 70er Jahren lag die Bestandsdichte noch bei 25,2 Vögel/km^2.

Diese extremen Bestandsrückgänge sind vor allem auf die Zeit von 1970 bis 1982 zurückzuführen, als die Art in großem Unfang gefangen und exportiert wurde. So gelangten allein 16,490 Vögel, hauptsächlich Nestlinge, legal in die USA. Hinzu kam der illegale Handel und Verluste während des Fangs. Verheerend wirkte sich auch die Praxis aus, Bruthöhlen zu öffnen oder Brutbäume zu fällen, um an die Nestlinge zu kommen.

Es wurden auch viele der von den Amazonen benötigten Galeriewälder gerodet, was vor allem für die Tieflandgebiete in Taumalipas zutraf, wo 80 % der verfügbaren Flächen in Kultur- (vor allem Sorghum-Felder) und Grasland umgewandelt wurden. Heute ist das verfügbare Habitat stark zerstückelt und von Weidegebieten umgeben.

In Mexiko gibt es zurzeit kein Schutzprojekt für die Art. Sie kommt im El Cielo- und im Sierra Gorda Biosphere Reserve vor; beide Schutzgebiete beherbergen aber nur kleine Populationen.

Die Art wurde am 18.09.1997 in den Anhang I des WA aufgenommen.

Menschenobhut

Die Grünwangenamazone spielt in der Heimtierhaltung keine große Rolle, da sie als wenig sprechbegabt gilt. Ein kleiner Zuchtbestand ist bei spezialisierten Züchtern vorhanden, der auch regelmäßig Jungtiere hervorbringt. Die Art ist nicht sehr empfindlich und kann durchaus auch Anfängern in der Amazonenhaltung, die auf dem Gebiet der Papageienhaltung schon Erfahrung gesammelt haben, empfohlen werden. Die Stimme ist mittellaut, und sie wird regelmäßig in den Morgen- und Abendstunden eingesetzt, in der Regel aber nicht sehr lange und andauernd.

Unterbringung

Im Vergleich zu anderen Amazonenarten gehört die Grünwangenamazone zu den durchschnittlichen „Nagern", dennoch wird eine Metallkonstruktion für die Voliere empfohlen. Auch für geräumige Zimmervolieren kann man eine paarweise Haltung durchaus in Betracht ziehen; man muss dann aber auf regelmäßigen Freiflug achten, da die Art bei Bewegungsmangel schnell träge wird und zu Fettleibigkeit neigt, was Zuchterfolge mit ihnen in weite Ferne rücken würde.

Der Flug

von Grünwangenamazonen ist kräftig und durch flache Schläge gekennzeichnet

Die ideale Unterbringung stellt eine kombinierte Außenvoliere mit anschließendem temperierten Schutzraum dar, der im Winter frostfrei gehalten werden muss. Grünwangenamazonen sind relativ unempfindlich und können an Sonnentagen auch im Winter in die Außenvoliere gelassen werden, solange sie den Schutzraum aufsuchen und die Nächte in ihm verbringen können.

In der Regel sollte man die Grünwangenamazonen paarweise unterbringen, wobei auch die Gruppenhaltung in großen Volieren mit genügend Ausweichmöglichkeiten geeignet ist.

Fütterung

Die Fütterung der Art weicht nicht von der grundsätzlichen Methoden für Amazonen ab, wie sie in Band I beschrieben ist.

Die paarweise Unterbringung

hat sich bei der Zucht von Grünwangenamazonen bewährt

Zucht

Die Welterstzucht der Grünwangenamazone gelang im Jahre 1970 im Zoo von Los Angeles, USA. 10 Jahre später glückte die europäische Erstzucht bei Mattmann in der Schweiz, ein Jahr später die deutsche bei Lantermann.

Grünwangenamazonen sind relativ einfach zur Zucht zu bewegen; so zog beispielsweise Kluck mit seinem Paar in 23 Jahren 63 Jungtiere auf (Kluck 2008). Bereits im Alter von drei Jahren sind Vögel zuchtreif. Sie schreiten in der Regel bereits im März zur Brut. Als Nisthöhlen eignen sich gezimmerte Nistkästen mit einer Grundfläche von 25 cm x 25 cm und einer Höhe zwischen 60 cm und 80 cm. Das im oberen Drittel des Kastens liegende Eingangsloch sollte einen Durchmesser von etwa 10 cm haben. Als Einstreu ist grobes Holzhäcksel zu empfehlen, das von den Tieren bearbeitet werden kann und zur Vorbereitung des Nestes dient.

Naturbrut

Die zur Zucht vorgesehenen Grünwangenamazonen hält man bevorzugt paarweise. In der Loro Parque Fundación ist dies die Regel; in den Jahren 2002 und 2003 wurde allerdings auch die Zucht in der Gruppe mit mehreren bislang erfolglosen Paaren versucht. Drei Paare waren in einem Gehege von 10 m x 10 m Grundfläche und einer Höhe von 4 m untergebracht. Die Nisthöhlen waren in seitlich angebauten Abtrennkäfigen aufgehängt. Als ein Paar mit der Brut begonnen hatte, wurde dessen Abtrennkäfig mit Hilfe einer an einem langen Kabel angebrachten Falltür geschlossen. Es konnte so in Ruhe die Jungtiere aufziehen, ohne in Konflikte mit den anderen Bewohnern der Voliere zu kommen. Vor Beginn der Brut war das Zusammenleben der Gruppe problemlos gewesen; nachdem die Jungen aber ausgeflogen waren und der Abtrennkäfig geöffnet wurde, um das Paar samt Jungtieren in die Gruppe zu integrieren, war das Brutpaar so aggressiv, dass vor allem das Männchen die anderen Mitbewohner angriff. Dies steigerte sich so weit, dass es schließlich sogar die eigenen Jungen attackierte. Um schwerere Verletzungen oder gar Verluste zu vermeiden, wurde das Männchen abgetrennt und die Zucht der Grünwangenamazonen in der Gruppe nicht weiter verfolgt.

In der Loro Parque Fundación wurden 12 Gelege registriert; dabei wurden zwischen einem und vier Eiern gelegt, wobei es nur einmal zu einem Einergelege kam, achtmal zu einem Dreier- und dreimal zu einem Vierergelege. Die durchschnittliche Größe betrug 3,1 Eier pro Gelege.

Zehn vermessene Eier hatten eine durchschnittliche Größe von 37,73 mm x 28,77 mm.

Die Brutzeit der Grünwangenamazonen liegt zwischen 24 und 26 Tagen. Entfernt man das Erstgelege frühzeitig, kommt es meist zu einem Nachgelege, das man dann aber unbedingt den Tieren zur eigenen Aufzucht belassen sollte. Das Schlupfgewicht von 18 Küken lag bei durchschnittlich 10,4 g, wobei das leichteste 9,6 g und das schwerste 12 g wog. Grünwangenamazonen erweisen sich meist als gute Eltern, die ihre Jungen problemlos aufziehen.

Die Ringgröße für Grünwangenamazonen liegt bei 9,5 mm.

Handaufzucht

In der Handaufzucht unterscheidet sich die Art nicht von anderen Amazonen. Die Jungen sind problemlos mit einer handelsüblichen Handaufzuchtfuttermischung aufzuziehen.

Handaufgezogene Grünwangenamazonen sind sehr vertraute, menschenfreundliche Tiere, die sich durchaus auch als Hausgenossen eignen. Da der Wildbestand aber heute als bedroht gilt und stetig zurückgeht, sollte man die Nachzuchten in erster Linie zur Zucht verwenden.

Zimtfarbene Grünwangen-amazone

Mutationsformen

Von der Grünwangenamazone sind neben einer zimtfarbenen und einer olivfarbenen Mutation auch gelbe Amazonen bekannt.

Sonstige Anmerkungen

In den europäischen Zoos existiert ein Erhaltungszuchtprogramm, in dem derzeit 82 Grünwangenamazonen registriert sind (Stand August 2008). Bei den Züchtern ist ein kleiner, regelmäßig züchtender Bestand vorhanden. So wurden in den Jahren 2000 bis 2007 in der AZ-Nachzuchtstatistik insgesamt 12 Jungtiere gemeldet. Dies ist zwar wenig, aber dennoch dürften die Voraussetzungen gegeben sein, diese Art auch langfristig in Menschenobhut zu halten.

Weiterführende Literatur

Freileben und Artenschutz: Castro (1976), Clinton-Eitniear (1986), Clinton-Eitniear (1988b), Collar *et al.* (1992), Collar *et al.* (1994), Edwards (1972), Enkerlin-Hoeflich (1995), Enkerlin-Hoeflich & Hogan (1997), Forshaw (1989), Friedmann *et al.* (1950), Gehlbach *et al.* (1975), Howell & Webb (1995), Lowery & Dalquest (1951), Martin *et al.* (1954), Peterson & Chalif (1973), Ridgely (1981), Sutton & Burleigh(1940), Sutton & Pettingill (1942), Wege & Long (1995), Zimmermann (1957)

Haltung und Zucht: Fletcher (1995), Kluck (2008), Lantermann (1982), Mattmann (1981), Voren (1997), Wozniak & Lantermann (1984)

Amazona finschi (Sclater 1864)

Blaukappenamazone

Verbreitungskarte der Blaukappenamazone

Die Blaukappenamazone ist in den 70er und 80er Jahren des letzten Jahrhunderts in großen Stückzahlen in Menschenobhut gelangt, wurde aber in erster Linie über den Heimtierhandel an Halter verkauft. Die Züchter interessierten sich nur wenig für die farblich eher schlichte Art. Heute existiert noch ein kleiner Bestand in Menschenobhut, und die Art wird regelmäßig nachgezogen.

Es wurden zwei Unterarten beschrieben, wobei die Unterart *woodi* aufgrund ihrer nur geringen Unterschiede zur Nominatform in Menschenobhut kaum eindeutig zu bestimmen ist, solange die Herkunft der Vögel nicht bekannt ist.

Beschreibung und Verbreitung

1. *Amazona f. finschi* (Sclater 1864)

Blaukappenamazone

Engl.: Lilac-crowned Amazon

Beschreibung: Die Grundfärbung dieser mittelgroßen Amazone ist grün. Brust und Bauch sind mehr gelblichgrün gefärbt, wobei jede Feder dunkel gesäumt ist. Die Federn von Nacken und Rücken sind ebenfalls dunkel gesäumt, Stirn, Vorderscheitel und Zügel rotbraun. Der Bereich hinter den Augen und die Nackenseiten sind hell violettblau, der Augenbereich, die Wangen und Ohrdecken gelbgrün.

Die Außenfahnen der Handschwingen sind violettblau. Die Armschwingen besitzen blaue Spitzen. Die fünf ersten Armschwingen sind mit einem roten Flügelspiegel gezeichnet, der von Gelb begrenzt wird. Die Unterschwanzdecken sind gelbgrün. Die Schwanzfedern haben eine gelbgrüne Spitze. Die Basis der äußeren Schwanzfedern ist an den Außenfahnen blau.

Links: Blaukappenamazone (Amazona finschi finschi)

Der nackte Augenring und die Wachshaut sind grau. Die Iris ist orangefarben und der Schnabel gelblich hornfarben. Die Füße sind grau.

Die Weibchen sind wie die Männchen gefärbt, aber im Durchschnitt etwas kleiner und leichter.

Jungtiere zeigen mattere Farben. Bei ihnen sind nur die Stirn und die Zügel rot, wobei einzelne Junge aber auch eine weiter ausgedehnte Rotfärbung aufweisen können als die Altvögel (Mann & Mann 1978). Die Iris ist dunkel. Die Umfärbung ins Adultgefieder ist mit 12 Monaten beendet.

Sonora-Blaukappenamazonen

(Amazona finschi woodi)

Größe: 33 cm (Flügellänge 185 mm - 208 mm, Schwanzlänge 100 mm - 124 mm)

Körpergewicht: 300 g - 420 g

Verbreitung: Die Nominatform bewohnt die Bergregionen entlang der Pazifikküste in Zentralwest-Mexiko und Südwest-Mexiko von Süd-Sinaloa und West-Durango südwärts über Nayarit, Jalisco, Colima, Michaocán und Guerrero bis nach Oaxaca.

Die Art wurde in den USA örtlich in Florida und Kalifornien eingebürgert.

2. *Amazona f. woodi* Moore 1937

Sonora-Blaukappenamazone

Engl.: Sonora Lilac-crowned Amazon

Beschreibung: Bei dieser nur schwach differenzierten Unterart ist das Grün insgesamt weniger gelblich gefärbt, was insbesondere auf das Brust- und Bauchgefieder zutrifft. Das Rotbraun auf der Stirn ist bei einigen Vögeln schmaler und nicht so intensiv gefärbt. Dieses Merkmal lässt sich jedoch nicht zur Unterartenbestimmung nutzen, da es nicht konstant genug auftritt. Durchschnittlich sind *woodi*-Vertreter geringfügig größer als die Nominatform.

Größe: 34 cm (Flügellänge 193 mm - 215 mm, Schwanzlänge 104 mm - 124 mm)

Verbreitung: Nordwest-Mexiko in Zentralost-Sinaloa und Durango nordwärts bis Ost-Sonora und Südwest-Chihuahua.

Lebensraum

Die Art bewohnt die Hänge und Bergregionen entlang der Pazifikküste mit laubabwerfenden Wäldern in den tiefer liegenden Gebieten und mit Eichen- oder Mischwäldern (aus Eichen- und Pinienbeständen) in den höheren Lagen. Sie zeigt eine Vorliebe für Waldregionen entlang der Flüsse in tiefen Bergtälern. Daneben findet man sie auch in trockener bis halbtrockener Strauchvegetation. Oft halten sich die Vögel an Waldrändern und am Rande von Lichtungen auf, die an landwirtschaftlich genutzte Flächen angrenzen.

In der Regel bewohnen die Blaukappenamazonen die Lagen zwischen 600 m und 2.200 m Höhe, in Sinaloa kommen sie jedoch auch in die Tieflandgebiete. In Sonora wurden sie zwischen 360 m und 1.700 m Höhe und in Oaxaca zwischen 880 m und 1.480 m Höhe beobachtet.

Blaukappenamazonen besuchen gelegentlich Anbaugebiete und richten in Mais- und Bananenplantagen Schäden an.

Das heutige Gesamtverbreitungsgebiet wird noch auf rund 111.000 km^2 geschätzt.

Ökologie

Blaukappenamazonen sind in der Regel paarweise, in Gruppen oder während der Trockenzeit in

Schwärmen bis zu 300 Vögeln anzutreffen. An Schlafplätzen sammeln sich oft mehrere hundert Amazonen, die dann durch ihr Lärmen auffallen. In Nayarit wurden an solch einem Schlafplatz rund 1.000 Vögel gezählt.

Der Flug ist schnell und mit kräftigen, flachen Flügelschlägen. Die Partner fliegen fast immer dicht beisammen.

Jahreszeitliche Wanderungen wurden im Winter beobachtet. Die Amazonen besuchen dann höher gelegene Gebiete wegen der besseren Nahrungsverfügbarkeit.

Rufe

Während des Fluges lassen die Amazonen raue, rollende Schreie hören, gelegentlich auch schrille *krih-krih-* oder rollende *krreeeih*-Rufe. Berichtet wurde auch von tiefen *kyah'ha*-Schreien und *krra-krra*-Rufen, die an Raben erinnern.

Nahrung

Die Nahrungsgewohnheiten der Blaukappenamazone sind nahezu unbekannt. Berichtet wurde von der Aufnahme von Früchten (vor allem wilde Feigen), Samen, Beeren, Nüssen, Blättern, Blattknospen und Blüten. Die Schwärme fallen regelmäßig in Getreidefelder und Bananenplantagen ein, wo sie Schäden anrichten.

Die Wanderungen im Winter in höhere Lagen deuten darauf hin, dass die Vögel dort Piniensamen aufnehmen.

Brutbiologie

Die Brutzeit der Amazonen reicht von Februar bis Juni. Die Vögel untersuchen in Colima die Nesthöhlen ab Februar, aus Nayarit wurden erste Brutaktivitäten ab März berichtet. Die Bruthöhlen befinden sich in lebenden und abgestorbenen Bäumen innerhalb hoher, dichter Wälder. Die Vögel benutzen auch alte Spechthöhlen. In einem Fall brüteten sie in der Höhle von Königsspechten (*Campephilus guatemalensis*) in einem abgestorbenen Feigenbaum.

Lebensraum der Blaukappenamazonen

im mexikanischen Bundesstaat Jalisco

Die Eimaße betragen 37,0 mm x 29,2 mm.

Status und Schutzmaßnahmen

Die ehemals häufige Art ist heute aus großen Teilen ihres Verbreitungsgebietes verschwunden bzw. dort nur noch sehr selten. Nennenswerte Bestände finden sich lediglich noch in Jalisco, Michoacán und Sinaloa. Jüngere Untersuchungen erbrachten, dass die Art bereits in 37 % der ehemals bekannten Vorkommen nicht mehr anzutreffen ist. Die Gesamtpopulation wird auf lediglich noch 7.000 bis 10.000 Tiere geschätzt.

Die Bestandsrückgänge sind vor allem auf den Fang der Vögel für den Heimtiermarkt zurückzuführen. Neuere Untersuchungen ergaben, dass auch heute noch in 75 % der Vorkommensgebiete gefangen wird und die Nester ausgenommen werden. Daneben verschwinden in den Tiefland-

Blaukappen-amazonen

sind im Blattwerk nur schwer zu entdecken

gebieten entlang der Pazifikküste die benötigten Wälder.

1999 wurde von der mexikanischen Regierung ein Plan zum Schutz der Papageienbestände erstellt, in dem der Blaukappenamazone eine besondere Priorität zuerkannt wurde. Es existiert zusätzlich ein Schutzprojekt der Universität von Jalisco in der Nähe von Puerto Vallarta.

Die Art wurde am 12.01.2005 in den Anhang I des WA aufgenommen.

Menschenobhut

Die Blaukappenamazone wird nur gelegentlich bei den Züchtern gehalten, da sie relativ schlicht gefärbt ist. Auch in der Heimtierhaltung spielt sie nahezu keine Rolle, vor allem, weil ihre Nachahmungsfähigkeit als nicht sehr ausgeprägt gilt.

In der Zucht wurde bisher wenig Wert auf die Unterscheidung der beiden Unterarten gelegt, so dass man heute davon ausgehen kann, dass einige Unterart-Hybriden in Menschenobhut existieren. Es macht deshalb Sinn, mit Vögeln, deren Herkunft man genau kennt, weiterzuzüchten und diese bei der Abgabe entsprechend der Unterart zu kennzeichnen.

Blaukappenamazonen können durchaus angenehme Hausgenossen werden; sie erweisen sich aber lange nicht als so nachahmungsfreudig, wie dies von einigen anderen Amazonen bekannt ist. Entschließt man sich zu einer Wohnungshaltung der Blaukappenamazone, sollte man auf jeden Fall zwei Tiere vergesellschaften, um der Langeweile der sozialen Tiere vorzubeugen.

Ihre Stimme gebraucht die Blaukappenamazone nicht allzu häufig, und sie ist zu den mittellauten Arten zu rechnen.

Es sind robuste Vögel, die aber wegen ihrer Seltenheit nur von fortgeschrittenen Haltern gepflegt werden sollten. Zuchtbemühungen sind bei dieser Art in den Vordergrund zu stellen.

Unterbringung

Bei der Unterbringung für Blaukappenamazonen ist eine Metallkonstruktion der Voliere einzuplanen. Zwar ist die Nagefreudigkeit nicht allzu stark ausgeprägt, dennoch können Holzkonstruktionen schnell Schaden nehmen.

Da Blaukappenamazonen zu den Arten gehören, die eher fliegen als klettern, sollten Vögel, die in Zimmervolieren gehalten werden, auf jeden Fall täglich ausgiebigen Freiflug bekommen, da ansonsten die Gefahr einer Verfettung besteht.

Die ideale Unterbringung stellt eine Freivoliere mit angrenzendem temperierten Schutzraum dar, der im Winter mindestens 8 °C haben sollte. An sonnigen Wintertagen können die Amazonen in die Freivoliere gelassen werden.

In der Regel sollte man zuchtreife Vögel paarweise zur Brut unterbringen. Eine Gruppenhaltung zur Zucht wurden bisher offensichtlich noch nicht erprobt bzw. beschrieben.

Fütterung

Die Fütterung der Blaukappenamazonen entspricht den in Band 1 gemachten Angaben zur Amazonenfütterung. Zusätzlich sollte man den Vögeln Zapfen von Nadelhölzern anbieten.

Zucht

Die Welterstzucht gelang bereits 1949 bei Mercer in den USA. 1978 züchteten Mr. und Mrs. Peterborough in England die Blaukappenamazone erstmals in Europa, und die deutsche Erstzucht gelang bei Becker 1984.

Obwohl aufgrund des kleinen Bestandes nur wenige Zuchterfolge veröffentlicht wurden, gelingt die Zucht der Blaukappenamazone regelmäßig. Ab dem dritten Lebensjahr sind die Vögel zuchtreif. Die ersten Eier werden in Mitteleuropa meist schon ab Ende März gelegt.

Als Nisthöhlen eignen sich Kästen mit einer Grundfläche von 25 cm x 25 cm und einer Höhe zwischen 60 cm und 80 cm. Das Eingangsloch im oberen Drittel des Kastens sollte einen Durchmesser von 10 cm aufweisen. Als Einstreu dient grobes Holzhäcksel, das von den Tieren während der Vorbereitungsphase zur Brut noch bearbeitet werden kann.

Low (2006) beschreibt ein Zuchtpaar im Palmitos Park, das stets drei Eier legte und die Jungen immer zuverlässig aufzog; auch untergelegte Küken anderer Amazonenarten und Fächerpapageien (*Deroptyus accipitrinus*) wurden versorgt. Von 1989 bis 1995 zog das Paar 20 Junge groß.

Naturbrut

Blaukappenamazonen verhalten sich auch während der Zuchtperiode unauffällig; zwar wird die Stimme öfter gebraucht und Balzverhalten gezeigt, aber in der Zuchtstation der Loro Parque Fundación kam es nie zu Aggressionsverhalten gegenüber den Pflegern oder Partnervögeln.

Acht Gelege hatten durchschnittlich 2,9 Eier, wobei sieben Gelege aus drei und eines aus zwei Eiern bestand. Die Jungtiere schlüpfen nach 26 Tagen und werden nach etwa zwei Monaten flügge. Entfernt man das Erstgelege frühzeitig, kommt es meist zu einem Nachgelege.

In der Loro Parque Fundación wird die Art regelmäßig in kleinen Stückzahlen gezüchtet. Dabei erwiesen sich die Elterntiere stets als zuverlässig.

Sonora-Blaukappenamazonen-Jungvogel

mit einem matteren Gefieder und einer dunklen Iris

Junge Blaukappenamazonen

im Alter von 24 bis 30 Tagen

Zehn Eier hatten eine Durchschnittsgröße von 37,52 mm x 29,14 mm.

Das Schlupfgewicht betrug bei 14 Küken durchschnittlich 11,1 g, wobei das leichteste 9,6 g und das schwerste 12,6 g wog.

Die Ringgröße für Blaukappenamazonen beträgt 9,5 mm.

Handaufzucht

In der Handaufzucht unterscheiden sich Blaukappenamazonen nicht von anderen Amazonenarten; sie können mit einer handelsüblichen Handaufzuchtfuttermischung großgezogen werden. Zahme Handaufzuchten sollten wegen der Seltenheit stets wieder zur Zucht gebracht werden. Da es in Menschenobhut meist einen Überhang an männlichen Jungtieren gibt, für die sich kaum Weibchen finden lassen, kann man jedoch das eine oder andere Männchen ohne schlechtes Gewissen in die Wohnungshaltung abgeben, zumal die Haltung von handaufgezogenen Blaukappenamazonen Spaß macht. Um solche Tiere nicht einzeln halten zu müssen, ist es sinnvoll, ein weiteres Männchen hinzuzusetzen.

Mutationsformen

Bisher wurden lediglich gescheckte Blaukappenamazonen bekannt.

Sonstige Anmerkungen

Aufgrund der Bedrohung der Art im Freiland sollten sich verantwortungsvolle Züchter auf jeden Fall mit der Zucht der Blaukappenamazone beschäftigen; noch sind genügend Tiere zum Aufbau eines sich selbst erhaltenden Zuchtstammes in Menschenobhut vorhanden.

In den Jahren 2000 bis 2007 wurden in der AZ-Nachzuchtstatistik insgesamt 45 Jungtiere der Nominatform und 7 Jungtiere der Unterart *A. finschi woodi* gemeldet. Die Nominatform belegt damit Platz 9 der am meisten gezüchteten Amazonenarten. Derzeit werden 25 Blaukappenamazonen (Stand August 2008) in den europäischen Zoos gehalten, davon allerdings allein 15 Tiere in der Loro Parque Fundación. Diese Anzahl an Zoovögeln ist allerdings zu gering, um bei der Erhaltungszucht ohne private Züchtern auszukommen.

Weiterführende Literatur

Freileben und Artenschutz: Bürkle (1996), Davis & Bennett (1972), Edwards (1972), Forshaw (1989), Friedmann *et al.* (1950), Howell & Webb (1995), Peterson & Chalif (1973), Renton (2000), Renton (2001), Renton & Salinas Melgoza (2002), Ridgely (1981), van Rossem (1945), Schaldach (1963), Stager (1954)

Haltung und Zucht: Ehlenbröker (1995), Kasper (2003), Kröger (1991), Lantermann (2007), Lint (1952), Low (2006), Mann & Mann (1978)

Amazona autumnalis (Linné 1758)

Gelbwangenamazone

Die Gelbwangenamazone (*Amazona a. autumnalis*) und zum Teil auch die Salvin-Amazone (*Amazona a. salvini*) wurden früher in großen Stückzahlen importiert und waren regelmäßig bei den Papageienhaltern anzutreffen. Die Ekuador-Amazone (*Amazona a. lilacina*) hingegen war bis zu den 70er Jahren des letzten Jahrhunderts in der Vogelhaltung praktisch unbekannt. Nachdem einer der ersten Importe beschlagnahmt worden war, wurde durch die Zoologische Gesellschaft für Arten- und Populationsschutz ein Zuchtprogramm für diese Unterart eingerichtet, das nach anfänglichen Schwierigkeiten einen kleinen Bestand in Menschenobhut aufbauen konnte.

Heute werden die Gelbwangen- und die Ekuador-Amazone regelmäßig in den Volieren der Papageienfreunde gezüchtet, und sie sind verhältnismäßig günstig zu erwerben.

In der Regel werden vier Unterarten unterschieden, wobei die Diademamazone (*Amazona diadema*) – wie bereits erwähnt – in diesem Buch jedoch als eigenständige Art gelistet wird, so dass hier lediglich drei Unterarten zu *Amazona autumnalis* gerechnet werden. Wir schließen uns bei dieser Einordnung jüngeren Autoren (Ridgely & Greenfeld 2001) an und gehen davon aus, dass sich dies Einschätzung auch künftig durchsetzen wird.

Die von Reichenow 1891 beschriebene Form *Amazona hecki* ist identisch mit *salvini* und müsste eigentlich hinsichtlich der Namensgebung Priorität haben, da sie zuerst beschrieben wurde. *Amazona autumnalis salvini* gilt jedoch als „*nomen protectum*", da *hecki* bereits seit 1899 in der Literatur nicht mehr benutzt wurde (Asmus 2004).

Die Wangenfärbung der Gelbwangenamazone

variiert von Vogel zu Vogel

Beschreibung und Verbreitung

1. *Amazona a. autumnalis* (Linné 1758)

Gelbwangenamazone

Engl.: Red-lored Amazon

Beschreibung: Die Grundfärbung dieser mittelgroßen Amazone ist grün, wobei Brust und Bauch etwas heller und mehr gelblichgrün gefärbt sind. Die Stirn und die Zügel sind rot, die oberen Wangenbereiche und die Ohrdecken variabel gelb gezeichnet und bei einigen Vögeln mit Rot durchsetzt oder vollständig orange gefärbt. Der Scheitel und der Nacken sind grün, wobei jede Feder blaulila gesäumt ist.

Der Flügelsaum ist gelblichgrün und die Handschwingen sind dunkel blauschwarz mit grünen Außenfahnen. Die Armschwingen sind grün, zur Spitze hin in Dunkelblau übergehend. Die ersten fünf Armschwingen besitzen einen roten Flügelspiegel. Der Schwanz ist grün und mit einer grüngelben Spitze gezeichnet. Die äußeren

Schwanzfedern haben blaue Außenfahnen. Die Unterschwanzdecken sind gelbgrün.

Der nackter Augenring ist weiß und die Iris orangefarben. Der Schnabel ist grau-hornfarben. Die Wachshaut und die Füße sind grau.

Die Weibchen sind wie die Männchen gefärbt.

Die Jungtiere zeigen weniger Rot auf der Stirn, die gelben Wangen sind variabel mit Grün durchsetzt und die Iris ist dunkel.

Größe: 34 cm (Flügellänge 195 mm - 215 mm, Schwanzlänge 96 mm - 120 mm)

Körpergewicht: 340 g - 440 g; Männchen sind meist schwerer als Weibchen.

Verbreitung: Die Nominatform bewohnt in Mexiko die Karibikseite von Tamaulipas südwärts über Ost-San Luis Potosí, Puebla, Oaxaca, Chiapas, Tabasco, Campeche bis Quintana Roo sowie Belize, Nord-Guatemala, Honduras (einschließlich der Inseln Roatán und Guanaja, früher wahrscheinlich auch Utila) und Nord-Nicaragua. In El Recreo, Nordost-Nicaragua, gibt es eine Mischzone mit der Unterart *salvini*.

2. *Amazona a. salvini* (Salvadori 1891)

Salvin-Amazone

Engl.: Salvin's Amazon

Beschreibung: Diese Unterart ist wie *autumnalis* gefärbt, aber die Wangen und Ohrdecken sind grün. Die Basis der äußeren Schwanzfedern sind auf den Außenfahnen blau und auf den Innenfahnen rot. Auf der Wachshaut befinden sich bei einigen Vögeln einige rote Federchen. Der

Links: Gelbwangenamazone (Amazona autumnalis autumnalis)

Salvin-Amazone

(Amazona autumnalis salvini)

nackte Augenring ist sehr breit und der Schnabel grau-hornfarben. Durchschnittlich sind Vertreter dieser Unterart etwas größer und deutlich schwerer als die Nominatform.

Vögel aus dem Norden Costa Ricas weisen wie die Nominatform ebenfalls gelbe Federn auf den Wangen auf, nicht aber auf den Ohrdecken. Einige Vertreter aus Panama besitzen gelbe Zügelfedern. Beide Populationen sind aber aufgrund der roten Schwanzfederbasen *salvini* zuzurechnen.

Größe: 35 cm (Flügellänge 200 mm - 230 mm, Schwanzlänge 107 mm - 126 mm)

Körpergewicht: 400 g - 550 g; Männchen sind meist schwerer als Weibchen.

Verbreitung: Diese Unterart bewohnt den Südosten Nicaraguas, die Karibikseite von Costa Rica, Panama (einschließlich der Inseln Coiba und Escudo de Veraguas sowie dem Perlas-Archipel), West-Kolumbien in den Pazifikhängen der

Ekuador-Amazone

(Amazona autumnalis lilacina)

West-Anden und im mittleren Magdalena-Tal sowie den äußersten Nordwesten Venezuelas in den Perijá-Bergen. Mischpopulationen existieren mit *autumnalis* im Nordosten Nicaraguas und möglicherweise mit *lilacina* im äußersten Südwesten Kolumbiens.

3. *Amazona a. lilacina* Lesson 1844

Ekuador-Amazone

Engl.: Lilacine Amazon

Beschreibung: Diese Unterart ist wie *salvini* gefärbt, aber Stirn und Zügel sind matter rot gefärbt und gehen fließend in die Scheitelfärbung und einen mattroten Streifen über dem Auge über. Die Scheitelfedern sind grün mit lila Spitzen und mattroten Federsäumen. Die Wangen sind gelblichgrün. Der Schnabel ist schwärzlich.

Jungtiere haben lediglich die Stirn und die Zügel rot. Der Schnabel ist noch hornfarben und besitzt eine dunkelgraue Spitze. Die Iris ist dunkel.

Größe: 34 cm (Flügellänge 197 mm - 202 mm, Schwanzlänge 100 mm - 133 mm)

Körpergewicht: 320 g - 400 g; Männchen sind in der Regel schwerer als Weibchen.

Verbreitung: West-Ekuador von der Umgebung von Guayaquil nordwärts bis zur kolumbianischen Grenze und wahrscheinlich auch in Nariño, Südwest-Kolumbien. Hier existiert möglicherweise auch eine Mischzone mit *salvini*.

Lebensraum

Die Art bewohnt die Wälder der feuchten Tieflandgebiete der tropischen Zone bis 1.100 m und nutzt in der Regel eine große Bandbreite an verfügbarem Habitat. Neben Regenwäldern werden laubabwerfende oder Nadelwälder bewohnt, zusätzlich Mangrovengebiete, bewaldete Sumpfflächen, Galeriewälder, Sekundärvegetation sowie Rodungs- und Anbauflächen mit hohem Baumbestand. In der Regel werden trockene Gebiete gemieden. So fehlt die Art z.B. im trockenen Nordwesten Costa Ricas oder in den Trockengebieten der Azuero-Halbinsel in Panama.

Ökologie

Die Art wird meist nur paarweise oder in Gruppen bis 12 Vögeln gesehen. An Nahrungsplätzen können sich auch größere Ansammlungen bilden und an Schlafplätzen Schwärme bis zu 100 Amazonen. Die größte Ansammlung wurde an einem Schlafplatz in Panama mit rund 800 Tieren angetroffen. Die Paare sind innerhalb der Schwärme gut zu erkennen. Es sind vorsichtige Vögel, die eine große Fluchtdistanz haben und sich oft in den oberen Zweigen hoher Bäume aufhalten. Sie fliegen bei Störungen laut schreiend auf und lassen sich erst weit entfernt nieder. Daher werden sie von zufälligen Beobachtern in der Regel nur fliegend gesehen. Morgens und abends sind sie besonders aktiv, während der heißen Tagesstunden hingegen ruhig und träge.

Rufe

Die Art hat ein verhältnismäßig breites Rufrepertoire. Berichtet wurde von hochtonigen, trillernden *wii-ii-iii-iiit*-Rufen, deren Tonhöhe zunimmt. Ansonsten sind die Rufe laut und harsch. Neben *kiekorak...kiekorak*- und *tschikak-tschikak-oorak-oorak*-Schreien sind metallische *kalink-kalink*- und laute zweisilbige *ow-er*-Rufe zu hören. Rollende *rrrik*- und kurze *check...check*-Laute gehören ebenfalls zum Repertoire. Insgesamt sind die Lautäußerungen lauter als bei den meisten anderen Amazonenarten.

Nahrung

Die Nahrung der Gelbwangenamazone besteht aus Früchten (vor allem Feigen-, Zitrus- und Mangofrüchte), Palm-Früchten (*Cordia lutea*, *Spondias pourpurea*), Kaffee (*Coffea arabica*), Samen (*Virola*, *Casearia*, *Protium*), Beeren, Nüssen, Blattknospen und Blüten.

Örtlich fallen die Amazonen gelegentlich in Gärten und Obstplantagen ein, wobei sie insbesondere in Mango- und Orangen-Bäumen Schäden anrichten.

Brutbiologie

Die Brutsaison beginnt in Kolumbien und Ekuador ab Januar und dauert bis April. Abgesehen von örtlichen Besonderheiten verschiebt sie sich in Richtung Norden auf die darauffolgenden Monate. So wurden in Panama und Belize Vögel in Brutkondition bzw. beim Brüten im März bis Mai und in Oaxaca, Mexiko, im April beobachtet. Die Nester befinden sich in Höhlen abgestorbener Bäume oder Äste, in einem Fall in 6 m Höhe. Das Gelege besteht aus zwei bis vier Eiern, wobei drei oder vier der Normalfall sind.

Die Eimaße betragen 35,0 mm x 28,2 mm.

Die Karte

zeigt das Verbreitungsgebiet der Gelbwangenamazone und ihrer Unterarten

Status und Schutzmaßnahmen

In den 80er-Jahren des letzten Jahrhunderts war die Art massiv für den internationalen Vogelhandel gefangen worden, und allein 1981 wurden 55.329 Exporttiere registriert. Auch heute noch werden die Amazonen auf den lokalen Märkten in kleinem Umfang verkauft. In der Regel handelt es sich um Jungtiere, die Nestern entnommen wurden.

Typischer Lebensraum

der Gelbwangenamazone im mexikanischen Bundesstaat Tamaulipas

Mit Ausnahme der Unterart *lilacina* gelten Vertreter der Art aber als noch verhältnismäßig häufige Vögel, deren Bestand nicht gefährdet ist. Örtlich sind jedoch deutliche Populationsrückgänge verzeichnet worden; so sank der Bestand auf Roatán dramatisch aufgrund intensiven Fangs für den Vogelhandel. Auf Utila hat dies möglicherweise bereits zur Ausrottung der Art geführt. In Ost-Mexiko ist sie aufgrund der Kombination von Fang und Habitatsverlust zunehmend seltener geworden. Dies gilt auch für die Unterart *lilacina* in West-Ekuador. Die Population wird hier gerade noch auf 400 bis 600 Vögel geschätzt.

Örtliche Schutzprojekte bzw. -maßnahmen existieren für *lilacina*, über deren derzeitigen Umfang aber nichts bekannt ist.

Die Art wurde am 06.06.1981 in den Anhang II des WA aufgenommen.

Menschenobhut

Die Art gehört zu den häufig gehaltenen Amazonen. Dabei ist die Gelbwangenamazone am weitesten verbreitet, während die Salvin- und die Ekuadoramazone nur in kleinen Stückzahlen vorhanden sind und sich nur wenige Züchter mit ihnen beschäftigen.

Für Halter und Züchter bereitet es keinerlei Schwierigkeiten, die Unterarten zu unterscheiden, und es ist selbstverständlich, dass man nur unterartenrein züchten sollte. Es existieren zwar auch in Menschenobhut immer wieder Exemplare, die aus einem Überschneidungsgebiet der verschiedenen Populationen stammen, doch sollte man diese Vögel nur zur Zucht einsetzen, wenn andere Vögel nicht zur Verfügung stehen.

In der Wohnungshaltung sind fast nur Tiere der Nominatform vertreten.

Die Stimme ist bei allen Unterarten relativ laut, und sie wird vor allem während der Brutzeit verstärkt eingesetzt. Die Sprechbegabung ist wenig bis mäßig ausgeprägt.

Während die Gelbwangenamazone zu den robusteren Vögeln zählt, in größeren Stückzahlen in Menschenobhut vorhanden ist und damit auch für Anfänger in der Amazonenhaltung empfohlen werden kann, sollten die Salvin- und die Ekuador-Amazone nur von erfahrenen Züchtern gehalten werden, da bei ihnen aufgrund der geringen Verbreitung in Menschenhand die Zucht absoluten Vorrang hat.

Unterbringung

Zur Unterbringung aller drei Unterarten sind Volieren aus einer Metallkonstruktion zu wählen, da das Nagebedürfnis stark ausgeprägt ist.

Bei Zimmerhaltung sollte man die paarweise Haltung anstreben. Es ist täglich ausreichend Freiflug zu ermöglichen, da alle drei Unterarten bei Bewegungsmangel leicht verfetten und dann das Klettern dem Fliegen vorziehen, was die Gewichtszunahme weiter begünstigt.

Die ideale Haltung ist die Unterbringung in einer kombinierten Gartenvoliere mit temperiertem Innenraum, der im Winter auf mindestens 5 °C bis 10 °C geheizt werden muss. Tagsüber können die Vögel durchaus auch in der kalten Jahreszeit die Außenvoliere aufsuchen.

Grundsätzlich ist bei allen Unterarten zur Zucht die paarweise Unterbringung vorzuziehen, denn die Vögel zeigen während der Brut ein starkes Aggressionsverhalten, das sich genauso gegen den Pfleger wie gegen den eignen Partner richten kann. Erfahrungen in der Gruppenhaltung gibt es in der Loro Parque Fundación lediglich mit Ekuador-Amazonen. Hier wurden drei adulte Paare über einen Zeitraum von zwei Jahren in einer großen Gruppenvoliere zur Brut angesetzt. Zwar untersuchten die Vögel oft die Nistkästen, aber zu einer Eiablage kam es nicht.

Fütterung

Die Fütterung der Gelbwangen-, Salvin- und Ekuadoramazone unterscheidet sich nicht von den allgemeinen Angaben zur Amazonenfütterung in Band 1.

Zucht der Gelbwangenamazone

Die Welterstzucht der Gelbwangenamazone gelang im Jahr 1957 bei E. Vane in England. In Deutschland wurde die Nominatform vermutlich erstmals in den 80er Jahren des letzten Jahrhunderts gezüchtet, so 1983 bei S. Maindok (Lantermann 2007) und bei einem der Autoren (M. Reinschmidt). Erst Gries (1995) veröffentlichte einen Bericht über die Zucht in seiner Anlage.

Vergleicht man die Anzahl der vorhandenen Vögel mit den tatsächlichen Nachzuchterfolgen, gehört die Gelbwangenamazone sicherlich nicht zu den am leichtesten zur Zucht zu bewegenden Amazonen. Allerdings wurden in den 80er und 90er Jahren des letzten Jahrhunderts so viele Wildfänge nach Europa importiert, dass auch heute noch viele Tiere vorhanden sind. Zwar gelangten die meisten zunächst über den Handel in die Wohnzimmer von Papageienliebhabern, inzwischen wechselten viele der Wildfänge in Züchterhände, da sie nicht zahm geworden waren.

Gelbwangenamazonen

sind in ihrer Heimat noch verhältnismäßig häufig

Die Zuchtreife dürfte bei den Weibchen ab dem dritten, bei den Männchen spätestens ab dem vierten Lebensjahr eintreten. Ab April, meist jedoch ab Mai, kann man in Mitteleuropa mit den ersten Eiablagen bei den Gelbwangenamazonen rechnen. Dazu sollte man einen Nistkasten mit den Grundmaßen 25 cm x 25 cm und einer Höhe zwischen 70 cm und 80 cm anbieten. Das Eingangsloch sollte etwa 12 cm im Durchmesser haben. Als Einstreu eignet sich grobes Holzhäcksel, das von den Vögeln noch bearbeitet werden kann. Dies stimuliert und beugt der Langeweile während des 26-tägigen Brütens vor.

Die bereits erwähnte Aggression der Gelbwangenamazonen während der Brutzeit kann so

Die Zucht von Gelbwangenamazonen gelingt in Menschenobhut regelmäßig, ist aber nicht leicht

stark werden, dass der Pfleger beim Betreten der Voliere angegriffen wird. Parallel dazu lassen die Vögel verstärkt die laute und dauerhaft vorgetragene Stimme hören.

Der Autor (M. Reinschmidt) hatte in den 80er und 90er Jahren des letzten Jahrhunderts bis zu vier Paare Gelbwangenamazonen, die alle zur Brut gebracht werden konnten und sich stets als gute Elterntiere erwiesen. Das erste im Jahre 1989 aufgezogene Jungtier blieb kurze Zeit nach dem Ausfliegen mit seinem geschlossenen Ring an einem kleinen Ast hängen und brach sich dabei den Fuß so kompliziert, dass dieser tierärztlich behandelt und dabei gedrahtet werden musste. Der Heilungsprozess dauerte Monate. Dabei verlor das Jungtier alle Zehennägel, der Fuß blieb steif, konnte aber zum Sitzen benutzt werden, und bis heute bemerkt man beim Klettern eine leichte Einschränkung. Dem Jungtier wurde ein älteres Wildfangweibchen zugesellt, das aus einer Wohnzimmerhaltung kam. Beide verstanden sich auf Anhieb, und schon im Folgejahr gab es die ersten Eier, die allerdings unbefruchtet waren. Es dauerte acht Jahre und über 50 Eier, bis das Männchen eine Kopulationstechnik entwickelt hatte, die es ihm erlaubte, trotz der Behinderung erfolgreich zu begatten, und das Weibchen zum ersten Mal ein befruchtetes Ei produzierte. Auch heute (2008), im Alter von über 20 Jahren, ist das Paar zusammen und brütet erfolgreich.

In der Loro Parque Fundación wird die Gelbwangenamazone nur gelegentlich gezüchtet. Sechs Gelege erbrachten einen Durchschnitt von 2,83 Eiern, dabei gab es 5 Dreier- und ein Zweiergelege. Entfernt man frühzeitig das Gelege, schreiten die meisten Weibchen zu einem Nachgelege. Sechs Eier hatten die durchschnittliche Größe von 39,28 mm x 31,05 mm. Zwei Küken hatten ein Schlupfgewicht von 12,4 g bzw. 11,4 g.

Die Ringgröße für Gelbwangenamazonen liegt bei 11 mm.

Zucht der Salvin-Amazone

Die Salvin-Amazone unterscheidet sich im Brutverhalten kaum von der Gelbwangenamazone, deshalb werden hier nur die abweichenden Angaben wiedergegeben. Die Welterstzucht gelang 1979 im Zoo Rostock in der damaligen DDR. Im gleichen Jahr glückte die Zucht bei R. van Dieten in den Niederlanden. Bisher wurde auffallend wenig über erfolgreiche Nachzuchten mit der Salvin-Amazone veröffentlicht.

Möglicherweise ist das Gelege von Salvin-Amazonen kleiner als das anderer Arten. Es wurden bislang maximal drei Eier pro Gelege produziert.

In der Loro Parque Fundación werden zwei Paare gehalten, von denen nur eines gelegentlich zur Brut schreitet. Es brütete im Jahr 2002 und 2003, setzte dann aus und schritt erst wieder 2008 zur Brut. Auch nach Wegnahme des Geleges kam es nie zu einem Nachgelege. In den drei Bruten wurde einmal nur ein Ei, zweimal jedoch zwei Eier gelegt, was einen Durchschnitt von 1,67 Eier pro Gelege ergibt. Die mittlere Größe von zwei Eiern lag bei 42,7 mm x 31,64 mm. Aus den fünf gelegten Eiern schlüpften drei Küken mit einem durchschnittlichen Schlupfgewicht von 13,8 g; hierbei wog das leichteste Küken 12,9 g und das schwerste 13,8 g.

Die Ringröße für diese Unterart beträgt 11 mm.

Zucht der Ekuador-Amazone

Die Ekuador-Amazone unterscheidet sich im Brutverhalten kaum von der Gelbwangenamazone, deshalb werden auch hier nur abweichende Angaben wiedergegeben. Ihre Welterstzucht gelang 1946 bei S. Puntam in den USA. Dem Vogelpark Walsrode glückte 1985 die europäische Erstzucht.

Die europäischen Zoos unterhalten seit 1992 ein Europäisches Erhaltungszuchtprogramm (EEP) für die Ekuador-Amazone. Ein weiteres Zuchtprogramm wurde von der Zoologischen Gesellschaft für Arten- und Populationsschutz (ZGAP) initiiert, da der Gesellschaft eine größere Anzahl von Tieren aus der Beschlagnahmung eines illegalen Imports nach Deutschland zur Verfügung gestellt wurde. Diese Tiere wurden in Zuchtleihgabe an verschiedene Papageienzüchter gegeben. Sowohl den Privathaltern als auch den Zoos gelang in den letzten Jahren immer wieder die Nachzucht dieser Amazone, was zu einem kleinen, aber stabilen Zuchtstamm geführt hat. Dabei werden bei der Brut meist zwischen 2 und 4 Eier gelegt. Nach 26 bis 28 Tagen schlüpfen die Jungen. 55 bis 60 Tage nach dem Schlupf sind sie flügge und verlassen die Nisthöhle.

Die Ringgröße für die Ekuador-Amazone liegt bei 11 mm.

Handaufzucht

Alle drei Unterarten erweisen sich als problemlos in der Handaufzucht. Eine handelsübliche Handaufzuchtfuttermischung wird gut vertragen und erreicht gute Aufzuchtergebnisse. Handaufgezogene Vögel sind liebenswerte Hausgenossen, allerdings sollte man bei der Salvin- und Ekuador-Amazone davon absehen, sie für die Wohnungshaltung abzugeben.

Handaufgezogene Gelbwangenamazonen fangen oft bei Eintritt der Geschlechtsreife plötzlich an, den Pfleger gegenüber aggressiv zu reagieren und zu beißen. Da keine natürliche Scheu mehr vor dem Menschen besteht, muss man dann sehr vorsichtig mit den Tiere umgehen und sie am besten paarweise in ein neues Umfeld (z.B. Gartenvoliere) umsiedeln, wo sie ihren Bruttrieb ausleben können.

Junge Salvin-Amazone in der Handaufzuchtstation der Loro Parque Fundación

Farbmutationen

Inzwischen sind die ersten Lutino-, weißen, isabell-, pastell- und zimtfarbenen sowie gelbgescheckten und „roten“ Gelbwangenamazonen aufgetaucht, bei denen es sich um Wildfänge handeln soll. Von der Salvin- und der Ekuador-Amazone sind bisher keine Farbmutationen bekannt.

Sonstige Anmerkungen

Aufgrund der Beliebtheit in Menschenobhut und der regelmäßigen Nachzuchten dürfte der Bestand der Gelbwangenamazone auch in Zukunft gewährleistet sein. Derzeit werden in den europäischen Zoos lediglich 46 Tiere gehalten (Stand

Lutino-Gelbwangen-amazonen

sind bereits in mehreren Exemplaren in Menschenobhut zu finden; im rechten Bild ist eine „rotes“ Exemplar zu sehen, das einige Jahre im Zoo von Tuxla lebte

August 2008), so dass ihre Zukunft in Menschenhand in den Händen privater Züchter liegt. In den Jahren 2000 bis 2007 wurden in der AZ-Nachzuchtstatistik insgesamt 165 Junge der Nominatform gemeldet. Damit ist sie die am vierthäufigsten gezüchtete Amazone in Deutschland.

Die Salvin-Amazone wird nur von wenigen spezialisierten Züchtern gehalten, und in den europäischen Zoos gibt es heute (Stand August 2008) nur 12 Vögel, wovon allein sieben in der Loro Parque Fundación beheimatet sind; daher liegt auch hier die Hauptverantwortung zum Erhalt der Bestände bei den privaten Züchtern. In den Jahren 2000 bis 2007 wurden in der AZ-Nachzuchtstatistik nur sieben Jungtiere gemeldet, was die Seltenheit dieser Unterart verdeutlicht.

Die Ekuador-Amazone ist wohl die bedrohteste unter den Unterarten; heute sind jedoch 88 Tiere im EEP (Europäisches Erhaltungszuchtprogramm) vertreten (Stand August 2008). Allerdings sind die Haltekapazitäten in den europäischen Zoos begrenzt, so dass es wichtig ist, dass sich auch möglichst viele Privatzüchter dieser Amazonen annehmen, um sie langfristig zu erhalten. In den Jahren 2000 bis 2007 wurden in der AZ-Nachzuchtstatistik insgesamt 45 Jungtiere gemeldet; somit belegt die Unterart zusammen mit der Blaukappenamazone (*Amazona finschi*) Platz 9 der am meisten gezüchteten Amazonen.

Weiterführende Literatur

Freileben und Artenschutz: Aldrich & Bole (1937), Arndt (1991), Austin (1929), Binford (1989), Bond (1936), Buser (2002), Chapman (1926), Forshaw (1989), Friedmann *et al.* (1950), Howell & Webb (1995), Kunz & Abs (1997), Lowery & Dalquest (1951), Peterson & Chalif (1973), Pilgrim (1997), Zimmermann (1957)

Haltung und Zucht: Birt (1996), Brockner (1995), Burkart (1991), Gries (1995), Haase (1986), Haase (1987), Lantermann (2007), Lantermann & Lantermann (1987), Noegel (1988b), Pilgrim (1997), Pilgrim (2000), Schmidt (1988), Spilsbury (1981), Vane (1957), Wirth & Sojer (1989)

Diademamazonen

(*Amazona diadema*) im Zoo von Manaus

Amazona diadema (Spix 1824)

Diademamazone

Engl.: Red-lored Amazon

Beschreibung: Die Diademamazone war schon immer äußerst selten in Menschenobhut anzutreffen und ist in der Vogelhaltung praktisch unbekannt, da Brasilien keine legalen Ausfuhren zulässt. Im Januar 2006 wurden 28 Eier dieser Art auf dem Flughafen Frankfurt beschlagnahmt, die nach Tschechien geschmuggelt werden sollten. Aus diesen schlüpften im Vogelpark Walsrode 16 Junge, von denen 8 mit der Hand aufgezogen werden konnten. Da sie Träger des Adenovirus waren, wurden sie allerdings an Privathalter abgegeben und nicht zur Zucht angesetzt.

Es ist unwahrscheinlich, dass aus dem kleinen Bestand in Menschenobhut je eine stabile Population aufgebaut werden kann.

Von den meisten Autoren wird die Diademamazone als Unterart der Gelbwangenamazone (*Amazona autumnalis*) gelistet.

Beschreibung und Verbreitung

Beschreibung: Die Grundfärbung dieser mittelgroßen Amazone ist blassgrün, wobei Brust und Bauch etwas heller gefärbt sind. Die befiederte Wachshaut und die Stirn sind karmesinrot, auf dem Zügel in Dunkelrot übergehend. Die blassen Wangen zeigen einen schwach bläulichen Anflug, wodurch sich die kräftig grünen Ohrdecken farblich abheben. Der Scheitel ist lilablau. Die grünen Nackenfedern sind dunkel gesäumt.

Der Flügelsaum ist gelblichgrün. Die Handschwingen sind dunkel blauschwarz mit grünen Außenfahnen, die Armschwingen grün, zur Spitze hin dunkelblau. Die ersten fünf Armschwingen besitzen einen roten Flügelspiegel. Der Schwanz ist grün und mit einer grüngelben Spitze gezeichnet. Die äußeren Schwanzfedern haben blaue Außenfahnen. Die Unterschwanzdecken sind gelbgrün.

Der nackte Augenring ist weiß und die Iris orangefarben. Der Schnabel ist dunkelgrau mit einer helleren Basis. Die Füße sind grau.

Die Weibchen sind wie die Männchen gefärbt.

Die Jungtiere zeigen weniger Rot auf der Stirn und ein insgesamt blasseres Gefieder. Die Wachshaut ist nur teilweise oder noch nicht befiedert und die Iris dunkel.

Größe: 36 cm (Flügellänge 223 mm - 239 mm, Schwanzlänge 110 mm - 135 mm)

Körpergewicht: 450 g - 500 g

Verbreitung: Nordwest-Brasilien zwischen dem Rio Negro und dem Rio Solimões.

Links: eines der Diademamazonen-Jungtiere, die im Vogelpark Walsrode aufgezogen werden konnten

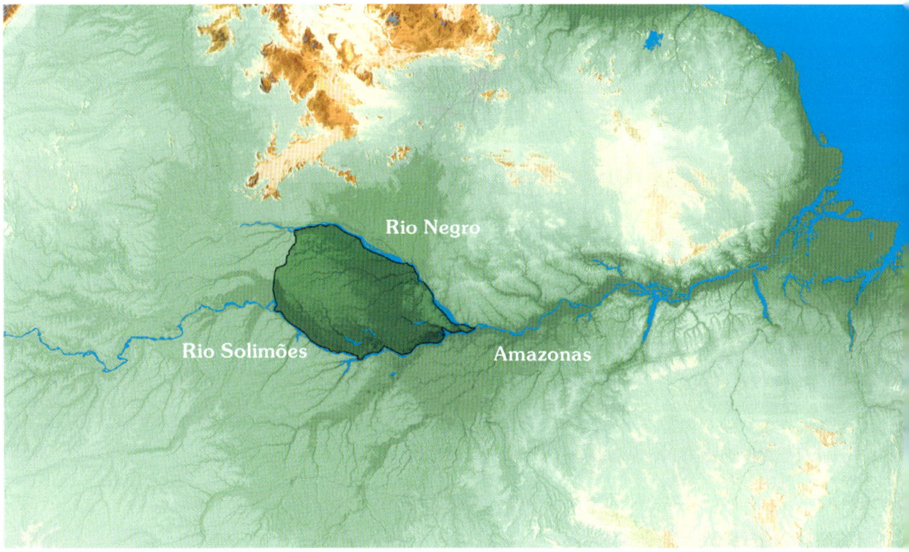

Verbreitungskarte

der Diademamazone

Lebensraum

Die Art bewohnt die Regenwälder des Amazonasbeckens, wobei offensichtlich *Varzea*-Wälder bevorzugt werden. Daneben wurde sie in Sekundärvegetation sowie Rodungs- und Anbauflächen mit hohem Baumbestand gesichtet.

Ökologie

Über die Art ist praktisch nichts bekannt. Es wird lediglich berichtet, dass sie in kleinen Gruppen bevorzugt entlang von Flussläufen anzutreffen ist. Abends sammeln sich bis zu zehn Tiere zum Übernachten auf hohen Bäumen.

Rufe

Die Art hat ein verhältnismäßig breites Rufrepertoire, das dem der Gelbwangenamazone (*Amazona autumnalis*) ähnelt.

Nahrung

Über die Nahrung der Diademamazone im Freiland ist wenig bekannt. Sie soll neben Früchten auch Nüsse zu sich nehmen.

Die Überschwemmungswälder

am Rio Solimões und anderer Flussläufe dürften das bevorzugte Habitat der Diademamazonen sein

Brutbiologie

Über die Brutbiologie der Diademamazonen ist nichts bekannt.

Status und Schutzmaßnahmen

Über den Status der Art ist wenig bekannt. Es ist anzunehmen, dass sie, wie andere Arten des Amazonasbeckens, noch relativ zahlreich vorkommt; so ist sie jahreszeitlich relativ häufig im Ducke Reserve Forest nahe Manaus zu finden.

Die Art wurde am 06.06.1981 in den Anhang II des WA aufgenommen.

Menschenobhut

Die Diademamazone gehört zu den äußerst selten gehaltenen Arten in Menschenobhut, da sie nur vereinzelt importiert wurde. In der Wohnungshaltung ist sie in Europa nicht vertreten.

Hin und wieder werden Vögel als Diademamazonen angeboten. Hier ist aber immer Vorsicht geboten, da die Art häufig mit der ähnlichen Salvin-Amazone (*Amazona autumnalis salvini*) verwechselt wird, zumal bei dieser gelegentlich Vögel mit einigen roten Federchen auf der Wachshaut auftauchen. Unterscheidungsmerkmale sind neben der befiederten Wachshaut der grüne Nackenbereich, die dunklere Schnabelfärbung und das insgesamt blassere Gefieder.

Die Stimme ist sehr laut, sie wird aber nur gelegentlich gebraucht. Von einer Sprechbegabung ist nichts bekannt.

Da die Diademamazone sehr selten ist, sollte sie nur von fortgeschrittenen und erfahrenen Züchtern gehalten werden.

Unterbringung

Die Nagefreudigkeit der Diademamazone macht es notwendig, sie in einer Voliere aus einer Metallkonstruktion unterzubringen. Die ideale Haltung stellt die paarweise Unterbringung in einer Freivoliere mit anschließendem beheizten Schutzraum dar. Im Winter sollten die Temperaturen im Innenraum nicht unter 15 °C sinken und die Vögel nur an sehr schönen Tagen ins Freie gelassen werden.

Fütterung

Die Fütterung der Diademamazone unterscheidet sich im Wesentlichen nicht von den allgemeinen Fütterungshinweisen, wie sie in Band 1 gemacht wurden. Der Obstanteil im Futter sollte bei dieser Art etwas höher sein als bei den meisten anderen Amazonen.

Zucht

Bis heute wurde keine Nachzuchterfolge der Diademamazone bekannt. Dies hängt wahrscheinlich in erster Linie mit der geringen Anzahl der in Menschenobhut vorhandenen Tiere zusammen. Allerdings dürfte sich die Bedürfnisse der Diademamazone kaum von denen der Gelbwangenamazonen unterscheiden.

Der bei Lantermann & Lantermann (1986) erwähnte Zuchterfolg mit Diademamazonen bei K. H. Uhlenkott in Ahaus beruht auf einer Fehlbestimmung der Vögel, bei denen es sich tatsächlich um Salvin-Amazonen (*Amazona autumnalis salvini*) gehandelt hatte.

Abgesehen davon, dass für eine Gruppenhaltung derzeit sowieso zu wenige Tiere vorhanden sind, sollte man die Diademamazonen zu Zuchtzwecken nur paarweise unterbringen,

In der Loro Parque Fundación sind seit wenigen Jahren zwei Paare Diademamazonen in der Kollektion, die aber bis heute (2008) noch nicht zur Fortpflanzung geschritten sind.

Die Ringgröße für die Diademamazone beträgt 11 mm.

Handaufzucht

Wie oben erwähnt, erhielt der Vogelpark Walsrode Diademamazonen-Eier, die künstlich bebrütet wurden und aus denen Junge schlüpften. Die Handaufzucht gelang zunächst gut, bis plötzlich Todesfälle auftraten. Obduktionen erbrachten, dass die Jungtiere mit dem Adenovirus infiziert waren, der wohl schon die Eier befallen hatte und eingeschleppt worden war. Lediglich acht Tiere erreichten die Selbständigkeit, wurden aber aus Sicherheitsgründen in private Hände abgegeben, um keine anderen Papageienbestände zu gefährden.

Die Diademamazonen wurden im Vogelpark Walsrode mit einer kommerziellen Handaufzuchtfuttermischung großgezogen, und sie unterschieden sich bei der Aufzucht nicht von anderen Amazonenküken.

Über das Freileben der Diademamazonen

ist nahezu nichts bekannt

Mutationsformen

Bis heute sind keine Farbabweichungen der Diademamazone bekannt.

Sonstige Anmerkungen

Derzeit sind nur äußerst wenige Diademamazonen bei Züchtern vorhanden, und in den europäischen Zoos wird sie nur im Loro Parque gehalten. Es muss versucht werden, diese Tiere überhaupt erst zur Zucht zu bewegen, um eine kleine Chance zu haben, einen Zuchtstamm aufzubauen. Noch steht die offizielle Welterstzucht der Diademamazone aus. Dies sollte für engagierte Züchter ein Anreiz sein, ihre Tiere zur Zucht zu bewegen.

Weiterführende Literatur

Freileben und Artenschutz: Diefenbach & Goldhammer (1986), Forshaw (1989), Juniper & Parr (1998), Willis (1977)

Haltung und Zucht: Lantermann & Lantermann (1987), Low (2005), Noegel (1988)

Gruppe der Amazonen mit blauen Wangen

Sehr nahe verwandt mit der zuvor beschriebenen Gruppe sind fünf Arten, deren Verbreitungsgebiete vor allem entlang der Nordküste Südamerikas und auf den Kleinen Antillen liegen. Sie haben als gemeinsames Merkmal eine blaue Wangenfärbung. Drei Arten besitzen einen roten Flügelspiegel und nur eine keine dunkle Säumung der Nackenfedern. Die Goldmasken- (*A. dufresniana*) und die Granada-Amazone (*A. rhodocorytha*) als die nördlichen Vertreter haben einen grauen Schnabel mit rötlicher Basis, der bei der Form des Amazonasbeckens, der Blaubartamazone (*A. festiva*), dunkelgrau und bei der Blaumasken- (*A. versicolor*) und Blaukopfamazone (*A. arausiaca*) in der Karibik hornfarben ist. Ein Geschlechtsdimorphismus fehlt allen. In der Regel wird die verwandtschaftliche Nähe der Karibik-Vertreter zu den Festlandarten nicht gesehen, doch ist dies anhand der morphologischen Gemeinsamkeiten und geographischen Nähe der Verbreitungen deutlich zu erkennen.

Ebenfalls Artstatus gebührt möglicherweise der Bodinus-Amazone (*A. festiva bodini*). Sie unterscheidet sich in der Wangenfärbung und Nackensäumung deutlich von der Blaubartamazone (*A. festiva festiva*), zu der sie von nahezu allen Autoren als Unterart gerechnet wird, und hat zudem ein isoliertes Vorkommen.

Amazona dufresniana (Shaw 1812)

Goldmaskenamazone

Engl.: Blue-cheeked Amazon

Links: Goldmaskenamazone (A. dufresniana)

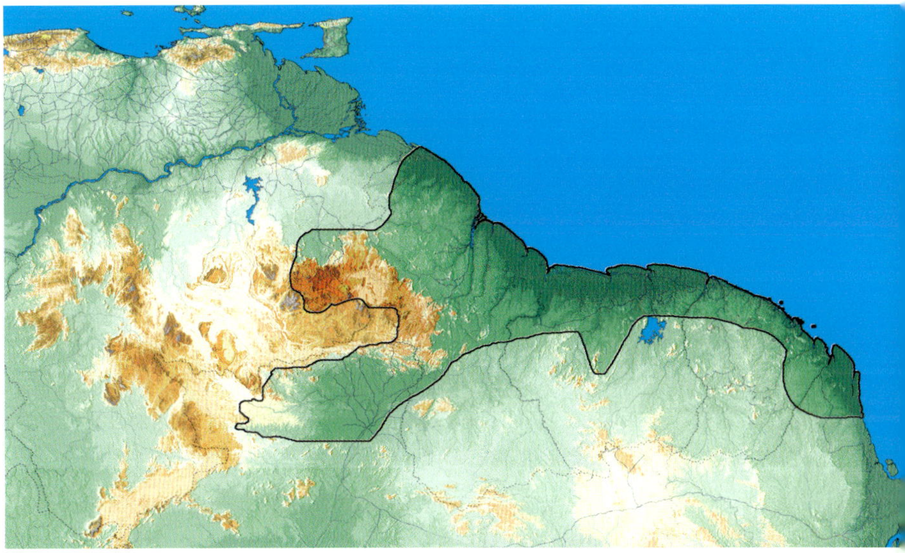

Das Verbreitungsgebiet der Goldmaskenamazone

ist noch unklar; wahrscheinlich kommt die Art nur sehr örtlich vor

Die Goldmaskenamazone – oder Defresnes-Amazone – ist nur in sehr kleinen Stückzahlen in Menschenobhut gelangt und dementsprechend selten bei den Haltern und Züchtern anzutreffen. Heute existiert ein nur geringer Bestand in Menschenobhut, und die Art wird kaum gezüchtet. Die Art ist monotypisch.

Beschreibung und Verbreitung

Beschreibung: Die Grundfärbung dieser mittelgroßen Amazone ist grün, Brust und Bauch sind mehr gelblich. Die Rückenfedern sind schwärzlich gesäumt, Stirn und Zügel gelb bis orangefarben. Der Scheitel und der Nacken sind variabel grün bis gelblich gefärbt und breit mit Blau gesäumt. Die Wangen und Nackenseiten sind violettblau, wodurch die grünen Ohrdecken hervorstechen.

Die Außenfahnen der Handschwingen sind schwach violettblau, die Armschwingen besitzen blauschwarze oder schwarze Spitzen und die vier oder fünf ersten Armschwingen sind mit einem gelborangefarbenen Flügelspiegel gezeichnet. Die Unterschwanzdecken sind gelbgrün und die Schwanzfedern haben eine gelbgrüne Spitze.

Goldmaskenamazone

Lebensraum der Goldmasken-amazone

in der Gran Sabana nahe dem venezolanischen Städtchen Kavanayén

Der nackte Augenring und die Wachshaut sind grau. Die Iris ist orangerot, der Schnabel grau-hornfarben mit einer roten Oberschnabelbasis. Die Füße sind hellgrau.

Die Weibchen sind wie die Männchen gefärbt, aber im Durchschnitt etwas kleiner und leichter.

Jungtiere zeigen mattere Farben. Bei ihnen sind nur die Stirn und die Zügel gelb. Die Iris ist dunkel. Die Umfärbung ins Adultgefieder ist mit 12 Monaten beendet.

Größe: 34 cm (Flügellänge 200 mm - 226 mm, Schwanzlänge 103 mm - 124 mm)

Körpergewicht: 450 g bis 620 g.

Verbreitung: Die Art kommt nur sehr örtlich in Guyana (nördlich 5° nördl. Br.), Nordosten von Französisch-Guayana und Surinam sowie in der Gran Sabana in Südost-Bolívar, Venezuela, vor. Unbestätigte Sichtmeldungen liegen zusätzlich vor aus den brasilianischen Staaten Roraima, Amapá und Pará.

Lebensraum

Die Art ist insbesondere in Regen- und tiefer gelegenen Nebelwäldern bis 1.700 m Höhe zu finden, wurde in Venezuela aber auch schon in Savannen gesichtet. In Französisch-Guayana, Guyana und Surinam scheint sie vor allem Galeriewälder entlang von Flüssen zu bevorzugen.

In der Gran Sabana besucht die Goldmaskenamazone gelegentlich Anbaugebiete. Das Gesamtverbreitungsgebiet wird mit 366.000 km^2 angegeben, dürfte aber aufgrund der sehr örtlichen Verbreitung deutlich kleiner sein.

Ökologie

Goldmaskenamazonen sind in der Regel paarweise oder in kleinen Gruppen anzutreffen. In der Gran Sabana hielten sie sich nahe dem Dorf Kavanayén gelegentlich in den oberen Zweigen hoher Bäume am Rande des Waldes auf. Gegen Abend sind örtlich etwas größere Gruppen zu sehen, wenn die Vögel zu ihren Schlafplätzen fliegen. An solchen Plätzen sind die Vögel dann vor allem in den Morgenstunden lärmend.

In Surinam zieht die Art im Juli und August zur Nahrungssuche vom Landesinnern in Küstenwälder.

Rufe

Beschrieben ist lediglich ein raues Schreien, das an den Schlafplätzen unablässig zu hören ist.

Nahrung

Die Vögel ernähren sich von Früchten, Samen, Beeren, Nüssen und Blattknospen. Örtlich fallen sie in Mais- und Getreidefelder ein.

Brutbiologie

Über das Brutverhalten der Goldmaskenamazone ist praktisch nichts bekannt. Die Brutzeit reicht von Februar bis Juni. Brutaktivitäten wurden aus Guyana für den Monat März gemeldet. Die Eimaße betragen 39,8 mm x 31,7 mm.

Status und Schutzmaßnahmen

Die Art scheint eine sehr niedrige Bestandsdichte zu haben; allerdings gibt es hierüber keine Untersuchungen. Schutzprogramme existieren nicht. Zwar wurden Goldmaskenamazonen nur in kleinen Stückzahlen gefangen und exportiert, aber innerhalb ihres Verbreitungsgebietes sind deutliche Rückgänge der Wälder zu verzeichnen. Sie genießen lediglich im Roraima National Park, Venezuela, und im Brownsberg Nature Park, Surinam, einen gewissen Schutz.

Die Art wurde am 06.06.1981 in den Anhang II des WA aufgenommen.

Menschenobhut

Von jeher gehört die Art zu den Seltenheiten in der Papageienhaltung. Als zahmer Stubenvogel ist sie nicht zu finden; die wenigen importierten Tiere gingen stets in Züchterhände. Dort erwiesen sie sich allerdings als sehr anfällig und überlebten oft nur wenige Wochen. Eingewöhnte und Nachzuchttiere erwiesen sich als robuster. Die Goldmaskenamazone sollte aber aufgrund ihrer Seltenheit nur von erfahrenen Züchtern gehalten werden.

Die mittellaute Stimme der Goldmaskenamazone ist nur selten zu hören. Von einer Sprachbegabung ist nichts bekannt.

Unterbringung

Das Nagebedürfnis der Goldmaskenamazone ist stark ausgeprägt, daher ist für den Volierenbau eine Metallkonstruktion vorzusehen. Frische und belaubte Äste werden intensiv und ausdauernd benagt und sollten mindestens einmal wöchentlich neu gereicht werden.

Goldmaskenamazonen

sind im Freiland nur schwer zu finden

Von einer Haltung in einer Zimmervoliere sollte man bei dieser flugfreudigen Art absehen. Ideal ist eine kombinierte Außenvoliere mit anschließendem Innenraum, der im Winter auf 15 °C geheizt werden muss. Die kälteempfindlichen Tiere dürfen nur an sonnigen Wintertagen mit mindestens 5 °C Außentemperatur ins Freie.

Goldmaskenamazonen sind friedlich und man kann sie in großen Volieren auch in artgleichen Gruppen halten. Zur Zucht ist allerdings die paarweise Unterbringung vorzuziehen.

Fütterung

Für die Fütterung gelten die allgemeinen Hinweisen in Band 1.

Zucht

Die Welterstzucht der Goldmaskenamazone gelang 1993 John Scott in England. In der Schweiz wurde die Art 1997 bei Peter Buser (Buser 2000) erstmals gezüchtet. Es wurden vier Eier gelegt und auch vier Junge aufgezogen. Die Art gehört

Goldmasken-amazonen

sind in Menschenobhut nur schwer zur Zucht zu bewegen

mit zu den am schwierigsten zur züchtenden Amazonen überhaupt. Nur wenige Nachzuchten sind bislang bekannt geworden, so dass kaum Details zur Brutbiologie bekannt sind.

Es werden 2 bis 4 Eier gelegt, die 26 bis 28 Tage bebrütet werden. Zwei von Olier (1995) vermessene Eier hatten die Maße 39,0 mm x 32,1 mm bzw. 40,5 mm x 31,2 mm. Die Aufzucht dauert etwa neun Wochen, bevor die Jungtiere die Nisthöhle verlassen (Buser 2000).

In der Loro Parque Fundación wurden bis heute keine Goldmaskenamazonen gezüchtet. Bei den fünf vorhandenen Paaren konnten zwar Kopulationen und Nistkastenbesuche beobachtet werden, allerdings kam es nie zu einer Eiablage. Die Vögel wurden dabei sowohl paarweise als auch in einer Gruppe von drei Paaren in Großvolieren gehalten.

Die Ringgröße für die Art beträgt 11 mm.

Handaufzucht

Die Handaufzucht von Goldmaskenamazonen dürfte mit einem handelsüblichen Handaufzuchtfutter problemlos gelingen. Olier (1995) zog in Frankreich zwei Jungtiere ohne Probleme groß.

Mutationsformen

Bisher sind keine Farbabweichungen von Goldmaskenamazonen bekannt geworden.

Sonstige Anmerkungen

Wie bereits erwähnt, werden Goldmaskenamazonen heute nur in kleinen Stückzahlen bei einigen Züchtern gehalten. In allen Zoos Europas gibt es derzeit (Stand August 2008) nur 17 Vögel, davon leben allein 10 in der Loro Parque Fundación auf Teneriffa. In der Nachzuchtstatistik der AZ wurden zwischen den Jahren 2000 und 2007 lediglich fünf Goldmaskenamazonenjunge gelistet; damit landet die Art auf Platz 25 der Amazonen-Nachzuchtstatistik.

Nur wenn es gelingen sollte, die noch vorhandenen Goldmaskenamazonen zu züchten, wird man einen sich selbst erhaltenden Zuchtstamm dieser Papageienart aufbauen können. Zu erwarten ist allerdings eher, dass diese Amazone aus den Volieren der Züchter über kurz oder lang verschwindet, zumal nicht mehr mit Wildfangimporten zu rechnen ist.

Weiterführende Literatur

Freileben und Artenschutz: Collar (1995), Desenne & Strahl (1991), , Forshaw (1989), Haverschmidt (1968), Meyer de Schauensee& Phelps (1978), Ridgely (1981), Tostain *et al.* (1992), Wege & Collar (1991)

Haltung und Zucht: Buser (2000), de Grahl (1974), Glanzmann (2008), Lepperhoff (1998), Lepperhoff (1999), Low (2005), Olier (1995)

Amazona rhodocorytha (Salvadori 1890)

Granada-Amazone

Die Granada-Amazone ist nur in kleinen Stückzahlen in Menschenobhut gelangt und dementsprechend selten bei den Haltern und Züchtern anzutreffen. Heute existiert ein kleiner Bestand in Menschenobhut, und die Art wird hin und wieder nachgezogen.

Die Art ist monotypisch.

Engl.: Red-topped Amazon

Beschreibung und Verbreitung

Beschreibung: Die Grundfärbung dieser mittelgroßen Amazone ist grün, Brust und Bauch sind mehr gelblich. Die Nacken- und Rückenfedern sind schwärzlich gesäumt, Stirn, Scheitel und Zügel rot und die anschließenden Wangen variabel gelb, violett und blau gefärbt. Die Federn des hinteren Scheitelbereichs zeigen eine bräunlich-lila Säumung. Das Kinn ist blau und der obere Ohrdeckenbereich violettblau verwaschen.

Die Handschwingen sind schwarzgrau. Die Armschwingen besitzen grüne Außenfahnen und violettblaue Spitzen. Die drei ersten Armschwingen zeigen einen roten Flügelspiegel und die Unterschwanzdecken sind gelbgrün. Die Schwanzfedern haben eine gelbgrüne Spitze, wobei die äußeren zusätzlich einen großen roten Fleck auf den Innenfahnen aufweisen.

Der nackte Augenring und die Wachshaut sind grau, die Iris ist braunrot, der Oberschnabel blassrot mit grauer Spitze, der Unterschnabel grauhornfarben bis blassrot und die Füße hellgrau.

Die Weibchen sind wie die Männchen gefärbt, aber im Durchschnitt etwas kleiner.

Die Kopfzeichnung der Granada-Amazone

variiert von Vogel zu Vogel

Jungtiere zeigen mattere Farben und keine so starke Rotausdehnung auf Kopf und Schwanz. Der rote Flügelspiegel ist auf die ersten zwei Armschwingen begrenzt. Die Iris ist dunkel. Die Umfärbung ins Adultgefieder ist mit 14 Monaten beendet.

Größe: 35 cm (Flügellänge 209 mm - 229 mm, Schwanzlänge 101 mm - 112 mm)

Körpergewicht: 400 g bis 500 g

Verbreitung: Die Art war ehemals weit verbreitet in Ost-Alagoas südwärts bis Rio de Janeiro sowie

Nordost-Bahia, Zentralost-Brasilien. Heute ist die Verbreitung extrem örtlich und auf mehrere Orte in Espírito Santo, drei Stellen in Südost-Bahia und jeweils fünf in Minas Gerais und Rio de Janeiro beschränkt. Anfang der 90er Jahre des letzten Jahrhunderts gab es noch eine Population im nördlichen São Paulo, und möglicherweise existiert heute noch ein kleiner, isolierter Bestand in der Umgebung von São Miguel dos Campos, Alagoas.

Lebensraum

Die Art ist in den feuchten, tieferen Gebieten der atlantischen Küstenwälder zu finden, kommt gelegentlich aber auch in der Sierra do Mar und im Osten von Minas Gerais bis 1.000 m Höhe vor. Neben Waldgebieten werden auch offene Landschaften mit hohem Baumbestand genutzt und Plantagen und Gärten besucht, wo die Vögel z. T. erhebliche Schäden anrichten.

Ökologie

Granada-Amazonen sind in der Regel paarweise oder in kleinen Schwärmen anzutreffen. Nach Angaben der wenigen veröffentlichten Beobachtungen saßen sie meist in den kahlen oberen Zweigen hoher Bäume oder flogen zu den Nahrungsgebieten bzw. Schlafplätzen. Gegen Abend sammeln sich Gruppen an Schlafplätzen, die sich in der Regel innerhalb von Wäldern befinden. An solchen Plätzen sind die Vögel vor allem in den Morgenstunden lärmend.

Es wurden jahreszeitliche Wanderungen beobachtet, die vom Nahrungsvorkommen abhängig sind. In den Wintermonaten ziehen einige Populationen zusammen mit Venezuela-Amazonen (*Amazona amazonica*) in Mangrovengebiete entlang der Küste.

Links: Granada-Amazone (Amazona rhodocorytha)

Das Vorkommen der Granada-Amazone

ist heute extrem zerstückelt und auf wenige Gebiete entlang der Ostküste Brasiliens geschrumpft

Rufe

Beschrieben ist lediglich ein tieftoniges nasales *krawa*, daneben kreischende Rufe sowie unablässige, raue *kaa-ua ...kaa-ua... kaa-ua*-Schreie, die vor allem an den Schlafplätzen zu hören sind.

Nahrung

Die Vögel ernähren sich von Früchten, zu denen Jackfrucht (*Artocarpus heterophyllus*), Karambole (*Averrhoa carambola*), Acerola (*Malpighia punicifolia*), Cajá (*Spondias citherea*), Jambo (*Zyzygium malaccensis*), Papaya, Kakao, Banane und Kaffee gehören. Daneben nehmen sie Samen, Beeren, Nüsse (Cashew-Nuss, *Anacardium occidentale*), Blüten (*Eucalyptus*) und Blattknospen auf. Örtlich fallen sie in Mais- und Getreidefeldern sowie in Mango-Plantagen ein.

Brutbiologie

Über das Brutverhalten der Granada-Amazone ist praktisch nichts bekannt. Die Brutzeit reicht

Wenige Waldflecken in Minas Gerais *beherbergen noch kleine Populationen der Granada-Amazone*

wahrscheinlich von September bis Januar; in diesem Monat werden kürzlich ausgeflogene Jungvögel beobachtet. Die Brutbäume stehen üblicherweise in Waldgebieten, allerdings wurden auch Nesthöhlen in einzeln stehenden Bäumen oder in Plantagen beobachtet. Die Eimaße betragen 42,2 mm x 31,4 mm.

Status und Schutzmaßnahmen

Granada-Amazonen sind heute sehr selten geworden und aufgrund ihres nur noch örtlichen Vorkommens schwierig zu finden. Nennenswerte Populationen gibt es nur noch auf der Ilha Grande im Sooretama Biological Reserve und dem sich anschließenden Linhares, Espírito Santo. Der Gesamtbestand der Art wird auf 1.000 bis 2.500 Vögel und das verbliebene nutzbare Habitat auf 2.700 km^2 geschätzt.

Die Art kommt noch in 14 Naturreservaten vor, die allerdings nur wenig Schutz vor Habitatverlust und illegalem Fang bieten. Eigentliche Programme zum Schutz der Freilandpopulationen existieren nicht.

Die Art gilt als stark gefährdet, zumal die Lebensraumzerstörung weiter voranschreitet, die Vögel immer noch als Ernteschädlinge verfolgt werden und der Einsatz von Herbiziden an Nahrungsbäumen eine Gefahr darstellt.

Der Bestand in Menschenobhut wird durch ein EEP gestärkt, dessen Leitung die Loro Parque Fundación inne hat.

Die Art wurde am 01.07.1975 in den Anhang I des WA aufgenommen.

Menschenobhut

Die Granada-Amazone wird wegen ihrer Seltenheit und ihres dementsprechend hohen Anschaffungspreises nur von wenigen spezialisierten Züchtern gepflegt.

Für eine Wohnungshaltung kommt sie aus den zuvor genannten Gründen nicht in Frage. Sie gehört zwar zu den lauteren Amazonen, lässt ihre Stimme aber nur gelegentlich hören. Die Sprechbegabung der Granada-Amazone ist wenig ausgeprägt. Wegen ihrer Seltenheit sollte sie nur von fortgeschrittenen und erfahrenen Züchtern gehalten werden.

Unterbringung

Das Nagebedürfnis der Granada-Amazone ist nur mäßig ausgeprägt, dennoch ist als Unterbringung eine Voliere aus Metall zu wählen. Die ideale Behausung stellt eine kombinierte Gartenvoliere mit angrenzendem Schutzraum dar. Dieser muss im Winter auf mindestens 10 °C geheizt sein. Bei den meisten Züchtern wird die paarweise Haltung bevorzugt, während in der Loro Parque Fundación seit Jahren die Gruppenhaltung in geräumigen Volieren mit drei bis sechs Paaren praktiziert wird.

Ein seltener Anblick

sind Granada-Amazonen heute im Freiland; die Aufnahme entstand im Sooretama Biological Reserve im brasilianischen Bundesstaat Espirito Santo

Fütterung

Die Ernährung der Granada-Amazone weicht nicht von den allgemeinen Grundsätzen zur Fütterung ab, wie sie in Band 1 beschrieben sind.

Zucht

Die Welterstzucht gelang 1980 bei Mr. und Mrs. Mann in England. In den folgenden sechs Jahren wurden insgesamt 16 Jungtiere von ihrem Paar aufgezogen. Die erste Zucht im deutschsprachigen Raum gelang im Jahr 2000 Herrn Buser in der Schweiz.

Granada-Amazonen gehören zu den schwierig zu züchtenden Arten, und dementsprechend sind nur wenige Zuchtberichte veröffentlicht worden. Die Art ist nicht vor dem dritten oder vierten Lebensjahr zuchtreif. Ab März kann mit den ersten Eiern gerechnet werden. Die Nisthöhle sollte zwischen 70 cm und 80 cm hoch bei einer Grundfläche von 25 cm x 25 cm sein. Das Eingangsloch im oberen Drittel des Kastens muss 10 cm Durchmesser aufweisen. Als Einstreu wird grobes Holzhäcksel in den Nistkasten gegeben.

Die Zucht der Granada-Amazone hat bereits eine lange Tradition in der Loro Parque Fundación, glückte allerdings erst, nachdem man die Tiere während der Brutzeit in Gruppen zusammengebracht hatte. Da es bei der paarweisen Unterbringung nie zu Eiablagen gekommen war, setzte Roger Sweeney, der damalige Kurator im Loro Parque, eine Gruppe von sechs Paaren in einer etwa 15 m langen und vier Meter breiten Großvoliere zusammen, an die seitlich Abtrennkäfige angebracht waren, in denen sich auch die Nistkästen befanden. Durch diese Haltung stimuliert, kamen mehrere Paare in Brutstimmung und legten Eier. Diese wurden zur Kunstbrut und Handaufzucht entnommen. Im ersten Jahr brachte das

Ein Paar Granada-Amazonen

im Loro Parque auf Teneriffa

neue System zehn Jungtiere hervor, deshalb wurde an der Haltung nichts geändert. Aber der Zuchterfolg sank im Folgejahr auf fünf Junge, im dritten Jahr gab es gar keine Nachzuchten mehr. Auch der nachfolgende Kurator änderte nichts, und weitere drei Jahre blieb ein Erfolg aus. Als einer der Autoren (M. Reinschmidt) die Kuratorstelle im Loro Parque 2001 antrat, setzte er die Gruppe in eine andere Großvoliere um. In diesem Jahr kam es aber nur zur Ablage eines einzelnen Geleges mit zwei Eiern, das künstlich ausgebrütet wurde und aus dem zwei Jungtiere in Handaufzucht groß wurden. Da die Granada-Amazonen im Zuchtjahr 2002 überhaupt nicht in Brutstimmung kamen, entschloss man sich, die gesamte Gruppe und andere, paarweise gehaltene Tiere zu trennen und etwa drei Monate einzeln, ohne Kontakt zu Artgenossen in jeweils drei Meter langen Hängegehegen unterzubringen. Ende Februar 2003 wurden die Granada-Amazonen in drei unterschiedlichen Kontrollgruppen wieder zusammengeführt: In eine Voliere mit den Maßen 20 m Länge, 12 m Breite und 3,5 m Höhe wurden sechs Paare, in eine zweite (10 m Länge, 10 m Breite und 4 m Höhe) drei Paare eingesetzt; zur Kontrolle wurden zwei Paare gebildet und jeweils in fünf Meter lange Hängegehege gesetzt.

Diese beiden Paare schritten nicht zur Eiablage. Aus der Gruppe mit den sechs Paaren legten vier und in der Gruppe mit den drei Paaren zwei Weibchen Eier. Diese wurden zur Kunstbrut und anschließenden Handaufzucht entnommen, und es konnten insgesamt zehn Jungvögel aufgezogen werden. Allerdings gab es auch eine große Anzahl unbefruchteter Eier.

Im November 2003 wurden alle Tiere, auch die Zuchtpaare, erneut für rund drei Monate getrennt und im Februar 2004 wieder zusammengeführt. In der Voliere mit den zuvor drei Paaren wurde ein weiteres Paar hinzugesetzt und in der Gruppe mit sechs Paaren ein Weibchen ausgetauscht. Auf die Bildung einzelner Paare wurde verzichtet. Wieder kamen etwa zwei Drittel der Paare in Brutstimmung und erbrachten sieben Küken. Auch in diesem Jahr war die Anzahl unbefruchteter Eier hoch. Erstmalig wurde einem Paar in der kleineren Gruppe gestattet, die Eier selbst auszubrüten. Ohne Probleme wurden zwei Junge aufgezogen, die sich in die Gruppe integrierten, ohne nach dem Ausfliegen von anderen Voliereninsassen attackiert zu werden.

Nach einer erneuten mehrwöchigen Trennung wurden 2005 in beiden Gruppen zahlreiche Eier gelegt und insgesamt 12 Küken mit der Hand und zwei von den Eltern aufgezogen. In der Gruppe mit den vier Paaren musste allerdings ein Paar herausgenommen werden, da es unter Druck geraten und attackiert worden war.

Die Erfahrung zeigte, dass bei der Gruppenhaltung und Zucht besonderes Augenmerk auf die Harmonie der Vögel zu legen und bei länger andauernden Aggressionen einzugreifen ist. Zur Vorbeugung muss die Besetzung einer Gruppenvoliere immer gemeinsam mit allen Amazonen erfolgen und mehrere Futterstellen eingerichtet werden, damit sich jeder Vogel ausreichend ernähren kann und nicht von dominanten Tieren unterdrückt wird.

Die Trennung der Vögel über einen Zeitraum von einigen Wochen steigert das Verlangen nach Sozialkontakt und kann Tiere, die zuvor nie gebrütet haben, in Brutstimmung bringen. Die Zusammenführung ist mit besonderem Augenmerk zu verfolgen. Nach dem Zusammensetzen ist über viele Stunden heftiges Geschrei und Erkunden der Voliere und Mitbewohner zu beobachten und die ansonsten eher träge wirkenden Granada-Amazonen sind sehr aktiv. Im Falle einer zu heftigen Aggression muss rasch eingeschritten werden.

Nach der Entnahme des Erstgeleges haben einige Granada-Amazonen ein Nachgelege produziert. Dieses sollte man den Eltern unbedingt zur eigenen Aufzucht überlassen, um ihnen die Möglichkeit des Auslebens natürlicher Verhaltensweisen zu ermöglichen.

Es ist zu vermuten, dass diese Brutsteigerung in den Gruppen nach vorheriger Einzelhaltung nicht nur typisch für Granada-Amazonen ist, sondern für andere Arten ebenso gilt. Da sich feste Paare dominant und oft sehr aggressiv gegenüber den Mitbewohnern verhalten, sollte man auch diese unbedingt trennen. Sie finden schnell wieder zusammen, sind aber erst einmal mit sich selbst beschäftigt und lassen andere Voliereninsassen zunächst in Frieden.

Die Gruppenhaltung von Granada-Amazonen wurde zwischenzeitlich auch von brasilianischen Zuchtstationen nach dem Vorbild der Loro Parque Fundación erfolgreich übernommen. Auch dort war es bei der paarweisen Haltung zu keinen Bruterfolgen gekommen.

Über die Jahre wurden einige brutbiologische Daten über die Granada-Amazone in der Loro Parque Fundación gesammelt. Die mittlere Größe von 23 Gelegen ergab 2,23 Eiern pro Gelege. Auffällig ist die große Schwankungsbreite von 1 bis 5 Eiern pro Gelege. Im Einzelnen gab es zwölf Gelege mit nur einem Ei, zwei Gelege mit 2, sieben mit 3, vier mit 4 und eines mit 5 Eiern. Die Größe wurde von 24 Eiern gemessen und liegt mit durchschnittlich 39,47 mm x 30,71 mm geringfügig unter den Maßen, die für das Freiland angegeben werden.

Die Körpermasse von 22 frisch geschlüpften Küken lag im Mittel bei 13,57 g, wobei das schwerste 16,8 g und das leichteste 10,6 g auf die Waage brachte.

Die Ringgröße für Granada-Amazonen liegt bei 11 mm.

Handaufzucht

Die Handaufzucht der im Inkubator erbrüteten Jungtiere unterscheidet sich nicht von der Aufzucht anderer Amazonen und geht problemlos vonstatten. Die Jungtiere wurden ausschließlich

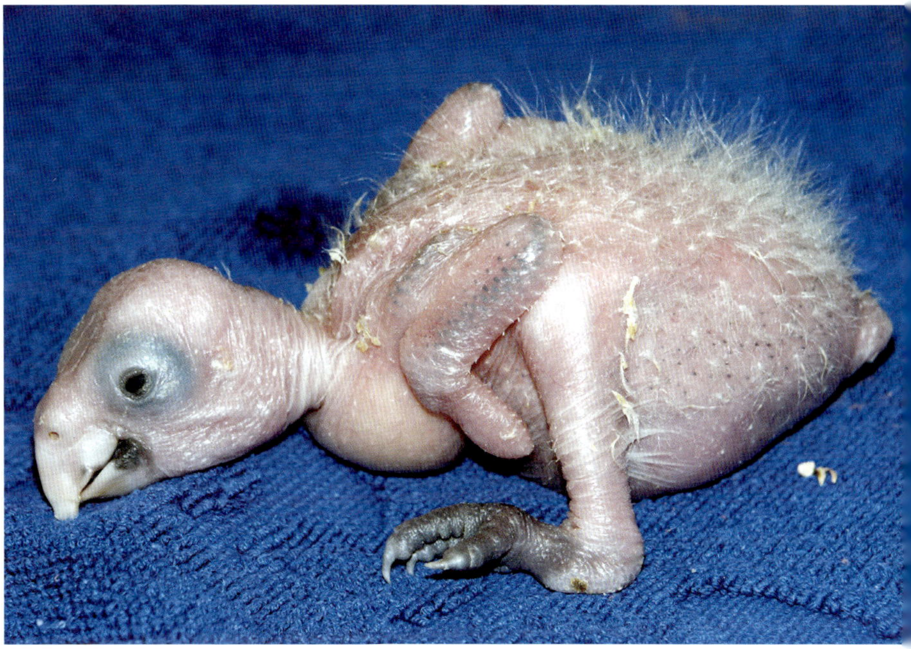

Granada-Amazonen-Küken

im Alter von 16 Tagen

Junge Granada-Amazone

wenige Tage nach dem Verlassen des Nests

mit dem Handaufzuchtfutter „Nutri-Bird A 21" (Versele-Laga) gefüttert. Zur Sozialisierung wurden sie jeweils in reinen Amazonengruppen aufgezogen und zusammen gehalten. Dadurch wurde eine Fehlprägung vermieden, und sie konnten später uneingeschränkt zur Zucht eingesetzt werden.

Handaufgezogene Granada-Amazonen sind zwar zahm, verwildern aber in einer artgleichen Gruppe schnell und sind bald nicht mehr von den von den Eltern aufgezogenen Jungtieren zu unterscheiden.

Mutationsformen

Bisher ist lediglich eine rotgescheckte Granada-Amazone bekannt geworden.

Sonstige Anmerkungen

In Anbetracht der Seltenheit der Granada-Amazone im Freiland und in Menschenobhut sollte man die Anstrengungen zur Zucht deutlich vermehren, um langfristig einen guten Reservebestand dieser Amazonenart in den Volieren aufzubauen.

In den AZ-Nachzuchtstatistiken der Jahre 2000 bis 2007 wurde kein Vogel gemeldet, was die Seltenheit der Art bei den Züchtern verdeutlicht. In den europäischen Zoos werden derzeit (Stand August 2008) 59 Granada-Amazonen gehalten, davon allein 40 in der Loro Parque Fundación. Dies ist momentan auch die einzige Institution, die die Art innerhalb der europäischen Zoos erfolgreich züchtet.

Weiterführende Literatur

Freileben und Artenschutz: Brown & Brown (1992), Collar *et al.* (1992), Collar *et al.* (1994), Desenne & Strahl (1991), Forshaw (1989), Klemann (2006), Ridgely (1981), Sick (1993), Snyder *et al.* (2000), Stotz *et al.* (1996), Wege & Long (1995)

Haltung und Zucht: Glanzmann (2008), Grundy (2001), Jordan (2006), Lantermann (2007), Low (1997), Low (2005), Mann (1982), Noegel (1988), Sweeney (1996), Sweeney (1997), Sweeney (1998), Reinschmidt (2006), Reinschmidt & Waugh (2005), Wilkinson (2000)

Amazona festiva (Linné 1758)

Blaubartamazone

Die Blaubartamazone und ihre Unterart, die Bodinus-Amazone, sind nur in kleinen Stückzahlen in Menschenobhut gelangt und selten bei den Haltern und Züchtern anzutreffen. Beide werden nur äußerst sporadisch nachgezogen.

Beschreibung und Verbreitung

1. *Amazona festiva festiva* (Linné 1758)

Blaubartamazone

Engl.: Festive Amazon

Beschreibung: Die Grundfärbung dieser mittelgroßen Amazone ist grün, Brust und Bauch sind etwas blasser, die Nackenfedern schwärzlich und die Flügeldecken gelblichgrün gesäumt. Über Stirn und Zügel zieht sich ein schmales dunkelrotes Stirnband, das oberhalb von gelblichgrünen Federn begrenzt wird. Die Wangen sind gelbgrün und über Augen und Ohrdecken zieht sich ein blauer Streifen. Der Kinnbereich zeigt einen deutlich blauen Anflug, der Unterrücken ist rot.

Die Außenfahnen der Handschwingen und die Handdecken sind violettblau gezeichnet. Die inneren Armschwingen sind grün, die äußeren schwarz mit violettblauen Spitzen, die Unterschwanzdecken gelbgrün. Die Schwanzfedern haben eine gelbgrüne Spitze und bei einigen Vögeln eine rötliche Basis.

Der nackter Augenring und die Wachshaut sind grau, und die Iris ist orangerot. Der Schnabel ist dunkelgrau. Die Füße sind grau.

Die Weibchen sind wie die Männchen gefärbt, aber im Durchschnitt etwas kleiner.

Verbreitungskarte

der Blaubart- und Bodinus-Amazone

Jungtiere zeigen eine mattere Färbung. Der Unterrücken ist nahezu grün. Einige der äußeren Schwanzfedern besitzen eine rote Basis. Die Iris ist noch dunkel und der Schnabelansatz hornfarben. Die Umfärbung ins Adultgefieder ist mit 12 Monaten beendet.

Größe: 34 cm (Flügellänge 195 mm - 222 mm, Schwanzlänge 89 mm - 110 mm)

Körpergewicht: 330 g bis 390 g

Verbreitung: Die Nominatform bewohnt das Amazonas-Becken in Ost-Ekuador; Nordost-Peru und Südost-Kolumbien ostwärts bis zur Mündung des Amazonas in den brasilianischen Bundesstaaten Amapá und Pará sowie auf der Ilha Mexiana.

2. *Amazona festiva bodini* (Finsch 1873)

Bodinus-Amazone

Engl.: Bodinus' Amazon

Beschreibung: Diese Unterart unterscheidet sich von der Nominatform deutlich durch die

schwärzlichen Zügel und das breite rote Stirnband, das bis zum Vorderscheitel reicht. Die sich anschließenden Scheitel- und Nackenfedern sind matt lila gesäumt. Auf den Wangen befindet sich ein deutlich bläulicher Anflug. Das Brust- und Bauchgefieder ist gelblicher im Grünton. Die Handdecken sind grün. Der nackte Augenring ist dunkelgrau und der Schnabel schwärzlich.

Größe: 34 cm (Flügellänge 197 mm - 214 mm, Schwanzlänge 98 mm - 112 mm)

Körpergewicht: 350 g bis 400 g

Verbreitung: Zentral-Venezuela in Süd-Apure entlang des Río Meta und des Orinoco bis zum Delta Amacuro und Nordwest-Guyana.

Lebensraum

Die Art ist insbesondere in tiefer gelegenen Regenwaldgebieten bis 100 m Höhe zu finden, wobei sie eine Vorliebe für Flussinseln und Sumpfgebiete mit Waldbestand sowie Várzea- (jahreszeitlich überschwemmt) und Igapó-Wälder (ganzjährig überschwemmt) aufweist und wahrscheinlich die trockeneren Terra-firme-Wälder sogar meidet. Daneben wird sie in Sekundärvegetation, in Galeriewäldern entlang von Flüssen und gelegentlich in Savannen gefunden. Örtlich besucht sie auch Plantagenanlagen. In Kolumbien wird sie ausnahmsweise auch bis in Höhenlagen von 500 m gesehen.

Ökologie

Überraschenderweise ist so gut wie nichts bekannt über die Art. Sie wird in der Regel in kleinen Gruppen oder Schwärmen bis zu 50 Vögeln angetroffen. Gegen Abend sind an den Schlafplätzen größere Ansammlungen zu sehen. Tagsüber halten sich die Vögel in den oberen Zweigen höherer Bäume auf, zur Nahrungsaufnahme besuchen sie aber auch kleinere Bäume oder größere Büsche. Hier sind sie auffallend scheu.

Links: Blaubartamazone (Amazona festiva festiva)

Bodinus-Amazone

(Amazona festiva bodini)

Rufe

Während des Fluges sind nasale *wah-wa*-Rufe zu hören, die aus der Entfernung an menschliches Lachen erinnern. Während der Rast wurden *skii-ii-et*-Schreie vernommen.

Nahrung

Die Vögel ernähren sich von Früchten, Sämereien, Beeren, Nüssen und Blattknospen. Örtlich fallen sie in Kakao-Plantagen ein.

Blaubartamazone

Die Überschwemmungswälder

im Amazonas-Becken sind das bevorzugte Habitat der Blaubartamazonen; die Aufnahme zeigt den Várzea-Wald in der Umgebung der Stadt Tefé im Bundesstaat Amazonas

Brutbiologie

Über das Brutverhalten der Blaubartamazone ist nichts bekannt.

Status und Schutzmaßnahmen

Blaubartamazonen scheinen in ihrem Bestand nicht gefährdet und sind örtlich sehr häufig vertreten. Unsicher sind die Bestandsgröße und der Gefährdungsgrad der Bodinus-Amazone. Sie hat vor allem in Venezuela unter Habitatsverlust und Fang für den Vogelhandel zu leiden. Das verfügbare Habitat wird für die Art auf immerhin noch 860.000 km^2 geschätzt.

Die Art wurde am 06.06.1981 in den Anhang II des WA aufgenommen.

Menschenobhut

Die Blaubartamazone gehört zu den in Menschenobhut selten gehaltenen und gezüchteten Amazonen. Die Bodinus-Amazone ist ähnlich selten, wird aber etwas öfter gezüchtet.

Beide Unterarten eignen sich aufgrund ihres Charakters und ihres ausgeprägten Nachahmungstalentes zwar gut für die Wohnungshaltung, sollten aufgrund des kleinen Bestandes in Menschenobhut aber vorrangig zur Zucht gehalten werden. Tiere, die schon sprechen können, verlernen dies auch nicht bei paarweiser Haltung; so beherrscht das Blaubartamazonenpaar in der Loro Parque Fundación mehrere Worte, und ein Paar im Loro Parque begrüßt die Besucher mit „Hola“ und stimmt dann in deren Gelächter mit ein.

Grundsätzlich gehören Nachzuchttiere beider Unterarten zu den robusteren Arten.

Unterbringung

Wegen ihres starken Nagebedürfnisses ist für beide Unterarten eine Unterbringung in einer Metallvoliere zu empfehlen. In kleinen Gehegen sind sie meist träge und verfetten, deshalb sollte ihre Voliere viel Flugraum bieten, um die körperliche Fitness zu stärken. Eine Außenvoliere mit temperiertem Innenraum ist die ideale Unterbringung. Dabei sollte der Innenraum im Winter mindestens 10 °C aufweisen. An sonnigen, frostfreien Tagen können die Tiere tagsüber in die Freivoliere gelassen werden. Zur Zucht ist nur die paarweise Unterbringung vorzusehen, da die Tiere während der Brutsaison eine erhöhnte Aggressivität aufweisen. Gruppenexperimente dürfen nur außerhalb der Zuchtzeit durchgeführt werden.

Fütterung

Beide Unterarten unterscheiden sich in der Ernährung nicht von den in Band 1 beschriebenen Hinweisen zur Amazonenfütterung. Um Fettleibigkeit zu vermeiden, müssen das Futter genau dosiert und verstärkt Früchte gereicht werden.

Zucht der Blaubartamazone

Die Blaubartamazone wurde erstmals im Jahre 1980 in Busch Gardens in Florida gezüchtet; die europäische Erstzucht gelang Mitte der 90er Jahre des letzten Jahrhunderts in der Schweiz. Bis heute sind aus Deutschland keine Zuchten veröffentlicht worden.

Mit Sicherheit gehört die Blaubartamazone zu den am schwierigsten zur Zucht zu bewegenden Amazonen. Auch in der Loro Parque Fundación sind niemals Jungtiere aufgezogen worden. Zwar hatte ein Paar einmal ein Gelege mit zwei Eiern, aber diese waren unbefruchtet. Als Nistkästen werden „normale" Amazonenkästen mit einer Grundfläche von 25 cm x 25 cm bei einer Höhe von 70 cm bis 80 cm angeboten, die mit Holzhäcksel als Einstreu ausgestattet sind. Das Einflugloch hat einen Durchmesser von 10 cm.

Die Ringgröße beträgt 11 mm.

In der Handaufzucht dürften sich Blaubartamazonen wohl nicht von der Bodinus-Amazone unterscheiden, und sie sollten mit einer handelsüblichen Handaufzuchtfuttermischung ernährt werden.

Zucht der Bodinus-Amazone

Die Welterstzucht der Bodinus-Amazone gelang wohl erstmals 1990 im Palmitos Park auf Gran Canaria; der Loro Parque züchtet die Art seit 1994 regelmäßig.

Die Bodinus-Amazonen gehören zu den schwer zur Zucht zu bewegenden Vögeln. Mit einer Brutstimmung ist im Frühjahr zu rechnen. Die Nisthöhlen entsprechen denen der Nominatform.

In der Loro Parque Fundación sind Bodinus-Amazonen in 3 m langen Hängegehegen untergebracht, die 1 m hoch und 1 m breit sind. Diese sind so aufgehängt, dass sich die Oberkante des Käfigs etwa 2,20 m über der Erde sich befindet.

Während der Brutzeit können vor allem die Männchen dem Betreuer und auch dem eigenen Weibchen gegenüber sehr aggressiv werden. Dies kann zu schweren Verletzungen an Kopf, Schnabel, Beinen oder Flügeln führen. Deshalb sollte man die Paare zur Zucht in großen Volieren mit Rückzugsmöglichkeiten für die Weibchen unterbringen.

Die Bestände der Blaubartamazone

scheinen im Freiland noch gesund zu sein

In der Loro Parque Fundación ist es gelungen, einen Zuchtstamm mit mehreren Paaren aufzubauen, der sowohl in Elternaufzucht als auch durch Handaufzucht regelmäßig Jungtiere hervorbringt.

Zur Ermittlung der Durchschnittsgröße konnten Daten von 24 Gelegen einbezogen werden; demnach liegt die durchschnittliche Gelegegröße von insgesamt 67 Eiern bei 2,79 Eier pro Gelege. Die durchschnittliche Größe von 20 Eiern beträgt 39,95 mm x 31,35 mm.

Die Küken der Bodinus-Amazone gehören zu den schwereren Schlüpflingen; so lag das Schlupfgewicht von 30 Küken bei durchschnittlich 12,5 g, wobei das leichteste 10,1 g und das schwerste 15,8 g wog.

„Rotgescheckte" Blaubartamazone

– nicht immer ist klar, ob es sich um eine Mutationsform oder Erkrankung bei solch gescheckten Tieren handelt

Stets haben die Eltern die Jungtiere problemlos aufgezogen. Diese verlassen nach ca. 55 bis 60 Tagen die Nisthöhle. Entfernt man frühzeitig (um den 10. Bebrütungstag) die Eier des Erstgeleges zur künstlichen Bebrütung, kommt es bei etwa 50 % der Weibchen zu einem Nachgelege.

Die Ringgröße für die Bodinus-Amazone beträgt 11 mm.

Handaufzucht

Bodinus-Amazonen können problemlos mit einem handelsüblichen Aufzuchtfutter großgezogen werden. Solche Tiere können zahme und sprechende Hausgenossen werden, sollten aber wegen ihrer Seltenheit in erster Linie zur Zucht verwendet werden.

Handaufgezogene Bodinus-Amazonen können im dritten Lebensjahr bei der Geschlechtsreife unberechenbar für den Halter werden. Ihr erhöhtes Aggressionspotential und die fehlende Scheu dem Menschen gegenüber lassen sie oft direkte Angriffe gegenüber dem Pfleger durchführen. Mit ihrem kräftigen Schnabel können sie tiefe Wunden beißen. Allerdings wird solches Verhalten meist nicht von heute auf morgen gezeigt, sondern kündigt sich langsam an.

Mutationsformen

Bisher wurden eine Lutino- und eine rotgescheckte Mutation bei der Blaubart- und eine gelbe sowie eine rotgescheckte Farbmutation bei der Bodinus-Amazone bekannt.

Sonstige Anmerkungen

Sowohl die Blaubart- als auch die Bodinus-Amazone werden derzeit in Europa nur in kleinen Stückzahlen gehalten. Während heute in allen europäischen Zoos insgesamt 20 Exemplare der Nominatform (4 davon in der Loro Parque Fundación) gepflegt werden, sind es lediglich 15 Vögel (14 Tiere davon in der Loro Parque Fundación) von der Bodinus-Amazone. In der Nachzuchtstatistik der AZ zwischen dem Jahr 2000 und 2007 sind nicht eine einzige Blaubartamazone gemeldet und lediglich 5 Junge der Bodinus-Amazone. Dies zeigt, dass hier erheblicher Handlungsbedarf besteht, um den Bestand beider Amazonen in Menschenobhut zu sichern. Es müssen sich für beide engagierte Züchter finden, denn für die Zoos stehen sie derzeit nicht im engeren Focus der Erhaltungszucht.

Weiterführende Literatur

Freileben und Artenschutz: Desenne & Strahl (1991), Gyldenstolpe (1945), Hilty & Brown (1986), Juniper & Parr (1998), Meyer de Schauensee (1966), Meyer de Schauensee & Phelps (1978), Ridgely (1981), Sick (1993), Snyder (1966)

Haltung und Zucht: Donk (2007), Low (1992), Low (2005), Robiller (1990)

Amazona versicolor (P.L.S. Müller 1776)

Blaumaskenamazone

Blaumaskenamazone

(Amazona versicolor)

Engl.: St. Lucia Amazon

Die Blaumaskenamazone ist immer nur vereinzelt in Menschenobhut gelangt und heute außerhalb weniger zoologischer Gärten nicht legal anzutreffen. Es ist fraglich, ob der kleine Bestand in Menschenobhut gehalten werden kann.

Beschreibung und Verbreitung

Beschreibung: Die Grundfärbung dieser großen Amazone ist grün, wobei jede Feder schwärzlich gesäumt ist. Der untere Bauchbereich und die Schenkel sind etwas blasser grün, Nacken und Rücken gelblich-oliv, Zügel, Stirn und vorderer Scheitelbereich violettblau. Auf dem hinteren Scheitel, den Ohrdecken und Wangen geht das Violettblau in ein blasses Blau über. Die Federn von Brust und Oberbauch sind variabel rotbraun gefärbt und haben eine grüne Basis. Auf der Brust befindet sich ein rotes Band, das bei einigen Vögeln auch fehlen kann.

Der Flügelsaum, die Unterflügel-, Unterschwanz- und Oberschwanzdecken sind gelbgrün, die Handschwingen blau und die Armschwingen grün mit violettblauer Spitze, wobei die äußeren Armschwingen einen roten Flügelspiegel aufweisen. Die Handdecken sind grün mit violettblauem Anflug. Die Unterseite der Schwingen ist grünblau.

Der nackte Augenring und die Wachshaut sind dunkelgrau, und die Iris ist orangefarben. Der Schnabel ist dunkelgrau mit einer hornfarbenen Basis. Die Füße sind grau.

Weibchen sind wie die Männchen gefärbt, zeigen aber kein oder nur wenig Rot auf der Brust. Im Durchschnitt sind sie etwas kleiner und leichter.

Jungtiere unterscheiden sich kaum von den Altvögeln. Die Iris ist noch dunkel und der Schnabelansatz hornfarben. Die Umfärbung ins Adultgefieder ist mit 14 Monaten beendet.

Größe: 43 cm (Flügellänge 258 mm - 288 mm, Schwanzlänge 165 mm - 171 mm)

Körpergewicht: 580 g bis 680 g

Verbreitung: St. Lucia

Lebensraum

Die Art bevorzugt die höher gelegenen feuchten Regenwaldgebiete zwischen 500 m und 900 m Höhe. Daneben wird sie zur Nahrungsaufnahme

auch in Sekundärvegetation angetroffen und ausnahmsweise auch in Bananenanpflanzungen.

Ökologie

Die Blaumaskenamazonen werden in der Regel nur einzeln, paarweise oder in kleinen Gruppen bis zu 20 Vögeln beobachtet. Meist halten sie sich in den oberen Zweigen hoher Waldbäume auf, wo sie schwer zu entdecken und leise sind. Zur Nahrungsaufnahme besuchen sie auch Sekundärvegetation. Dort sind sie vorsichtig und wachsam. Auffallend sind ihre Flüge zu den Nahrungsplätzen an den Rändern des Verbreitungsgebietes, die von lautem Geschrei begleitet werden. Die Nahrungsaufnahme findet zwischen 8 und 11 Uhr statt, dann ruhen die Vögel. Nachmittags erfolgt eine erneute Nahrungsaufnahme, später der Rückflug zu den Schlafplätzen, die in Waldgebieten liegen. Auf Schlafbäumen können sich größere Mengen von Vögeln versammeln.

Die Aktivitäten der Vögel richten sich nach der Wetterlage: Bei schlechtem Wetter und heftigen Regenschauern verhalten sie sich ruhig und inaktiv, bei wieder aufkommendem Sonnenschein sind sie hingegen oft sehr laut und ruffreudig.

Der Flug ist schnell und durch kräftige Flügelschläge gekennzeichnet. Er wird gelegentlich von Gleit- und Sturzphasen unterbrochen, die an den Flug von Greifvögeln erinnern. In der Regel fliegen die Blaumaskenamazonen nur knapp über den Baumkronen der Wälder, bei längeren Entfernungen wurden sie jedoch auch schon in beträchtlicher Höhe beobachtet.

Rufe

Beschrieben wurden laute, raue Schreie sowie schnurrende, gackernde, quietschende und hupende Geräusche, die die Vögel von sich geben.

Links: Blaumaskenamazone (A. versicolor)

Die Verbreitung der Blaumaskenamazone

ist auf die Insel St. Lucia begrenzt

Nahrung

Die Art ernährt sich von Früchten (*Clusia ssp.*, *Talauma dodecapetala*, *Acrocomia irenensis*, *Pouteria ssp.*, *Dacryodes excelsa*, *Sloanea massoni*, *Byrsonima martinicensis*, *Miconia mirabilis*, *Pterocarpus officinalis*, *Euterpe globosa*) und Blüten (*Clusia*) sowie Samen, Beeren und vermutlich auch Knospen und Nüssen. Die wichtigsten Nahrungspflanzen sind der Bwa-Pen-Baum (*Talauma dodecapetala*), der Penny-Piece-Baum (*Poulteria spp.*) und die Aralie (*Clausia spp.*). Die Amazonen wurden 1980 auch schon in Bananenplantagen beim Fressen der Früchte beobachtet, was aber auf den Nahrungsmangel nach dem verheerenden Hurrikan „Allen“ zurückzuführen war.

Brutbiologie

Die einzelnen Gruppen spalten sich vor der Brutzeit Ende Januar in Paare auf. Die eigentliche Brutzeit reicht von Februar bis Juni. Die Nester befinden sich in Höhlen hoher Bäume im Hauptstamm zwischen 15 m und 28 m Höhe. Gelegentlich wird auch in abgebrochenen Ästen genistet. Die am häufigsten verwendeten Brutbäume sind

Blaukopfamazone

Das Morne-Diablotin-Gebirge

im Norden Dominicas ist eines der Rückzugsgebiete der Blaukopfamazone

Verbreitung: Die Blaukopfamazone bewohnt die Insel Dominica in den Kleinen Antillen. Sie ist hauptsächlich noch im Morne-Diablotin-Gebirge im Norden von Dominica zu finden. Kleinere Populationen existieren zusätzlich im äußersten Norden in der Morne-Au-Diable-Region, im Osten, Südosten und im Zentrum der Insel sowie im Morne-Trois-Pitons-Nationalpark im Süden.

Lebensraum

Die Blaukopfamazone bewohnt die Tiefland- und Bergwälder zwischen 300 und 900 Metern Höhe. Gelegentlich ist sie auch bis auf 1.200 m Höhe oder in Anbaugebieten am Rande der Wälder zu finden.

Ökologie

Blaukopfamazonen werden heute meist nur noch einzeln, paarweise oder in kleinen Gruppen von 6 bis 12 Tieren beobachtet. Sie sind lauter und auffälliger als die ebenfalls auf Dominica beheimatete Kaiseramazone (*Amazona imperialis*) und scheinen menschlichen Störungen gegenüber weniger empfindlich zu sein. Bei gutem Wetter sind die Vögel bereits kurz vor Sonnenaufgang aktiv, bei schlechter Witterung etwas später. Die Nahrungssuche und -aufnahme erfolgt bis 10 Uhr sowie am späten Nachmittag ab 15 Uhr. Die heißen Mittagsstunden verbringen die Vögel in den Kronen hoher Bäume. Dort sind sie nur schwer zu entdecken, da das Gefieder ideal tarnt und sie sehr leise sind. Gegen Abend sind regelmäßig die Flüge zu den Schlafplätzen zu beobachten. Solche Schlafplätze werden über Jahre regelmäßig besucht, wobei die Schwärme hier eine Vorliebe für die großen Tabonuco- (*Dacryodes excelsa*) oder Motillo-Bäume (*Sloanea berteriana*) zeigen.

Während der Nahrungsaufnahme sind die Amazonen vorsichtig und wachsam. Wenn sie gestört werden, fliegen sie laut schreiend auf. Sie klettern geschickt in den Zweigen, um Früchte, Beeren oder Nüsse zu erreichen. An höher gelegenen Nahrungsplätzen treffen sie an Futterbäumen gelegentlich mit der Kaiseramazone zusammen. Im Allgemeinen bevorzugen die Blaukopfamazonen aber deutlich tiefere Lagen als die etwas größeren Kaiseramazonen, um eine Konkurrenz um die Nahrung und knappen Nistplätze zu vermeiden.

Der Flug ist spektakulär, schnell und mit kräftigen Flügelschlägen, die gelegentlich von Gleitphasen unterbrochen werden. Meist fliegen die Blaukopfamazonen nur wenig über dem Kronendach.

In geringem Umfang sind jahreszeitliche Wanderungen registriert worden, die vom Nahrungsangebot abhängen. So besuchen die Blaukopfamazonen von Oktober bis Dezember tiefer gelegene Anbauflächen, wo sie Zitrus-, Passions- und Mangofrüchte suchen.

Rufe

Beschrieben wurden krächzende, raue Schreie sowie kläffende *skii-ah*-Rufe, die gelegentlich an menschliche Laute erinnern. Die Vögel aus dem Norden Dominicas unterscheiden sich in ihrem Rufrepertoire von den südlichen Vertretern. Von der Kaiseramazone (*Amazona imperialis*) lässt sich die Blaukopfamazone durch ihre höhere Tonlage gut abgrenzen.

Nahrung

Die Art ernährt sich von Früchten (*Dacryodes excelsa*, *Licania ternatensis*, *Richeria grandis*, *Amanoa caribaea*, *Simarouba amara*, *Symphonia globulifera*, *Chimarrhis cymosa*, *Pouteria pallida*, *Cordia elliptera*, *Cordia laevigata*, *Pithecellobium jupumba*, *Byrsonima martinicensis*, *Dussia martinicensis*, *Ormosia monosperma*, *Buchenavia capitata*, *Euterpe dominicana*, *Anacardium occidentale*, *Talauma dodecapetala*) und Knospen (*Anacardium occidentale*). Hinzu kommen Samen, Beeren und vermutlich auch Nüsse. Die Amazonen wurden beim Fressen von Zitrus-, Passions- und Mangofrüchten beobachtet.

Brutbiologie

Die Brutsaison reicht von Februar bis Juli. Die Bruthöhlen befinden sich in hohen Bäumen (*Dacryodes excelsa* und *Sloanea caribaea*) inmitten des Waldes, gelegentlich auch am Rand von Rodungen und Pflanzungen. Der Nesteingang liegt zwischen 10 m und 25 m über dem Boden und ist oft durch Weinranken, Bromelien oder Rankengewächse verdeckt. In einem Fall befand sich ein Nest in 10 m Höhe im Stamm eines abgebrochenen Baumes, in einem anderen Fall in 25 m Höhe mit einer Bruthöhle von 45 cm Durchmesser. In der direkten Umgebung des Nestes ist das Brutpaar sehr vorsichtig und leise.

Das Gelege besteht aus einem, zwei oder drei Eiern. Nester mit zwei lebenden und einem verstorbenen Jungen wurden im April sowie mit je einem Jungen und einem Ei im Mai gefunden. Die Elterntiere halten sich nur zu Beginn der Brut mit im Nest auf; mit zunehmendem Alter werden die Jungen längere Zeit allein gelassen. Gegen Ende der Brut besuchen die Altvögel das Nest nur noch zwei- bis dreimal täglich, um die Jungen zu füttern. Nach dem Ausfliegen bleiben sie noch nahezu drei Monate mit den Jungen zusammen.

Eine Gruppe von vier Blaukopfamazonen

hat sich während der Mittagszeit in einem Schatten spendenden Baum niedergelassen

Status und Schutzmaßnahmen

Die Art gilt als gefährdet. Der Grund liegt vor allem im Rückgang des Habitats durch das Anlegen von Bananen- und anderen Plantagen. Hinzu kommen im geringen Umfang die illegale Bejagung, Orkanschäden und Waldrodungen. Im Norden Dominicas droht der Art ein möglicherweise deutlicher Habitatsverlust durch eine geplante Waldnutzung zur Holzgewinnung in der Morne-Plaisance-Region. Dieses Gebiet wird als

Blaukopfamazone

Blaukopfamazone beim Fressen

an einer Bwa-pen-Frucht (Talauma dodecapetala), die zu den tropischen Magnolienarten gehört

Verbreitungsschwerpunkt der Blaukopfamazone eingestuft.

Insgesamt stehen der Art noch rund 50 km² zur Verfügung, von denen sich ein erheblicher Teil im Northern und im Central Forest Reserve sowie im Morne Trois Pitons und im Morne Diablotin National Park befindet. Allerdings stehen einige sich anschließende wichtige Gebiete nicht unter Schutz. Die Wildpopulation erreichte 1980 einen Tiefstand von 150 Vögeln und wird heute auf etwa 800 Vögel geschätzt.

Die Blaukopfamazone gilt heute neben der Kaiseramazone als „Nationalvogel" Dominicas, und es existieren Aufklärungsprogramme, die vor allem den Abschuss und den illegalen Fang eindämmen sollen.

Auf Dominica existiert ein kleines Zuchtprogramm, das aber noch keine Nachzuchtvögel erbracht hat.

Die Art wurde am 06.06.1981 in den Anhang I des WA aufgenommen.

Menschenobhut

Die Blaukopfamazone gehört in Menschenobhut zu den seltensten Amazonen überhaupt und hat noch nie eine große Bedeutung für die private Papageienhaltung gehabt. Low (2005) beschreibt die Haltung der Art in England in den 30er Jahren des letzten Jahrhunderts bei Porter, der fünf Tiere aus Dominica mit in seine Heimat gebracht hatte. Schon bald nach der Ankunft starben zwei Tiere. Porter beschrieb das älteste Tier als den intelligentesten Papagei, den er jemals gesehen habe und der stets zum Spielen aufgelegt war, wenn man seine Voliere betrat.

Die wenigen Tiere, die seither nach Europa kamen, gelangten stets in zoologische Einrichtungen; so hielt der Jersey Preservation Trust Mitte der 70er Jahre des letzten Jahrhunderts zwei Vögel, und der Vogelpark Walsrode besaß sogar zwei Paare. Im Jahr 2008 wird nur noch im Loro Parque auf Teneriffa ein einzelnes altes Weibchen dieser Art außerhalb Dominicas gehalten.

Unterbringung

Für diese mittellaute Art ist stets ein großes Gehege vorzusehen, da sie ansonsten aufgrund Bewegungsmangel schnell sehr träge wird und verfettet. Wegen des ausgeprägten Nagetriebes ist die Voliere aus Metall zu fertigen. In den Wintermonaten darf die Blaukopfamazone nur im Innenraum bei mindestens 15 ° C gehalten werden.

Fütterung

Die Blaukopfamazone unterscheidet sich in der Ernährung nicht von den allgemeinen Hinweisen zur Amazonenfütterung, wie sie in Band 1 gegeben wurden. Lediglich der Fruchtanteil der Nahrung sollte etwas erhöht werden.

Zucht

Bis heute ist die Blaukopfamazone noch nicht gezüchtet worden. Auf der Insel Dominica ist in einer privaten Haltung in den 70er Jahren lediglich eine Mischlingszucht mit einer Gelbscheitelamazone (*Amazona ochrocephala*) bekannt geworden. Das daraus resultierende Jungtier wurde später mit einer Blaukopfamazone verpaart. Auch diese Verbindung war fruchtbar und erbrachte, abgesehen von einigen wenigen gelben Federchen am Kopf, einen fast gänzlich der Blaukopfamazone gleichsehenden Jungvogel.

Auch in der Zuchtstation des Carribean Wildlife Preservation Trust, der dem Vogelpark Walsrode angeschlossen war, kam es 1983 bei einem Paar Blaukopfamazonen zur Eiablage. Allerdings erwies sich das aus drei Eiern bestehende Gelege als unbefruchtet.

Derzeit werden im Botanischen Garten der Hauptstadt Roseau auf Dominica elf Blaukopfamazonen gepflegt. Davon sind zwei Paare zusammen in einer großen Voliere im öffentlichen Teil des Parks untergebracht. Es scheint dabei nicht zu Aggressionen zwischen den Paaren zu kommen.

Drei weitere Paare leben im nicht öffentlichen Bereich des Parks jeweils paarweise unter Zuchtkonditionen, allerdings kam es bis heute zu keiner erfolgreichen Nachzucht (Lepperhoff 2006). Ein weiterer, behinderter Vogel sitzt alleine und fällt für Zuchtversuche aus.

Die Ringgröße liegt bei 12 mm.

Mutationsformen

Wie Low (2005) berichtet, wurde 1930 eine Lutino-Blaukopfamazone in der freien Natur entdeckt. Sie wurde wenig später aber geschossen und verspeist.

Blaukopfamazone

im zoologischen Garten von Roseau

Sonstige Anmerkungen

Abgesehen von dem einzelnen Weibchen im Loro Parque existieren von der Blaukopfamazone in Europa keine legalen Exemplare. Es gibt Hinweise auf einige illegal nach Tschechien gelangte Vögel. Die Erhaltungsmaßnahmen in Menschenobhut konzentrieren sich somit auf die wenigen Tiere im Botanischen Garten von Roseau. Dementsprechend schlecht stehen daher die Chancen, jemals eine Population in Menschenobhut aufzubauen.

Weiterführende Literatur

Freileben und Artenschutz: Collar *et al.* (1992), Collar *et al.* (1994), Collar (1997), Colmore (1995), Evans (1988), Juniper & Parr (1998), Reillo *et al.* (1999), Reillo *et al.* (2000), Snyder *et al.* (2000), Wiley *et al.* (2004)

Haltung und Zucht: de Grahl (1974), Lepperhoff (2004), Lepperhoff (2006), Low (2005), Porter (1930), Robiller (1990), Schallenberg (2001)

Gruppe der überwiegend grünen Amazonen

Die Amazonenarten dieser Gruppe zeigen neben einer dunklen Säumung des Nackengefieders alle eine überwiegend grüne Gefiederfärbung. Es handelt sich um die drei Festlandarten *A. mercenaria*, *A. kawalli* und *A. farinosa*, deren Verbreitungsgebiete vom zentralen Südamerika nordwärts bis nach Mexiko reicht. Wahrscheinlich gehört die Kaiseramazone (*Amazona imperialis*) noch in diese Gruppe. Ihr Färbungsmuster wirkt nur im ersten Moment sehr verschieden. Ihre typische purpurfarbene Brust- und Bauchfärbung tritt bei Amazonen häufig auf – wie das Beispiel der Taubenhalsamazone (*A. vinacea*) zeigt –, und die Blaufärbung im Kopfbereich ist lediglich auf die mehr oder weniger starke Reduzierung der Psittacine (gelbe bis rote Farbstoffe) zurückzuführen. Zusätzlich weisen der rote Flügelspiegel und -saum sowie die Größe auf eine Verwandtschaft zu *Amazona farinosa* hin.

Sowohl die Kawall-Amazone (*A. kawalli)* als auch viele Vertreter der Chapmans Mülleramazone (*A. farinosa chapmani*) besitzen als einzige Vertreter der Gattung einen nackten Hautbereich seitlich des Schnabels, der allerdings bei der Kawall-Amazone stärker ausgeprägt ist und bis zur Wachshaut reicht.

Amazona mercenaria (Tschudi 1844)

Soldatenamazone

Die Soldatenamazone wurde immer nur vereinzelt nach Europa und in die Vereinigten Staaten

Links: Soldatenamazone (Amazona mercenaria mercenaria)

Die Verbreitung der Soldatenamazone

zieht sich von Venezuela entlang der Anden bis Bolivien

importiert und zählt zu den Raritäten in Menschenobhut. Allerdings dürfte sie aufgrund ihres schlichten Gefieders bei Haltern und Züchtern auch nie besonders beliebt gewesen sein.

Es wurden zwei Unterarten beschrieben.

Beschreibung und Verbreitung

1. *Amazona mercenaria mercenaria* (Tschudi 1844)

Soldatenamazone

Engl.: Scaly-naped Amazon

Beschreibung: Die Grundfärbung dieser mittelgroßen Amazone ist grün, wobei Brust und Bauch etwas heller sind. Die Scheitel- und Nackenfedern sind blauschwärzlich gesäumt. Stirn und Wangen sind hellgrün.

Der Flügelsaum ist gelb, zum Teil ist ein rötlicher Anflug vorhanden. Die Armschwingen, Handdecken und Handschwingen sind grün mit vio-

Kolumbien-Soldatenamazone

(Amazona mercenaria canipalliata)

lettblauen Spitzen. Die äußeren drei Armschwingen besitzen einen roten Flügelspiegel und zur Spitze hin dunkelblaue Außenfahnen. Ober- und Unterschwanzdecken sind hellgrün, die Unterflügeldecken grün. Der Schwanz ist grün mit einer grüngelben Spitze. Die äußeren Schwanzfedern besitzen ein rotviolettes Band und auf der Oberseite eine gelbgrüne Spitze.

Der nackte Augenring und die Wachshaut sind grau. Der Schnabel ist dunkelgrau und zeigt eine hellere Oberschnabelbasis. Die Iris ist rot und die Füße sind hellgrau.

Die Weibchen sind wie die Männchen gefärbt, aber im Durchschnitt geringfügig kleiner.

Jungtiere zeigen eine blassere rötliche Schwanzbänderung und eine dunkelbraune Iris. Die Umfärbung ins Adultgefieder ist im Alter von 12 Monaten abgeschlossen.

Größe: 34 cm (Flügellänge 195 mm - 217 mm, Schwanzlänge 86 mm - 101 mm)

Körpergewicht: 350 g bis 400 g

Verbreitung: Die Nominatform bewohnt die Anden von Peru bis Nord-Bolivien.

2. *Amazona mercenaria canipalliata* (Cabanis 1874)

Kolumbien-Soldatenamazone

Engl.: Grey-naped Amazon

Beschreibung: Diese Unterart ist wie die Nominatform gefärbt, aber der rote Flügelspiegel fehlt ihr. Dafür befinden sich an der Basis der drei äußeren Armschwingen braune Flecken, die nur bei geöffneten Flügeln zu sehen sind. Einige Exemplare zeigen vereinzelte rote Federn auf dem Scheitel, dem Hals und der Oberbrust.

Größe: 34 cm (Flügellänge 200 mm - 217 mm, Schwanzlänge 93 mm - 107 mm)

Verbreitung: die Anden von Ekuador und Kolumbien sowie die Berge von Nordwest-Venezuela.

Lebensraum

Die Art bewohnt offene Wälder, offene Gebiete mit Baumbestand, bewaldete Bergrücken, Nebelwaldränder oder bewaldete Täler in der Paramó-Region in der oberen tropischen, subtropischen und temperierten Zone ab 800 m, in der Regel aber zwischen 1.400 m und 3.200 m Höhe. Entlang der Grenze von Kolumbien und Venezuela kommt sie in der Sierra de Perijá zwischen 1.600 m und 3.600 m Höhe vor.

Ökologie

Gewöhnlich wird die Art außerhalb der Brutzeit paarweise oder in kleinen Gruppen angetroffen. In den Morgen- und Abendstunden werden jedoch auch größere Stückzahlen auf den Flügen von bzw. zu den Schlafplätzen beobachtet. An den Schlafplätzen finden sich auch größere Schwärme ein, die dann schon von weither zu hören sind. In den Nahrungsbäumen und -büschen ist die Art sehr leise und scheu. Sie ist dann ideal durch ihr grünes Gefieder getarnt und kaum zu entdecken.

Der Flug ist charakterisiert durch sehr flache, steife Flügelschläge und erinnert an den einer Ente. Trotzdem sind Soldatenamazonen gewandte Flieger, die auch hin und wieder gewagte Flugmanöver vollführen. So konnte einer der Autoren (Th. Arndt) beobachten, wie sie sich im Flug plötzlich trudelnd fallen ließen und sich dann wieder elegant auffingen. Beim Überqueren der Täler oder auf dem Weg zu den Nahrungsplätzen fliegen die Vögel oft in beträchtlicher Höhe.

Aus einigen Gebieten (z.B. Valle, Kolumbien) sind Wanderungen in tiefere Lagen bekannt, die sich offensichtlich nach dem Nahrungsvorkommen richten.

Rufe

Soldatenamazonen besitzen ein breites Spektrum an Rufen, die sehr komplex und melodiös sein können. Bekannt sind raue und bellende Schreie, die von einem melodischen, im Ton abfallenden Jammern unterbrochen werden. Daneben wurden ein trillerndes *Tschiip*, jauchzende Laute, verschiedene Pfeiftöne, ein hohes *Ke-lii*, ein angenehmes *Dii-lii-do-dii-dii-dii-dor* und gänseartige Trompetenrufe sowie kratzende oder kräftige harsche *tschark-tschark-tschark*-Schreie beschrieben, die meist von exponierten Sitzästen oder während des Fluges ausgestoßen werden. Insgesamt sind die Rufe denen der Mülleramazone (*Amazona farinosa*) ähnlich, jedoch hochtoniger und schneller.

Nahrung

Über die Nahrung der Soldatenamazonen ist praktisch nichts bekannt. Sie wurden in der Provinz Hulia, Kolumbien, bei der Aufnahme von Feigen und Beeren sowie von baseballgroßen

Schlaf- und Brutplätze

der Soldatenamazonen in der Sierra Nevada de Santa Marta, Kolumbien

Früchten einer unbekannten Rankenpflanze beobachtet. Vermutlich nehmen die Vögel in der Sierra Nevada de Santa Marta auch Palmfrüchte auf. Örtlich fallen sie in Maisfelder ein.

Brutbiologie

Die Brutzeit der Soldatenamazonen reicht vermutlich von März bis Mai. In den Santa-Marta-Bergen brüten sie in unzugänglichen Gebieten mit Palmenbeständen. Die Eimaße betragen 35,4 mm x 28,0 mm.

Status und Schutzmaßnahmen

Die Art scheint nicht bedroht zu sein und hat noch ein geschätztes Verbreitungsgebiet von rund 430.000 km². Es ist allerdings davon auszugehen, dass die Populationsdichte durchweg gering ist. In Kolumbien und Ekuador sind örtlich deutliche Bestandsrückgänge zu verzeichnen, die durch die Rodung der Bergwälder verursacht wurden.

Die Art wurde am 06.06.1981 in den Anhang II des WA aufgenommen.

Soldatenamazone

Soldatenamazonen

sollten nur paarweise untergebracht werden

Menschenobhut

Soldatenamazonen gehören zu den Raritäten in Menschenobhut, und nur wenige Halter hatten bisher die Möglichkeit, diese Art zu pflegen.

Für die Wohnungshaltung spielt die relativ unscheinbar gefärbte Amazone keine Rolle, da die wenigen vorhandenen Tiere so hohe Preise erzielen, dass sie niemand ernsthaft für eine Wohnungshaltung vorsieht. Eine Sprechbegabung der mittellauten Papageien ist nicht bekannt. Als absolute Raritäten gehört die Art nur in erfahrene Züchterhände. Trotz der Seltenheit der Tiere sollte bei der Zusammensetzung zur Zucht auf Unterartenreinheit geachtet werden.

Unterbringung

Als Unterbringung kommen nur große Freivolieren mit beheizbarem Schutzraum in Frage. Die Konstruktion muss wegen der mittelstark ausgeprägten Nagefreudigkeit aus Metall bestehen. Der Innenraum sollte im Winter mindestens auf 10 °C geheizt sein.

Fütterung

Die Fütterung weicht nicht von den in Band 1 gemachten allgemeinen Angaben ab.

Zucht

Die Welterstzucht von zwei Jungtieren gelang dem Autor als Kurator des Loro Parque im Jahre 2001 (Reinschmidt 2002). Seither hat das Paar insgesamt fünf Junge aufgezogen. Ansonsten sind keine weiteren Zuchten publiziert worden. Eine deutsche Erstzucht steht bis heute aus.

Ob die Soldatenamazone zu den schwieriger zu züchtenden Arten gehört, kann man aufgrund der geringen Stückzahlen schlecht beurteilen. Der Brutbeginn fällt in das fortgeschrittene Frühjahr; niemals wurden Eier vor April, meist jedoch erst im Juni oder Juli gelegt.

Als Nisthöhle wurde ein Nistkasten mit den Grundmaßen 25 cm x 25 cm und einer Höhe von 70 cm angenommen. Ein 10 cm großes Eingangsloch ist ausreichend. Als Nistkasteneinstreu hat sich grobes Holzhäcksel bewährt.

Naturbrut

Zur Zucht sollten die Tiere nur paarweise untergebracht werden. In der Loro Parque Fundación waren zu Beginn der Brutsaison 2001 zwei Paare vorhanden, die jedoch bis zu diesem Zeitpunkt niemals Brutverhalten gezeigt hatten. Sie wurden deshalb gemeinsam in eine große Flugvoliere mit vier Nistmöglichkeiten gesetzt. Bald darauf interessierte sich ein Paar für einen Nistkasten und produzierte ein Dreiergelege. Zwei der Eier waren befruchtet und die Küken schlüpften. Um jegliches Risiko zu vermeiden, wurden die Nistkastenkontrollen auf ein Minimum beschränkt und weder Eier noch Küken vermessen. Die Jungtiere wurden problemlos von den Eltern aufgezogen, und auch in den Folgejahren gab es nie Aufzuchtsprobleme.

Zur Feststellung der Durchschnittsgelegegröße konnten 6 Gelege von zwei Weibchen herangezogen werden. Eines legte dreimal konstant drei Eier, das andere dreimal jeweils vier Eier. Somit ergibt sich eine Durchschnittsgelegegröße von 3,5 Eiern. Zur Berechnung der Eigröße konnten 10 Eier vermessen werden, die eine durchschnittliche Eigröße von 38,91 mm x 29,32 mm hatten. Das einzige nach dem Schlupf vermessene Küken hatte eine Körpermasse von 13,2 g.

Nach 54 Tagen verließen die beiden Jungtiere aus der Welterstzucht im Jahre 2001 ihre Nisthöhle. Das Zuchtpaar hatte nie Aggressionen gegenüber den zwei anderen nicht brütenden Gruppenmitgliedern gezeigt, aber am Tag des Ausfliegens der Jungvögel tötete das Zuchtmännchen das andere männliche Tier. Aus diesem Grund sollte man zwar Paare durch die Gruppenhaltung zur Zucht animieren, dann aber die nicht brütenden Vögel entfernen und auch fortan das Zuchtpaar nur einzeln unterbringen. Entfernt man einem Paar das Erstgelege, ist die Bereitschaft groß, ein zweites Mal zu legen.

Die Ringgröße liegt bei 11 mm.

Handaufzucht

Bisher wurde in der Loro Parque Fundación nie eine Handaufzucht der Soldatenamazone durchgeführt, da die Jungen immer problemlos von den Eltern aufgezogen wurden. Vermutlich unterscheidet sich die Handaufzucht von Soldatenamazonen nicht von der anderer Amazonenarten.

Mutationsformen

Bis heute sind keine Farbabweichungen der Soldatenamazone bekannt geworden.

Sonstige Anmerkungen

In den europäischen Zoos ist derzeit (Stand August 2008) die Loro Parque Fundación die einzige Institution, die die Art hält. In der AZ-Nachzuchtstatistik taucht die Art nicht auf und sie wird in Europa nur noch bei wenigen Züchtern in der Schweiz und Tschechien gepflegt. Es ist fraglich, ob es möglich sein wird, langfristig einen sich selbst erhaltenden Zuchtstamm aufzubauen.

Nestlinge der Soldatenamazone

im Alter von 20 und 21 Tagen

Weiterführende Literatur

Freileben und Artenschutz: Arndt (2002), Bond (1955), Chapman (1926), Darlington (1931), Desenne & Strahl (1991), Desenne & Strahl (1994), Fjeldså & Krabbe (1990), Forshaw (1989), Hilty & Brown (1986), Lambert *et al.* (1993), Meyer de Schauensee (1949), Meyer de Schauensee (1966), Meyer de Schauensee & Phelps (1978), Nores & Yzurieta (1994), Ridgely & Gaulin (1980), Sibley & Monroe (1990), Sibley & Monroe (1993), Snyder *et al.* (2000), Stotz *et al.* (1996), Todd & Carriker (1922)

Haltung und Zucht: Arndt (1990), de Grahl (1974), Lantermann & Schlenker (1997), Low (1981), Low (1984), Mägerli (2001), Reinschmidt (2002), Reinschmidt (2005)

Amazona kawalli Grantsau & Camargo 1989

Kawall-Amazone

Engl.: Kawall's Amazon

Die Kawall-Amazone dürfte zur Zeit außerhalb Brasiliens nicht in der Volierenhaltung zu finden sein. Anhand von Bildmaterial weiß man, dass die Art in den 70er oder 80er Jahren des letzten Jahrhunderts auch in wenigen Exemplaren nach Europa gelangte, dann aber immer mit der Müller-Amazone (*Amazona farinosa*) verwechselt wurde (Bosch & Wedde 1985, Pinter 1988).

Beschreibung und Verbreitung

Beschreibung: Das Grundgefieder dieser mittelgroßen Amazone ist grün, wobei die Federn im Nacken- und Rückenbereich einen bläulichen Anflug und eine schwärzliche Säumung aufweisen. Die Rücken-, Brust- und Bauchfedern sowie die oberen Wangen und kleinen Flügeldecken besitzen einen grauen Anflug. Dadurch stechen die Stirn, die Ohrdecken und die unteren Wangen deutlich grün hervor. Die Zügel weisen einen schwärzlichen Anflug auf.

Der Flügelsaum und die Unterschwanzdecken sind gelbgrün, die Außenfahnen der Handschwingen violettblau und mit einer schwärzlichen Spitze versehen. Die äußeren drei Armschwingen weisen einen roten Flügelspiegel auf. Der Schwanz ist grün und zeigt eine grüngelbe Spitze, wobei die äußeren Schwanzfedern an den Innenfahnen eine rote Basis und auf der Oberseite violettblaue Außenfahnen mit einer hellblauen Spitze haben. Die rote Basis ist nur bei aufgefächertem Schwanz deutlich zu erkennen.

Links: Kawall-Amazone (Amazona kawalli) – das Foto zeigt ein Männchen

Das Verbreitungsgebiet der Kawall-Amazone

ist wahrscheinlich deutlich größer als bisher angenommen

Der nackte Augenring und ein auffallender breiter nackter Hautbereich seitlich des Schnabels sind hellgrau. Die Wachshaut ist dunkelgrau. Der Oberschnabel ist grau, wobei die Seiten hornfarben sind, der Unterschnabel gänzlich hornfarben. Die Iris ist rot und die Füße sind grau.

Weibchen entsprechen den Männchen, ihnen fehlt aber der schwärzliche Anflug auf den Zügeln.

Jungtiere sind insgesamt blasser und matter in der Grünfärbung.

Größe: 36 cm (Flügellänge: 241 mm - 262 mm; Schwanzlänge: 114 mm - 121 mm)

Körpergewicht: 500 g bis 600 g

Verbreitung: Die Art scheint große Teile des brasilianischen Amazonasbeckens zu bewohnen, kommt dort aber möglicherweise nur örtlich vor. Bekannt sind Vorkommen vom oberen Rio Jurua und dem Rio Tefé (Provinz Amazonas), aus der südlichen Santarem-Region (Pará), vom Rio São Benedito (Pará) und der Umgebung von Alto Floresta (Mato Grosso).

Kawall-Amazone

Die Überschwemmungswälder

entlang von Flüssen gehören zum bevorzugten Lebensraum der Kawall-Amazonen; die Aufnahme entstand in der Umgebung der Stadt Tefé

Lebensraum

Die Habitatpräferenzen der Art sind noch nicht klar. Beobachtet wurde sie in Regenwäldern, insbesondere entlang von Flüssen. Sie scheint eine Vorliebe für ganzjährig überflutete Igapó-Wälder zu besitzen, bewohnt in Süd-Pará aber die Weißflusssand-Regenwälder.

Ökologie

Kawall-Amazonen werden meist paarweise oder in kleinen Gruppen bis zu acht Vögeln gesehen. Zur Rast während der heißen Mittagsstunden bevorzugen sie die höchsten Baumkronen. Sie sitzen dort mitunter lange Zeit und sind dann im Laubwerk nahezu unsichtbar. Es sind scheue Tiere, deren Lebensweise sich vermutlich nicht von der der Müller-Amazone (*Amazona farinosa*) unterscheidet, mit der sie sich in einigen Gebieten den Lebensraum teilen und von der sie nur zu unterscheiden sind, wenn man die Vögel mit dem Fernglas genauer betrachten kann. Während sie auf Nahrungsbäumen zusammen mit Gruppen von Kleinen Blaustirn-Rotschwanzsittichen (*Pyrrhura amazonum microtera*) beobachtet wurden, konnten keine gemischten Gruppen mit anderen Amazonenarten registriert werden.

Der Flug besteht aus schnellen, flachen Flügelschlägen und ähnelt dem der Müller-Amazone.

Rufe

Im Gegensatz zu anderen Amazonen sind Kawall Amazonen verhältnismäßig leise im Freiland, und sie lassen ihre Stimme nur selten hören. Werden sie aufgeschreckt, kann man harsche *tschark-tschark-tschark*-Schreie vernehmen.

Nahrung

Über die Nahrung der Kawall-Amazone ist nur wenig bekannt. Neben Palmfrüchten (*Maximiliana maripa*) werden Früchte und Samen verschiedener Baumarten (*Hevea brasiliensis*, *Hevea spruceana*, *Eichleria sp.*, *Joannesia sp.*, *Ficus sp.*), Beeren, Nüsse, Blüten (*Erythina*), junge Blätter und Knospen gefressen. Möglicherweise hat sich die Art auch auf besondere Samen spezialisiert. Martuscelli und Yamashita, die die Art entlang des Rio Tapajós beobachteten, berichten, dass die Nahrung der Art zu 60 % aus Samen bestand (in Low 2005).

Brutbiologie

Über das Brutverhalten der Art ist nichts bekannt. Brutbäume sollen sich in überfluteten Waldgebieten befinden.

Status und Schutzmaßnahmen

Die Art scheint nicht bedroht zu sein, und ihr Verbreitungsgebiet wird auf immerhin 720.000 km^2 geschätzt. Sie ist wahrscheinlich häufiger als bislang vermutet. In dem von Martuscelli und Yamashita (in Low 2005) untersuchten Gebiet war sie die fünfthäufigste von 17 Papageienarten. Schutzmaßnahmen existieren nicht.

Die Art wurde am 06.06.1981 in den Anhang II des WA aufgenommen.

Menschenobhut

Die wenigen Kawall-Amazonen, die bislang in Menschenobhut gehalten wurden, erwiesen sich als ruhige und unkomplizierte Vögel, die auch mit anderen Amazonen in einer Gruppenvoliere untergebracht werden können; dies wird im Zoo von Brasilia mit Blaustirn- (*A. aestiva*) und Kawall-Amazonen praktiziert.

Unterbringung

Als Unterbringung kommen nur große Freivolieren mit beheizbarem Schutzraum in Frage. Die Konstruktion muss wegen des starken Nagetriebs aus Metall bestehen. Der Innenraum sollte im Winter mindestens auf 15 °C geheizt sein.

Fütterung

Die Fütterung der Soldatenamazone weicht nicht von den in Band 1 gemachten allgemeinen Angaben zur Amazonenfütterung ab, allerdings sollte der Anteil an Früchten im Futter deutlich höher sein als bei vergleichbaren Amazonen.

Kawall-Amazonen sollten verstärkt Früchte gereicht werden; das Foto zeigt ein Weibchen

Im Freiland kommt die Kawall-Amazone nur örtlich vor,

ist dann aber verhältnismäßig häufig

Zucht

Bislang wurde die Kawall-Amazone fast nur in Brasilien in Menschenobhut gehalten. Zuchterfolge liegen keine vor.

Die Ringgröße liegt bei 11 mm bis 12 mm.

Mutationsformen

Bis heute sind keine Farbabweichungen der Kawall-Amazone bekannt.

Weiterführende Literatur

Freileben und Artenschutz: Arndt (1990), Collar & Pittman (1996), Grantsau & Camargo (1926), Juniper & Parr (1998), Stotz *et al.* (1996)

Haltung und Zucht: Arndt (1991), Bosch & Wedde (1985), Lepperhoff (2009), Low (1990), Low (2005), Pinter (1988), Pittman (1998)

Amazona farinosa (Boddaert 1783)

Mülleramazonen

Die Mülleramazone und einige ihrer Unterarten wurden zwar nie in großen Zahlen, aber regelmäßig nach Europa und in die Vereinigten Staaten importiert und waren dementsprechend häufig in Menschenobhut anzutreffen. Aufgrund ihres schlichten Gefieders sind sie bei Haltern und Züchtern jedoch nie besonders beliebt gewesen, was dazu geführt hat, dass sie heute nur noch selten anzutreffen sind. Es wurden fünf Unterarten beschrieben, von denen *inornata* und *chapmani* von einigen Autoren aufgrund der geringen Unterschiede zur Nominatform nicht mehr anerkannt werden. Unsere Sichtungen des Balgmaterials haben dies nur teilweise bestätigt. Beide Unterarten werden hier deshalb weiterhin berücksichtigt, bis weitere Untersuchungen ihre Validität feststellen oder nicht.

Beschreibung und Verbreitung

1. *Amazona farinosa farinosa* (Boddaert 1783)

Mülleramazone

Engl.: Mealy Amazon

Beschreibung: Die Grundfärbung dieser mittelgroßen Amazone ist grün mit einem unterschiedlich ausgeprägten grauweißlichen Anflug. Die Scheitel- und Nackenfedern sind matt grün mit breiten grauvioletten Säumen und schwärzlichen Rändern. Der Scheitel ist variabel mit gelben Federn durchsetzt, die bei einigen Vögeln auch ganz fehlen oder rötlich sein können.

Links: Mülleramazone (Amazona farinosa farinosa)

Verbreitungskarte der Mülleramazone

Der Flügelsaum ist rot-gelb, teilweise mit grünlichgelbem Anflug. Die Armschwingen, Handdecken und Handschwingen sind grün mit violettblauen Spitzen, die äußeren drei bis fünf Armschwingen besitzen einen roten Flügelspiegel und zur Spitze hin dunkelblaue Außenfahnen. Ober- und Unterschwanz- sowie Unterflügeldecken sind grün. Die obere Schwanzhälfte ist grün, die untere grüngelb. Bei einigen Vögeln zeigen die äußeren Schwanzfedern eine rötliche Zeichnung.

Der nackte Augenring ist weiß und die Wachshaut grau, der Schnabel dunkelgrau und zeigt eine hellere Oberschnabelbasis. Die Iris ist rot bis braunrot und die Füße sind hellgrau.

Die Weibchen sind wie die Männchen gefärbt, aber im Durchschnitt kleiner und leichter.

Jungtieren fehlt die gelbe Kopfzeichnung, und sie haben eine dunkelbraune Iris. Die Umfärbung ins Adultgefieder ist mit 14 Monaten beendet.

Größe: 38 cm (Flügellänge 220 mm - 252 mm, Schwanzlänge 107 mm - 143 mm)

Körpergewicht: 550 g bis 800 g

Chapmans Mülleramazone

(Amazona farinosa chapmani) - links

Westliche Mülleramazone

(Amazona farinosa inornata) - rechts

Verbreitung: Das Verbreitungsgebiet der Nominatform erstreckt sich von Guyana, Surinam, Französisch-Guayana, Süd-Venezuela (in den Provinzen Bolívar und Amazonas) und Südost-Kolumbien (in der Provinz Vaupés) südwärts über das Amazonasbecken bis Pará und Mato Grosso sowie Ost-Peru und Nord-Bolivien. Ein isoliertes Vorkommen existiert in Brasilien von Bahia bis Nord-São-Paulo. In Nord-Bolivien gibt es eine Mischzone mit *chapmani*.

2. *Amazona farinosa chapmani* Traylor 1948

Chapmans Mülleramazone

Engl.: Chapman's Mealy Amazon

Beschreibung: Diese Unterart ist wie *farinosa* gefärbt, ihr fehlen aber in der Regel die vereinzelten gelben Federn auf dem Kopf. Sie ist durchschnittlich etwas größer und im Grünton dunkler.

Größe: 42 cm (Flügellänge 255 mm - 280 mm, Schwanzlänge 131 mm - 150 mm)

Verbreitung: Das Verbreitungsgebiet reicht von Nordost-Bolivien über Nord-Peru und Ost-Ekuador bis nach Südost-Kolumbien in den Provinzen Vaupés und Putumayo.

3. *Amazona farinosa inornata* (Salvadori 1891)

Westliche Mülleramazone

Engl.: Plain-coloured Mealy Amazon

Beschreibung: Diese Unterart ist wie die Nominatform gefärbt, aber Bauch-, Brust- und Rücken-

Salvadoris Mülleramazone

(Amazona farinosa virenticeps) - links

Guatemala-Amazone

(Amazona farinosa guatemalae) - rechts

gefieder sind im Grünton gelblich. In der Regel fehlen die gelben Federchen auf dem Kopf.

Größe: 38 cm (Flügellänge 232 mm - 262 mm, Schwanzlänge 124 mm - 146 mm)

Verbreitung: Diese Unterart erstreckt sich von Panama in der Provinz Veraguas (einschließlich der Insel Coiba) ostwärts bis Nordwest-Venezuela und südwärts westlich der Anden über Nordwest-Kolumbien bis nach Nordwest-Ekuador. Östlich der Anden erstreckt sich das Verbreitungsgebiet über Meta, Ost-Kolumbien, bis zur venezolanischen Provinz Amazonas.

4. *Amazona farinosa virenticeps* (Salvadori 1891)

Salvadoris Mülleramazone

Engl.: Costa Rica Mealy Amazon, Green-headed Amazon

Beschreibung: Diese Unterart liegt in der Färbung zwischen *inornata* und *guatemalae*. Das Gefieder ist gelblicher als bei der Nominatform, was insbesondere auf Bauch und Brust sichtbar ist. Der Flügelsaum ist bei nahezu allen Vögeln grüngelb, und Stirn, Zügel und Scheitel sind grün mit einem deutlichen Anflug eines blassen Blaus.

Größe: 38 cm (Flügellänge 228 mm - 250 mm, Schwanzlänge 115 mm - 136 mm)

Verbreitung: Die Unterart erstreckt sich von West-Panama im westlichen Teil der Provinzen Chiriquí und Bocas del Toro nordwärts über Costa Rica bis Nicaragua.

Lebensraum der Salvadoris Mülleramazone

in West-Panama

5. ***Amazona farinosa guatemalae* (Sclater 1860)**

Guatemala-Amazone

Engl.: Guatemalan Amazon, Blue-crowned Amazon

Beschreibung: Die Färbung entspricht der von *virenticeps*, aber Stirn, Zügel und Scheitel sind kräftig blau. Der Flügelsaum ist gelbgrün.

Jungvögel zeigen eine blassere Blaufärbung und eine dunkle Iris.

Größe: 38 cm (Flügellänge 221 mm - 248 mm)

Verbreitung: Die Verbreitung reicht von Mexiko in Süd-Veracruz und Oaxaca entlang der Karibikseite südwärts bis Honduras.

Lebensraum

Die Art bewohnt Regen- und Bergwälder bis in 1.500 m Höhe, wobei sie eine Vorliebe für Waldränder und Waldgebiete entlang von Flüssen zeigt. Regelmäßig wird sie auch in teilweise gerodeten Gebieten mit vereinzelten Bäumen und in Mangrovenwäldern gefunden. Örtlich kommt sie in Savannen mit Galerie- und selten in laubabwerfenden Wäldern vor. In Panama fällt die Art in einigen Gebieten in Maisfelder ein, wo die Vögel erhebliche Schäden anrichten können.

Ökologie

In der Regel werden Mülleramazonen paarweise oder in Gruppen bis zu 20 Vögeln gesehen. Sie halten sich fast immer in den oberen Baumregionen auf, lediglich zur Nahrungsaufnahme am Rande von Lichtungen und Wäldern lassen sie sich in die tieferen Baumschichten herab. Morgens oder abends werden sie regelmäßig auf dem Weg von und zu den Schlafbäumen gesehen. Ihre Fressaktivitäten scheinen sie früher zu beginnen als andere Papageienarten. Oft sind sie schon ab 7 Uhr aktiv. An guten Nahrungsplätzen findet man gelegentlich Ansammlungen von mehreren hundert Vögeln, die aus einzelnen Gruppen bestehen und lärmend von Baum zu Baum fliegen. Gelegentlich halten sie sich gemeinsam mit Venezuela- (*Amazona amazonica*), Natterer- (*A. ochrocephala nattereri*), Gelbscheitel- (*A. ochrocephala ochrocephala*), Gelbwangen- (*A. autumnalis*) oder Gelbbauchamazonen (*Alipiopsitta xanthops*) auf solchen Nahrungsbäumen auf.

Bekannt sind ihre Besuche von Collpas an Uferbänken, die sie regelmäßig besuchen, um von der mineralhaltigen Erde zu fressen und um an seichten Stellen zu baden. Hier sind sie vor und während der Nahrungsaufnahme scheu und leise. Während der heißen Mittagsstunden halten sich die Paare und Gruppen in dichtbelaubten Bäumen auf, wo ihr grünes Gefieder ideal tarnt und sie nur schwer zu entdecken sind.

Der Flug ist durch flache und schnelle Flügelschläge gekennzeichnet. Auf kurzen Strecken

fliegen die Gruppen meist nur knapp über den Baumwipfeln, auf längeren oft sehr hoch.

Aus einigen Gebieten sind vertikale und horizontale Wanderungen bekannt; so ziehen die Vögel in Surinam aus dem Landesinneren im Juli und August in die Küstenwälder.

Rufe

Mülleramazonen besitzen ein breites Repertoire an Lautäußerungen, zu denen Schreie, Pfeiftöne, plappernde- und quakende Rufe gehören. Während des Fliegens lassen sie zwei- bis dreisilbige Schreie hören. Zu den typischen Rufen gehören *chock-chock-chock-chock-* oder charakteristische *ta-kah-jii-*Schreie, die meist dreimal hintereinander zu hören sind. Zusätzlich beschrieben wurden rollende *krrrillik-krrrillik-*, kräftige und trompetenartige *tsch-laaa-*, raue *chowk-chowk-*, kurze *krack-* und *sriik-* sowie metallische *skree-tat-*Rufe. Beim Landen auf Bäumen ist oft ein nachklingendes *Kwok* zu hören.

Die Lautäußerungen der Art sind sehr komplex und beinhalten längere Lautreihen mit verschie-

Chapmans Mülleramazonen

beim Fressen von mineralhaltiger Erde in der Collpa von Tambopata

denen Tonhöhen sowie melodiöse, glucksende oder komisch wirkende Rufe. Insgesamt ist die Tonlage der Mülleramazonen tiefer als die anderer Amazonen.

Nahrung

Die Nahrung der Art besteht aus Früchten (vor allem Feigen und *Brosimum*), Schoten (*Inga*, *Dussia*), Samenkapseln (*Casearina*, *Virola*), Beeren, Nüssen, Blüten und Knospen, die die Amazonen in den Baumwipfeln suchen. Zu den weiteren Nahrungsbäumen gehören *Pithecellobium*, *Tetragastris*, *Dialiumguianensis*, *Peritassa compta*, *Prionostemma aspera*, *Cochlospermum orinocense*, *Sloanea grandiflora*, *Corima macrocarpa*, *Abuta graniflora*, *Cecropia miparia*, *Helicostylis tormentosa*, *Micropholis* und *Pouteria*. Gelegentlich werden Maisfelder und Mangoplantagen zur Nahrungsaufnahme besucht, wo die Amazonen große Schäden anrichten können.

Es ist nicht bekannt, wie oft die Vögel mineralhaltige Erde aufnehmen. Früher ging man davon aus, dass dies täglich der Fall ist, doch heute gibt es Hinweise auf einen unregelmäßigen Besuch der Collpas durch die Amazonen.

Brutbiologie

Die Brutsaison reicht in Südamerika von November bis Februar und in Mittelamerika von April bis Juni. Die Nester befinden sich entweder in Baumhöhlen oder in abgestorbenen Palmstämmen, meist in 25 m bis 30 m Höhe. In einem Fall befand sich das Nest jedoch lediglich 3 m über dem Boden, in einem anderen Fall wurde in Guatemala ein 60 cm tiefes Nest in der Steinwand eines Maya-Tempels gefunden.

Chapmans Mülleramazonen

sammeln sich erst am Rande der Collpa, bevor sie in die Lehmwand einfliegen

Mülleramazone

Mülleramazonen

halten sich bevorzugt in den oberen Zweigen hoher Bäume auf

Vor der Eiablage wird die Nestkammer von dem Brutpaar noch erweitert. Das Durchschnittsgelege besteht aus drei Eiern, und bislang untersuchte Nester enthielten dementsprechend drei Jungtiere. Die Eimaße betragen 37,7 mm x 29,0 mm.

Status und Schutzmaßnahmen

Der Bestand gilt für alle Unterarten noch durchweg als gesichert, wobei es in der Dichte regionale Unterschiede gibt; so ist *guatemalae* in Veracruz, Mexiko, und Honduras relativ selten, in Guatemala und Belize hingegen häufig. In Panama ist *virenticeps* wahrscheinlich die Amazone mit dem größten Bestand. In Südamerika kommt die Art durchweg häufig vor, hat aber fast immer eine niedrigere Bestandsdichte als andere Arten.

Die Gesamtverbreitungsfläche wird auf immerhin 7.200.000 km² geschätzt. Örtlich gibt es Rückgänge durch Bejagen (z.B. in Französisch-Guayana) und Fang für den nationalen und internationalen Vogelhandel. Letzter war insbesondere in den 80er und 90er Jahren des vorigen Jahrhunderts ein Problem, als in der „UNEP-WCMC CITES Trade Database", einer Handelsstatistik, nicht weniger als 49.600 Mülleramazonen registriert worden waren. Seit 2005 ist der internationale Handel aber zum Erliegen gekommen.

Bestandsrückgänge durch Habitatsverlust sind zusätzlich aus Mittelamerika und Ekuador bekannt, wo in den letzten Jahrzehnten riesige Waldflächen gerodet wurden.

Die Art wurde am 06.06.1981 in den Anhang II des WA aufgenommen.

Menschenobhut

Die Mülleramazone erlangte als Heimvogel kaum Bedeutung; auch die Züchter hatten wenig Interesse an der relativ großen Amazonenart, die sehr laut sein kann und wegen ihrer ständigen Verfügbarkeit im Handel und des günstigen Preises kaum zur Zucht motivierte. So blieb es bis heute bei wenigen belegten Bruterfolgen. Für viele Halter war es zudem schwer, die fünf Unterarten zu unterscheiden. So verwundert es nicht, dass inzwischen auch einige Mischlinge existieren, so dass man vorsichtig sein muss, wirklich „unterartenreine"Jungtiere zu bekommen.

Die Stimme kann bei allen Unterarten sehr laut werden; sie wird vor allem in den Morgen- und Abendstunden kräftig eingesetzt. Die Sprechbegabung ist nur wenig ausgeprägt und reicht meist nicht über wenige Worte hinaus.

Mülleramazonen sind eingewöhnt relativ robust, aber nur schwierig zur Zucht zu bewegen; deshalb sollten sie in erster Linie von erfahrenen Amazonenzüchtern gehalten werden.

Unterbringung

Als Halter von Mülleramazonen kommt man um eine Metallvoliere als Unterbringung nicht herum, denn der Nagetrieb der Tiere ist sehr stark ausgeprägt. Mindestens einmal, besser mehrmals wöchentlich müssen frische Äste zum Benagen zur Verfügung stellt werden. Die Voliere sollte mindestens fünf Meter lang sein, um den Tieren Flugmöglichkeiten zu bieten. Mülleramazonen werden bei Bewegungsmangel schnell träge und übergewichtig. Sie fliegen dann nicht mehr und klettern nur noch, was sich negativ auf ihren Gesundheitszustand auswirkt.

In der Zimmerhaltung ist täglicher Freiflug unumgänglich. Die ideale Haltung stellt aber eine kombinierte Gartenvoliere mit temperiertem Schutzraum dar, der im Winter auf mindestens 10 °C geheizt werden sollte.

Die Vögel sollten paarweise gehalten werden; Erfahrungen zur Gruppenhaltung liegen derzeit allerdings nicht vor.

Fütterung

Die Fütterung unterscheidet sich nicht von den allgemeinen Angaben zur Ernährung in Band 1.

Zucht

Über Zuchterfolge der Mülleramazonen liegen nur wenige Berichte vor. Die Welterstzucht der Nominatform gelang Herrn Ziegenbein im Jahre 1990 in Deutschland. Die Guatemala-Amazone (*A. f. guatemalae*) war bereits 1982 von Herrn

In kleinen Volieren

neigen Mülleramazonen dazu, übergewichtig zu werden

Verges in der Schweiz erstmals gezüchtet worden, zwei Jahre später gelang Wolfgang Burkart ihre deutsche Erstzucht. Die Westliche Mülleramazone (*A. f. inornata*) wurde 1993 erstmalig bei einem der Autoren (M. Reinschmidt) gezüchtet. Von den Unterarten *virenticeps* und *chapmani* liegen bisher keine Zuchtberichte vor.

Alle Unterarten der Mülleramazone zählen zu den schwierig zu züchtenden Vögeln. Das Mindestalter zur Zuchtreife dürfte zwischen drei und vier Jahre betragen. Die Paare kommen bereits im zeitigen Frühjahr in Brutstimmung und untersuchen dann den Nistkasten. Als Maße für diesen empfehlen sich 25 cm x 25 cm bei einer Höhe von 80 cm. Das Einschlupfloch muss wegen der Größe der Tiere bei etwa 12 cm Durchmesser liegen. Als Nistkasteneinstreu verwendet man grobes Holzhäcksel, das den Tieren während der Vorbereitungs- und der Brutphase noch genügend Möglichkeiten zum Nagen bietet.

Naturbrut

Zur Zucht sollte man die Vögel bei allen Unterarten nur paarweise ansetzen. Während der Brut-

Während der Brut

können Mülleramazonen dem Pfleger gegenüber sehr aggressiv werden; das Foto zeigt ein Paar Salvadoris Mülleramazonen

zeit können die Tiere gegenüber dem Pfleger aggressiv werden. Bei Nestkontrollen oder dem Reinigen der Voliere ist Vorsicht geboten, da man angegriffen und gebissen wird.

In der Loro Parque Fundación wurden bisher drei Gelege der Nominatform registriert, die immer aus zwei Eiern bestanden, aber stets unbefruchtet waren. Auch Lantermann (1990) berichtet von einem Zweiergelege, bei dem ein Jungvogel schlüpfte, der von den Eltern aufgezogen wurde und nach 70 Tagen ausflog.

In der Anlage von Kurt Seiert in Deutschland, die einer der Autoren (M. Reinschmidt) zwischen den Jahren 1998 und 2001 mitbetreute, legte ein Zuchtpaar der Nominatform fünf Jahre hintereinander je zwei Eier, die stets befruchtet waren. Es schlüpften beide Küken und wurden auch immer von den Eltern aufgezogen. Eine 24-Stunden-Aufzeichnung der Aktivitäten in der Nisthöhle erbrachte, dass das Weibchen, als es Jungtiere im Alter zwischen 2 und 5 Tagen hatte, bei Dämmerung gegen 20.30 Uhr letztmals die Nisthöhle aufsuchte und diese nicht mehr bis zum Morgen um 6 Uhr verließ. Die Jungen wurden von ihm die Nacht über bis 5 Uhr morgens insgesamt sieben Mal aus dem Kropf gefüttert. Damit konnte belegt werden, dass frisch geschlüpfte Amazonenjunge ohne längere Pausen auch während der Nachtstunden mit Nahrung versorgt werden, was für die Handaufzucht interessante Hinweise erbrachte.

Die Salvadoris Mülleramazone (*Amazona f. virenticeps*) wird in der Loro Parque Fundación seit dem Jahr 2002 mit zwei Paaren gehalten. Bisher kam es nur zu einem unbefruchteten Zweiergelege. Die durchschnittlichen Eimaße lagen bei 41,91 mm x 31,7 mm. Das Gewicht eines Eies lag bei bei 22,8 g. Zuchtnachweise dieser Unterart liegen bis heute nicht vor.

Die Westliche Mülleramazone (*Amazona f. inornata*) wurde früher vom Autor (M. Reinschmidt) selbst gehalten. Das Weibchen kam aus einer privaten Haltung und lebte 26 Jahre als zahmer Stubenvogel. Sein Alter war unbekannt, denn es war den Vorbesitzern schon als Altvogel zugeflogen. Es hätte nach dem Willen der Halterin eingeschläfert werden sollen, da es nach dem Tod ihres Ehemannes unentwegt geschrien hatte. Der zu diesem Zweck aufgesuchte Tierarzt weigerte sich verständlicherweise und verwies die Halterin an den Autor. Der erhielt ein weiteres Tier in Zuchtgemeinschaft, und beide Tiere wurden zunächst in getrennten, nebeneinander liegenden Gehegen aneinander gewöhnt. Nach einem halben Jahr zeigten sie schließlich harmonisches Verhalten. Nachdem das Paar 1993 in eine neue Zuchtanlage mit mehr Platz umgezogen war, gelang noch im gleichen Jahr die deutsche Erstzucht mit ihm. Aus den zwei gelegten Eiern waren Junge geschlüpft, die allerdings von Hand aufgezogen wurden. In den folgenden Jahren gab es weitere drei Junge, bevor das inzwischen auch äußerlich deutlich an Alterserscheinungen leidende Weibchen starb. Dieses Beispiel zeigt, dass man auch Einzelvögel aus einer Wohnungshaltung nach Jahrzehnten durchaus noch verpaaren und zur Zucht einsetzen kann. Dies mag nicht immer gelingen, ist aber den Versuch wert.

Die Guatemala-Amazone (*Amazona f. guatemalae*) wurde erstmals 1999 in der Loro Parque Fundación gezüchtet. Drei der Jungtiere aus den Jahren 1999 und 2000 sind heute noch im Bestand, schritten aber selbst noch nie zur Brut. Bei Burkart (1985) bestanden die Gelege aus drei

Eiern, und die Brutzeit betrug 25 Tage. Das Erstgeschlüpfte flog im Alter von 61 Tagen aus.

Über die Zucht der Chapmans Mülleramazone (*A. f. chapmani*) sind keine Literaturangaben zu finden, so dass eine Erstzucht dieser Subspezies wohl noch aussteht.

Die Ringgröße liegt bei 11 mm bis 12 mm.

Handaufzucht

Die Handaufzucht der Mülleramazone und ihrer Unterarten weicht nicht von der anderer Amazonen ab. Die vom Autor (M. Reinschmidt) aufgezogenen Jungtiere der Unterart *inornata* erwiesen sich als problemlose und sehr liebenswürdige Jungtiere. Da heute alle Nachzuchten zur Bestandserhaltung eingesetzt werden sollten, sind gezüchtete Tiere nur zur Zucht zu verwenden.

Mutationsformen

Bis heute ist nur eine Lutino-Mülleramazone bekannt geworden.

Sonstige Anmerkungen

In Menschenobhut sind alle Unterarten der Mülleramazone in den letzten Jahren selten geworden. Deshalb sollten nun verstärkt Zuchtmaßnahmen eingeleitet werden, um die eine oder andere Unterart langfristig in Menschenobhut zu erhalten. Die besten Chancen dazu hat neben der Nominatform noch die Guatemala-Amazone. In den europäischen Zoos werden derzeit (Stand 2008) vier der fünf Unterarten gehalten. Es sind dies 35 Tiere der Nominatform, 12 der Unterart *guatemalae*, 6 der Unterart *virenticeps* sowie zwei der Unterart *inornata*. Die Subspezies *chapmani* scheint auch aus privaten Vogelbeständen verschwunden zu sein.

Betrachtet man die AZ-Nachzuchtstatistik zwischen den Jahren 2000 und 2007, sieht man, dass nur sieben Jungtiere der Nominatform und eines der Guatemala-Amazone gemeldet worden sind, was die Seltenheit der Art unterstreicht.

Junge Mülleramazone

kurz vor dem Ausfliegen

Weiterführende Literatur

Freileben und Artenschutz: Binford (1989), Blake (1962), Bond (1955), Bond & Meyer de Schauensee (1943), Chapman (1926), Collar & Pittman (1996), Desenne (1994), Desenne & Strahl (1991), Edwards (1972), Forshaw (1989), Friedmann (1948), Friedmann *et al.* (1950), Griscom (1932), Gyldenstolpe (1945), Haverschmidt (1968), Hilty & Brown (1986), Juniper & Parr (1998), Land (1970), Lowery & Dalquest (1951), McLoughlin (1970), Meyer de Schauensee (1949), Meyer de Schauensee & Phelps (1978), Monroe (1968), Olivares (1957), Paynter (1955), Ridgely (1981), Ridgely & Gwynne (1989), Russell (1964), Slud (1964), Smithe (1966), Smithe & Paynter (1963), Snyder (1966), Stiles *et al.* (1989), Stotz *et al.* (1996), Tostain *et al.* (1992), Traylor (1948), Traylor (1958), Wetmore (1968)

Haltung und Zucht: Arndt (2001), Asmus (2001), Burkard (1985), Lantermann (1990), Low (2005), Robiller (1990)

Amazona imperialis Richmond 1899

Kaiseramazone

Engl.: Imperial Amazon

Die Kaiseramazone ist nur in extrem kleinen Stückzahlen in Menschenobhut gelangt (Low 2005). Zur Zeit gibt es keine legale Haltung außerhalb ihrer Heimatinsel Dominica.

Beschreibung und Verbreitung

Beschreibung: Das Grundgefieder dieser großen Amazone ist grün, obwohl der erste Eindruck der eines violettblauen Vogels ist. Das Kopfgefieder ist braunviolett, variabel mit Grünblau verwaschen und mit deutlicher schwarzer Federsäumung. Die Ohrdecken sind rotbraun, die Wangen violettbraun mit schmaler schwarzer Säumung und Hals, Brust- und Bauchfedern purpurfarben mit breiter schwarzer Säumung. Die Schenkel sind mattgrün.

Die Unterschwanzdecken sind olivgrün und zeigen eine grünblaue Federsäumung. Der Flügelbereich ist grün und der Flügelsaum rot. Die Handschwingen sind violettblau mit grüner Basis und braunen Spitzen, die Armschwingen grün mit violettblauen Spitzen. Die äußeren Armschwingen besitzen einen rotbraunen Flügelspiegel. Die Unterflügeldecken sind grün und mit blauen Spitzen, die inneren Schwanzfedern rotbraun mit Grün verwaschen und mit grünblauen Spitzen und die äußeren Federn rotbraun mit grünlicher Basis und grünblauen Spitzen.

Der nackte Augenring ist braungrau, der Schnabel grau und die Iris orangerot. Die Füße sind grau.

Links: Kaiseramazone (Amazona imperialis)

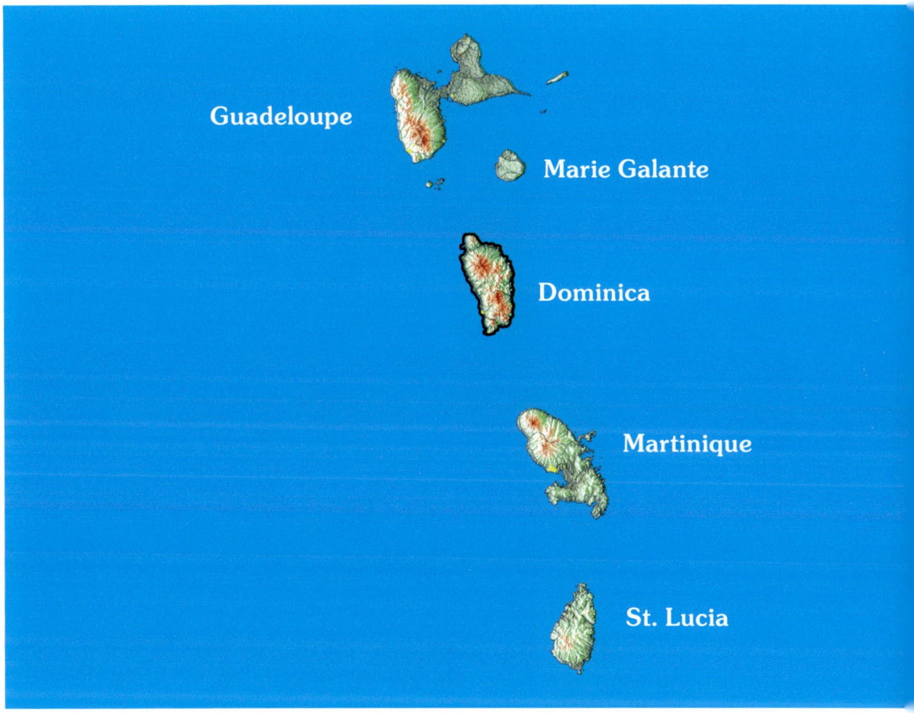

Die Insel Dominica

ist die Heimat der Kaiseramazone

Weibchen unterscheiden sich nicht von den Männchen, sie sind durchschnittlich aber kleiner und leichter.

Jungtiere entsprechen den Altvögeln, haben aber einen grünen Hinterkopf und Nacken. Der hintere Wangenbereich besitzt bei ihnen einen grünen Anflug. Die Schnabel ist blasser und die Iris braun.

Größe: 45 cm (Flügellänge: 270 mm - 299 mm; Schwanzlänge: 153 mm - 179 mm)

Körpergewicht: 600 g bis 900 g

Verbreitung: Die Insel Dominica in den Kleinen Antillen.

Lebensraum

Die Art bewohnt die Berg- und Krüppelwälder zwischen 600 m und 1.300 m Höhe, kann jah-

Kaiseramazone

Der Morne Diablotin National Park

ist eines der letzten Rückzugsgebiete für die Kaiseramazone

reszeitlich aber zur Nahrungssuche auf 150 m bis 300 m Höhe herunterkommen. Die größte Verbreitungsdichte hat sie in den unteren Höhenlagen in Gebieten mit älteren Laubbaum- (*Dacryodes excelsa*) und Palmenbeständen (*Euterpe dominicana*). Sie ist heute auf ein 50 km² großes Gebiet in den Morne-Diablotin-Bergen begrenzt, wo sie hauptsächlich die Nordost und Südost-Hänge bewohnt. Eine weitere Population lebt im Northern und im Central Forest Reserve, und seit wenigen Jahren hat sich eine kleine Anzahl im Morne Trois Pitons National Park angesiedelt.

Untersuchungen haben gezeigt, dass die Kaiseramazone empfindlich auf Eingriffe in ihren Lebensraum reagiert und dann schnell traditionelle Nahrungs- und Brutgebiete aufgibt.

Ökologie

Trotz der intensiven Schutzbemühungen und den damit einhergehenden Forschungen ist nur wenig über die Ökologie der Kaiseramazonen bekannt. Sie werden heute meist nur noch einzeln, paarweise oder in kleinen Gruppen bis zu 10 Vögeln beobachtet. Bevorzugt halten sie sich in den Kronen der Regenwaldbäume auf. Hier klettern sie geschickt in den Zweigen, um Früchte, Beeren oder Nüsse zu erreichen, oder hängen kopfunter. Trotz ihres auffallenden Gefieders ist die Art im Laubwerk nur schwer zu entdecken, da das Gefieder ideal tarnt und die Vögel tagsüber überraschend leise sind. Kaiseramazonen sind deutlich scheuer und vorsichtiger als die ebenfalls auf Dominica vorkommende Blaukopfamazone (*Amazona arausiaca*) und meist nur in den frühen Morgen- und späten Abendstunden zu beobachten und zu hören. Wenn sie durch einen Gewehrschuss oder ähnliches aufgeschreckt werden, schreien sie zwar laut, verstummen aber kurz darauf abrupt wieder. Auf Nahrungsbäumen sind sie gelegentlich zusammen mit der Blaukopfamazone anzutreffen. Regelmäßig suchen die Vögel ihre traditionellen Schlafplätzen auf, die sich auf hohen *Dacryodes*- oder *Sloanea-berteriana*-Bäumen befinden.

Eine junge Kaiseramazone

schaut aus dem Nesteingang (rechts) eines Gommier-Baums (Dacryodes excelsa); das Paar im linken Bild brütete in einem großen Chattagnier-Baum (Sloanea spp.) in den Hängen des Morne Diablotin

Der Flug der Kaiseramazonen ist spektakulär, schnell und mit kräftigen Flügelschlägen. Hin und wieder wird er von Gleitphasen unterbrochen und erinnert dann an den von Greifvögeln.

Rufe

Die Art ist tagsüber sehr leise und nur ausnahmsweise zu hören; im Gegensatz zu nahezu allen anderen Amazonen ruft sie oft selbst während des Fluges nicht. Trotzdem hat sie ein breites Rufrepertoire, zu dem unangenehmes schrilles Pfeifen, Kreischen und Quieken gehört. Bekannt sind nasale *scriii-at*- oder *scriii-er*-Rufe, ein quietschendes hohes *Sciii-cooo* und *plink-plink-plink*-Töne. Wenn die Vögel alarmiert sind oder auffliegen, geben sie trompetenartige Schreie von sich. Die Tonlage ist tiefer als die der Blaukopfamazone.

Nahrung

Die Art ernährt sich von Samen (vor allem *Dacryodes excelsa*), Nüssen, Früchten (*Dacryodes, Licania ternatensis, Richeria grandis, Amanoa caribaea, Simarouba amara, Symphonia globulifera, Pouteria pallida, Tapura antillana, Chimarrhis cymosa*), Blüten (*Chimarrhis cymosa*), Knospen, Palmschösslingen (*Euterpe*) und Beeren.

Brutbiologie

Die Brutsaison der Kaiseramazone reicht von Februar bis Juli und ist deckungsgleich mit der Trockenzeit auf Dominica. Die Nesthöhlen befinden sich in hohen Bäumen (*Dacryodes excelsea* oder *Sloanea berteriana*) in 21 m bis 26 m Höhe. Die Bruthöhlen sind 75 cm bis 150 cm tief und der Nesteingang hat einen Durchmesser von 30 cm bis 38 cm. Nester sind nur schwer zu entdecken, da ihr Eingang meist durch Weinranken und Epiphyten versteckt ist. In der Regel werden nur ein oder zwei Eier gelegt, und bislang sind nur Nester mit einem Jungvogel bekannt. Es gibt Hinweise, dass die Brutpaare nur alle zwei Jahre nisten. Die Maße von 2 Eiern betrugen 45,5 mm x 38,6 mm.

Das Parrot Conservation and Research Centre

im Botanischen Garten von Roseau

Status und Schutzmaßnahmen

Die Art zählt zu den am stärksten gefährdeten Papageien. Aufgrund ihres extrem kleinen Verbreitungsgebietes ist sie äußerst anfällig für Habitatzerstörung und Hurricans, die regelmäßig über Dominica einbrechen und erhebliche Schäden anrichten. Die Rodung von Regenwald zugunsten von Bananenplantagen hat ihr in den letzten Jahrzehnten geschadet. Hinzu kamen die Bejagung und der illegale Fang und Handel. Dies führte dazu, dass der Bestand 1993 auf ein Rekordtief von 80 bis 100 Vögeln sank. Durch ein intensives Erhaltungsprogramm wurde die Art aber effektiv geschützt, und der heutige Bestand beträgt rund 150 Vögel. Man geht sogar davon aus, diese Zahl noch erhöhen zu können.

Die Art ist jetzt auf der Insel streng geschützt, und eine Aufklärungskampagne sorgt dafür, dass keine Vögel mehr gejagt oder gefangen werden. Schutzgebiete wurden im Central Forest Reserve und im Northern Forest Reserve eingerichtet. In diesem wurden zusätzlich 33 km² zum Morne Diablotin National Park erklärt.

Eine Bedrohung geht heute allenfalls noch von ausländischen Raritätensammlern aus, die die Art fangen lassen.

Die Kaiseramazone wurde am 01.07.1975 in den Anhang I des WA aufgenommen.

Menschenobhut

Die Kaiseramazone gehört zu den Amazonen, die bis heute am seltensten in Menschenhand gelangten. Da Dominica keinen internationalen Flughafen besitzt, verließen nur wenige Exemplare jemals die nur 754 km² große Insel. In Mitteleuropa waren in jüngster Vergangenheit lediglich drei Exemplare bekannt, die Ende der 70er und Anfang der 80er Jahre des letzten Jahrhunderts im Vogelpark Walsrode gehalten wurden. Derzeit sind lediglich zwei Kaiseramazonen in Menschenobhut, die in Roseau, der Hauptstadt Dominicas, in der Volierenanlage des „Parrot Conservation and Research Centre“ im Botanischen Garten gehalten werden. Allerdings tauchen immer wieder Gerüchte auf, dass sich Kaiseramazonen illegal bei europäischen Züchtern befinden sollen.

Kaiseramazonen sind mittellaute bis laute Papageien, die in Menschenobhut oft schon nach wenigen Monaten starben. Da sich eingewöhnte Tiere als robust erwiesen, lag der Grund wahrscheinlich in den Strapazen des Fangs und Transports, die die Tiere schwächte und anfällig für Krankheiten machten. Die kräftige Stimme ließen die Vögel vor allem in den frühen Morgenstunden hören, dann waren sie auch etwas aktiver. Insgesamt wirkten die Kaiseramazonen in Menschenobhut aber träge, und sie neigten zu Übergewicht.

Unterbringung

Für die Unterbringung ist eine Metallkonstruktion notwendig. Ein Paar im Vogelpark Walsrode erwies sich als sehr nagefreudig; zwei Niststämme wurden von ihm vollständig zernagt.

Kaiseramazonen

im Parrot Conservation and Research Centre

Fütterung

Die Vögel wurden bislang mit Früchten und Gemüse sowie einem Samengemisch mit wenigen Sonnenblumenkernen ernährt. Bei zu fetthaltiger Nahrung neigen sie zu Übergewicht.

Zucht

Nie kam es bei den wenigen Kaiseramazonen in Menschenhand zu ernsthaften Brutaktivitäten. Im Vogelpark Walsrode trug ein Paar in den Jahren 1979 bis 1981 jeweils ab Mai klein gebissene Birkenzweige in einen auf dem Boden stehenden Niststamm (40 cm Innendurchmesser, 80 cm Höhe) und hielt sich in diesem auf, allerdings wurden nie Eier gelegt.

Mutationsformen

Es sind keine Farbabweichungen von Kaiseramazonen bekannt.

Sonstige Anmerkungen

Es ist nicht davon auszugehen, dass auf legalem Wege weitere Tiere in Menschenobhut gelangen werden, so dass die Erhaltung der Art ganz in den Händen des Schutzprogramms für den Freilandbestand liegt.

Weiterführende Literatur

Freileben und Artenschutz: Bond (1941), Collar *et al.* (1992), Collar (1997), Evans (1988), Gregoire (1981), Porter (1929), Raffaele *et al.* (1998), Reillo (2001), Reillo *et al.* (2000), Reillo *et al.* (2002), Sibley & Monroe (1990), Sibley & Monroe (1993), Snyder *et al.* (2000), Stotz *et al.* (1996), Wiley *et al.* (2004), Zamore & Durand (1998)

Haltung und Zucht: Arndt (1990), Arndt (2001), de Grahl (1974), Lepperhoff (2004), Low (2005), Robiller (1990)

Verbreitungskarte

für die Gelbscheitel- (A. o. ochrocephala), Marajó- (A. o. xantholaema), Natterer- (A. o. nattereri) und Panama-Amazone (A. o. panamensis)

Gruppe der Amazonen mit gelber Kopfzeichnung

Diese Gruppe wird gekennzeichnet durch eine gelbe Stirnzeichnung und einen roten Flügelspiegel. Zur ihr gehören die Gelbscheitel- (*Amazona ochrocephala*), die Blaustirn- (*Amazona aestiva*), die Gelbschulter- (*Amazona barbadensis*), die Königs- (*Amazona guildingii*) sowie die Venezuela-Amazone (*Amazona amazonica*). Molekulargenetische Untersuchungen von Aquino & Ferrari (1990) haben gezeigt, dass alle Arten der Gruppe auf die Gelbscheitelamazone zurückzuführen und eng mit ihr verwandt sind. Die Blaustirnamazone bildet z.B. eine paraphyletische Gruppe mit der Gelbscheitelamazone (Eberhard & Birmingham 2004) und könnte ohne weiteres auch als deren Unterart eingeordnet werden. Dies wird auch deutlich, wenn man sich die Färbungsmuster von *A. ochrocephala nattereri* und *A. aestiva aestiva* anschaut, die geographisch eng beieinander liegen und sich morphologisch nur noch wenig unterscheiden. Neuere Untersuchungen von Ribas et al. (2007) haben ebenfalls einen Genaustausch zwischen beiden nachgewiesen.

Amazona ochrocephala (Gmelin 1788)

Gelbscheitelamazone

Die Gelbscheitelamazone ist eine der am häufigsten in Menschenobhut gehaltenen Vertreter der Familie. Beliebt sind neben der Nominatform vor allem die Doppelgelbkopfamazone, in früheren Zeiten auch die Panama-Amazone. Die Volierenbestände einiger Unterarten scheinen durch regelmäßige Nachzuchten gefestigt zu sein.

Heute stehen sich zwei unterschiedliche taxonomische Bewertungen gegenüber: Während viele Autoren (z.B. Collar 1997) die hier benutzte Aufteilung in eine Art mit neun bis zwölf Unterarten verwenden, spalten andere (z.B. Juniper & Parr 1998) sie in die drei Arten *Amazona ochrocephala* (mit den Unterarten *ochrocephala*, *xantholaema*, *nattereri* und *panamensis*), *Amazona auropalliata* (mit den Unterarten *auropalliata, parvipes* und *caribaea*) sowie *Amazona oratrix* (mit den Unterarten *oratrix*, *tresmariae*, *magna*, *belizensis* und *hondurensis*) auf. Für diese Aufspaltung spricht, dass jede der Gruppen morphologisch eine Einheit bildet und entlang der Pazifikküste eine deutliche Abgrenzung zwischen *auropalliata* und *oratrix* auftritt. Dagegen spricht allerdings, dass molekularbiologische Untersuchungen (Eberhard & Bermingham 2004) einer Aufspaltung deutlich widersprechen und entlang der

Rechts: Gelbscheitelamazonen (Amazona ochrocephala ochrocephala)

Marajó-Amazone

(Amazona ochrocephala xantholaema)

Karibikküste in Guatemala und Honduras Mischpopulationen zwischen *Amazona oratrix* und *Amazona auropalliata* existieren. Diese Argumente verbieten geradezu eine Aufspaltung der Art.

Taxonomisch umstritten ist die Unterart *magna*, deren gelbe Kopffärbung stark schwankt und in der Variationsbreite von *oratrix* liegt. Das einzige konstante Merkmal scheint der bläuliche Anflug auf Kinn und oberem Brustbereich zu sein, der wiederum dazu geführt hat, dass *magna*-Vertreter von den Züchtern fälschlicherweise als Tres-Marias-Amazone bestimmt werden. Für eine Einordnung als valide Unterart spricht neben der bläulichen Kinn- und Brustfärbung die geographische Trennung von *oratrix*.

In den 60er-Jahren des letzten Jahrhunderts wurde im Sula Valley, NW-Honduras, eine Population mit gelber Stirnfärbung entdeckt, die sich deutlich von der dort vorkommenden Unterart *parvipes* unterschied. Diese Population wurde aber in jüngerer Zeit nicht mehr gefunden. Möglicherweise hatte es sich um einen Jungvogelschwarm gehandelt.

Es werden zwölf Unterarten unterschieden, die im Prinzip nicht schwer zu identifizieren sind. Eine Bestimmung ohne genaue Kenntnis der Herkunft wird aber dadurch erschwert, dass es sowohl in Mittel- als auch Südamerika zwischen einzelnen Unterarten fließende Übergänge gibt und man davon ausgehen kann, dass auch solche Vögel importiert worden sind. Zusätzlich dürften zumindest in früheren Jahrzehnten die verschiedenen Unterarten miteinander gekreuzt worden sein. Deutsche Züchter bemühen sich aber heute in der Regel, ihre Vögel unterartenrein zu verpaaren, soweit eine Bestimmung dies zulässt.

Sonder- und immer wieder Streitfälle bei der Bestimmung bilden die Tres-Marias- (*A. ochrocephala tresmariae*) und die Gelbkopfamazone (*A. ochrocephala belizensis*). Beide Unterarten sind wahrscheinlich außerhalb Mexikos bzw. Belizes nicht oder nur in Einzelexemplaren in den Volieren der Züchter vertreten, obwohl zahlreiche Halter der Überzeugung sind, diese Formen zu besitzen. Das Problem liegt, wie bereits zuvor angedeutet, in der Färbungsvariation der Unterart *magna*. Die *magna*-Vertreter mit einem deutlichen Anflug von Blau auf Kinn und Oberbrust werden regelmäßig fälschlicherweise als Tres-Marias-Amazonen identifiziert, da deren Brust und Bauch nach der Beschreibung diverser Autoren (z.B. Arndt 1990, Forshaw 1989, Low 2005,

Hoppe 1987) „einen bläulichen Anflug“ zeigt, wobei von den Haltern überlesen wird, dass diese bläuliche Färbung nicht auf den Kinn- und Brustbereich begrenzt ist und noch weitere Merkmale eine sichere Identifikation zulassen. Hinzu kommt, dass noch kein Buch über Amazonen veröffentlich wurde, das wirklich die echte Tres-Marias-Amazone abbildet.

Ähnlich verhält es sich mit der Gelbkopfamazone (*A. ochrocephala belizensis*). Hier werden die *magna*-Vertreter mit einem nur geringen Gelbanteil am Kopf fälschlicherweise als *belizensis* bestimmt. Vermutlich stammen diese Vögel aus dem südlichen Teil des *magna*-Verbreitungsgebietes und stehen den wirklichen *belizensis*-Vertretern geographisch und morphologisch sehr nahe, unterscheiden sich aber immer noch durch eine gelbe Wangenfärbung, die sich bis zum Unterschnabelansatz erstreckt, von der Gelbkopfamazone.

Beschreibung und Verbreitung

1. *Amazona o. ochrocephala* (Gmelin 1788)

Gelbscheitelamazone

Engl.: Yellow-crowned Amazon

Beschreibung: Die Grundfärbung ist grün, wobei die Nackenfedern schwach schwärzlich gesäumt sind und das Brust- und Bauchgefieder blasser und mehr gelblich ist. Stirn, Zügel, Scheitel und gelegentlich der Augenbereich sowie die Schenkel sind variabel gelb gezeichnet. Der Stirnbereich ist bei vielen Vögel am Schnabelansatz mit Grün durchsetzt.

Der Flügelbug ist rot und der Flügelsaum gelbgrün. Die Handschwingen und die Außenfahnen und Spitzen der Armschwingen sind violettblau. Die äußeren fünf Armschwingen besitzen einen

Natterer-Amazone

(Amazona ochrocephala nattereri) - die beiden Bilder zeigen die Variationsbreite in der Färbung dieser Unterart

Gelbscheitelamazone

Panama-Amazone

(Amazona ochrocephala panamensis)

roten Flügelspiegel. Der Schwanz ist grün, jede Feder mit einer grüngelben Spitze. Die Basis der äußeren Schwanzfedern ist rot, und die Außenfahnen zeigen einen blauen Saum.

Der breite nackte Augenring ist weißlich. Die Schnabelfärbung variiert je nach Herkunft und ist grau mit rötlichen Oberschnabelseiten bis hornfarben-grau. Die Iris ist orange, und die Füße sind grau.

Jungtiere zeigen eine weniger intensive Färbung. Nur die Stirn und der Vorderscheitel sind gelb. Die Nackenfedern besitzen jedoch schon eine deutlich schwärzliche Säumung. Der Schnabel ist grau und die Iris dunkel.

Die Umfärbung ist mit 10 Monaten beendet.

Größe: 36 cm (Flügellänge 198 mm - 220 mm, Schwanzlänge 109 mm - 124 mm)

Körpergewicht: 420 g - 480 g

Verbreitung: Ost- und Zentral-Kolumbien östlich der Anden und ihrer Ausläufer über Venezuela (hier nicht in den küstennahen Gebieten Bolívars) über Guyana, Französisch-Guayana und Surinam bis zum Rio Tapajós, Pará, sowie in Amazonas, Nord-Brasilien. Auf Trinidad ist die Art vermutlich nur eingebürgert.

2. *Amazona o. xantholaema* Berlepsch 1913

Marajó-Amazone

Engl.: Marajó Yellow-headed Amazon

Beschreibung: Diese Unterart ist wie *ochrocephala* gefärbt, aber das Gelb dehnt sich variabel bis zum Hinterkopf und dem Augenbereich sowie Teilen der Ohrdecken und der Wangen aus. Die meisten Exemplare zeigen ein deutliches grünes Stirnband, und auf dem Brustgefieder befindet sich ein blauer Anflug. Der Oberschnabel ist grau gefärbt und besitzt bei den meisten Vögeln rötliche Oberschnabelseiten. Diese Unterart ist größer als die Nominatform.

Größe: 38 cm (Flügellänge 220 mm - 235 mm, Schwanzlänge 121 mm - 123 mm)

Körpergewicht: 500 g - 580 g

Verbreitung: Inseln Marajó an der Mündung des Amazonas, Brasilien.

3. *Amazona o. nattereri* (Finsch 1865)

Natterer-Amazone

Engl.: Natterer's Amazon

Beschreibung: wie *ochrocephala* gefärbt, aber mit variabler Kopfzeichnung. In der Regel haben die Vögel deutlich weniger Gelb und ein grünes Stirnband, das ebenso wie die Wangen, die Ohrdecken und der Hals meist deutlich mit Blau verwaschen ist. Bei einigen Exemplaren fehlt das Gelb auf dem Scheitel fast vollständig. Brust und Bauch sind variabel gelbgrün bis bläulichgrün gefärbt, und der rote Flügelbug ist oft mit gelben Federn durchsetzt. Der Oberschnabel ist grau mit variabel gefärbten gelblichen bis rosafarbenen Seitenpartien. Diese Unterart ist etwas größer als die Nominatform.

Größe: 37 cm (Flügellänge 210 mm - 235 mm, Schwanzlänge 110 mm - 125 mm)

Körpergewicht: 420 g - 480 g

Verbreitung: von Caquetá, Süd-Kolumbien, südwärts über Ost-Ekuador, Ost-Peru und Nordwest-Mato-Grosso und Pará, Brasilien, bis zum nördlichen Bolivien. Es existieren wahrscheinlich Mischgebiete mit *ochrocephala* in Südkolumbien und Nordbrasilien.

Panama-Amazone

(Amazona ochrocephala panamensis) - insbesondere die Schnabelfärbung kann bei dieser Unterart variieren

4. *Amazona o. panamensis* (Cabanis 1874)

Panama-Amazone

Engl.: Panama Yellow-fronted Amazon

Beschreibung: wie *ochrocephala*, aber das Gelb auf der Stirn ist mehr oder weniger deutlich V-förmig gezeichnet und auf den Vorderscheitel begrenzt. Die Zügel und der Bereich um die Augen sind grün und weisen einen bläulichem Anflug auf, ebenso der hintere Scheitelbereich. Das Rot auf dem Flügelbug ist nicht so weit ausgedehnt wie bei der Nominatform. Nur wenige Vögel zeigen einen gelblichen Anflug auf den Schenkeln. Der Ober- und Unterschnabel sind je nach Herkunft blass hornfarben bis grau-hornfarben mit rosafarbenen Seitenpartien. Diese Unterart ist durchschnittlich kleiner.

Größe: 35 cm (Flügellänge 190 mm - 215 mm, Schwanzlänge 93 mm - 109 mm)

Körpergewicht: 420 g - 480 g

Gelbnacken-amazone

(Amazona ochrocephala auropalliata)

Verbreitung: von Nord-Kolumbien nördlich der Anden bis West-Panama sowie auf den Inseln des Archipiélago de las Perlas in der Kanalzone und auf Coiba.

5. *Amazona o. auropalliata* (Lesson 1842)

Gelbnackenamazone

Engl.: Yellow-naped Amazon

Beschreibung: wie *ochrocephala*, aber Stirn, Scheitel und Schenkel sind grün; lediglich einige Vögel besitzen ein schmales gelbes Stirnband. Im Nacken befindet sich ein in der Breite variables gelbes Band. Der Flügelbug ist grün, bei einigen Vögeln allerdings mit vereinzelten roten Federn durchsetzt. Der Schnabel ist dunkelgrau. Diese Unterart ist etwas größer als die Nominatform.

Größe: 38 cm (Flügellänge 210 mm - 235 mm, Schwanzlänge 106 mm - 125 mm)

Körpergewicht: 450 g - 550 g

Verbreitung: entlang der Pazifikseite von Nordwest-Costa-Rica nordwärts über Nicaragua, Honduras und Guatemala bis Ost-Oaxaca, Süd-Mexiko.

6. *Amazona o. parvipes* Monroe & Howell 1966

Rotbug-Gelbnackenamazone

Engl.: Honduras Yellow-naped Amazon

Beschreibung: wie *auropalliata*, aber mit einem roten Flügelbug. Auf der Stirn befindet sich ein kleiner gelber Stirnfleck. Die Schnabelfärbung variiert von Dunkelgrau bis Grau.

Rechts: Rotbug-Gelbnackenamazone (Amazona ochrocephala parvipes)

Verbreitungskarte

für die Gelbnacken- (A. o. auropalliata), Rotbug-Gelbnacken- (A. o. parvipes) und Roatán-Gelbnacken-amazone (A. o. caribaea)

Roatán-Gelbnackenamazone (Amazona ochrocephala caribaea)

Größe: 38 cm (Flügellänge 210 mm - 238 mm, Schwanzlänge 110 mm - 124 mm)

Körpergewicht: 450 g - 550 g

Verbreitung: Karibikseite von Ost-Honduras und Nordost-Nicaragua.

7. *Amazona o. caribaea* Lousada 1989

Roatán-Gelbnackenamazone

Engl.: Roatán Yellow-naped Amazon

Beschreibung: Diese Unterart ist nahezu identisch mit *parvipes*, besitzt aber einen hornfarbenen Schnabel, dessen Spitze dunkel ist. Der gelbe Stirnbereich ist deutlich ausgedehnter, die Wachshaut dunkelgrau.

Größe: 38 cm (Flügellänge 210 mm - 235 mm, Schwanzlänge 107 mm - 120 mm)

Körpergewicht: 450 g - 550 g

Verbreitung: Inseln Roatán, Barbareta und Guanaja, alle vor der Nordküste Honduras gelegen.

8. *Amazona o. hondurensis* Lousada & Howell 1997

Honduras-Gelbnackenamazone

Engl.: Western Honduras Yellow-naped Amazon

Beschreibung: diese erst vor wenigen Jahren beschriebene Unterart ist wie *parvipes* gefärbt, aber mit einem vollständig hell hornfarbenen Schnabel, der auch eine helle Spitze aufweist. Der gelbe Stirnbereich ist deutlich ausgedehnter und das gelbe Nackenband fehlt bei einigen Vögeln vollständig, wobei nicht ganz klar ist, ob es sich bei diesen Vögeln um subadulte Tiere handelt. Die Wachshaut ist hell.

Größe: 38 cm (Flügellänge 210 mm - 230 mm, Schwanzlänge 110 mm - 120 mm)

Verbreitung: Sula-Tal an der Nordwestküste Hon-

Honduras-Gelbnackenamazone

(*Amazona ochrocephala hondurensis*)

duras; in dem Küstengrenzgebiet zwischen Honduras und Guatemala befindet sich eine Population, die provisorisch als „*guatemalensis*" bezeichnet wurde und in der Färbung zwischen *hondurensis* und *belizensis* liegt.

„*guatemalensis*"-*Exemplar aus dem Grenzgebiet zwischen Honduras und Guatemala*

9. *Amazona o. belizensis* Monroe & Howell 1966

Gelbkopfamazone

Engl.: Belize Yellow-headed Amazon

Beschreibung: wie *ochrocephala*, aber das Gelb dehnt sich bis auf den Augenbereich, die oberen Wangen und die Ohrdecken aus. Auf dem Hals und Hinterkopf befinden sich gelegentlich vereinzelte gelbe Federn. Der rote Flügelbug ist bei vielen Vögeln mit wenigen gelben Federn durchsetzt. Das Grün von Hals und Bauch besitzt

Gelbkopfamazone

(Amazona ochrocephala belizensis)

einen schwach bläulichen Anflug. Der Schnabel ist hornfarben.

Jungtiere besitzen eine dunkle Iris und eine graue Schnabelbasis. Das Gelb ist bei ihnen auf auf Stirn und Scheitel begrenzt.

Größe: 36 cm (Flügellänge 205 mm - 225 mm, Schwanzlänge 97 mm - 120 mm)

Körpergewicht: 500 g - 580 g

Verbreitung: diese Unterart kommt ausschließlich in Britisch-Honduras vor; im Küstengrenzgebiet zwischen Honduras und Guatemala befindet sich eine Population, die provisorisch als „*guatemalensis*" bezeichnet wird und in der Färbung zwischen *hondurensis* und *belizensis* liegt.

10. *Amazona o. magna* Monroe & Howell 1966

Große Doppelgelbkopfamazone

Engl.: Greater Yellow-headed Amazon

Beschreibung: wie *belizensis*, aber mit mehr Gelb im Kopfgefieder. Wie die sehr ähnliche Unterart *oratrix* besitzt *magna* eine variable gelbe Kopffärbung. Das Gelb kann auf den Augenbereich, die unteren Wangen und den Scheitel begrenzt sein, sich bei älteren Tieren aber auch unregelmäßig bis auf Brust und Nacken ausdehnen. Dort zeigen einige Vögel eine rötliche Säumung der gelben Federn. Die Nackenfedern sind schwärzlich , die von Brust und Bauch bei nahezu allen Vögeln dunkel gesäumt. Ähnlich *belizensis*, aber im Unterschied zu *oratrix* befindet sich auf dem Kinn und dem oberen Brustbereich ein leichter, aber gut erkennbarer blauer Anflug, der bei älteren Tieren durch die starke Ausdehnung des gelben Kopfgefieders überdeckt sein kann. Die Schenkel sind in der Regel intensiver mit Gelb gefärbt als bei *oratrix*. Die rote Flügelbugfärbung ist bei einigen Exemplaren weit ausgedehnt und stark mit gelben Federn durchsetzt. Diese Unterart ist durchschnittlich größer als die Nominatform oder *oratrix*.

Jungvögel haben eine dunkle Iris. Das Gelb ist auf die Stirn und den Scheitel begrenzt. Der Flügelbug ist grün.

Größe: 40 cm (Flügellänge 220 mm - 245 mm, Schwanzlänge 116 mm - 135 mm)

Körpergewicht: 500 g - 580 g

Verbreitung: Karibikseite von Mexiko in Süd-Nuevo-León, Tamaulipas, Vera Cruz, Ost-Oaxaco und Tabasco.

Rechts: Große Doppelgelbkopfamazone (Amazona ochrocephala magna)

Die Große Doppelgelbkopfamazone (Amazona o. magna) variiert stark im Gefieder

Verbreitungskarte

für die Honduras-Gelbnacken- (A. o. hondurensis), Gelbkopf- (A. o. belizensis), Große Doppelgelbkopf- (A. o. magna), Doppelgelbkopf- (A. o. oratrix) und Tres-Marias-Amazone (A. o. tresmariae)

11. *Amazona o. oratrix* Ridgway 1887

Doppelgelbkopfamazone

Engl.: Yellow-headed Amazon

Beschreibung: wie *belizensis*, aber das Gelb dehnt sich variabel bis auf Hals, Kopfseiten und Hinterkopf aus und nimmt bei vielen Vögeln mit zunehmendem Alter zu. Die Nackenfedern sind grün und besitzen eine deutliche schwarze Säumung. Der Nacken ist bei alten Tieren oft mit Gelb durchsetzt. Brust und Bauch sind grün, bei nahezu allen Vögeln Federn mit schmaler dunkler Säumung. Die Schenkel zeigen Gelb an den Innenseiten. Der Flügelbug und teilweise der Flügelsaum sind rot und mit gelben Federn durchsetzt. Der Schnabel ist hornfarben.

Weibchen sind wie Männchen gefärbt, aber die gelbe Ausdehnung im Kopfbereich ist durchschnittlich weniger ausgedehnt.

Jungvögel besitzen eine dunkle Iris. Das Gelb ist auf die Stirn und den Scheitel begrenzt. Der Flügelbug ist grün.

Größe: 38 cm (Flügellänge 205 mm - 235 mm, Schwanzlänge 104 mm - 128 mm)

Körpergewicht: 500 g - 580 g

Verbreitung: Pazifikseite von Mexiko in Colima, West-Michoacan und Guerrero.

12. *Amazona o. tresmariae* Nelson 1900

Tres-Marias-Amazone

Engl.: Tres Marias Amazon

Beschreibung: wie *oratrix*, aber das Gelb am Kopf ist insgesamt etwas blasser und dehnt sich bis auf den Hinterkopf aus. Einige Tiere zeigen

Rechts: Doppelgelbkopfamazone (Amazona ochrocephala oratrix)

Gelbscheitelamazone

Tres-Marias-Amazonen

sind durch das Fehlen der dunklen Federsäume im Nacken und auf dem Brust- und Bauchgefieder sowie durch die einheitlich türkisgrüne Brust- und Bauchfärbung zu identifizieren

eine Gelbfärbung bis auf die Brust, allerdings ist diese meist nicht so weit ausgedehnt wie bei älteren *magna*-Vertretern. Die Stirn ist weißlich gelb, wodurch die Ohrdecken kräftiger gelb wirken. Die Nackenfedern sind grün und ohne schwarze Säumung. Sie sind oft mit Gelb durchsetzt und bei einigen Männchen rötlich gesäumt. Im Gegensatz zu *oratrix* und *magna* sind Brust und Bauch einheitlich blass türkisgrün und bei allen Vögeln ohne dunkle Säumung. Die Schenkel sind in der Regel mit nur wenig Gelb an den Innenseiten gefärbt, oft fehlt das Gelb auch ganz. Der Flügelbug zeigt nur wenig Rot und ist mit gelben Federn durchsetzt. Diese Unterart ist durchschnittlich größer als *oratrix*.

Jungvögel haben eine dunkle Iris. Das Gelb ist auf Stirn und Scheitel begrenzt, der Flügelbug grün.

Größe: 40 cm (Flügellänge 225 mm - 245 mm, Schwanzlänge 116 mm - 136 mm)

Verbreitung: Tres-Marias-Inseln, Mexiko.

Lebensraum

Aufgrund des riesigen Verbreitungsgebietes nutzt die Art eine breite Palette an Habitaten ab dem Meeresspiegel bis zu 750 m Höhe. So ist sie in Südamerika in offenen Wald-, Savannen- und Sumpfgebieten zu finden, wobei auch Regen- und Galeriewälder genutzt werden. In Mittelamerika bewohnen die Vögel neben Savannen vor allem die Nadel- und subtropischen, laubabwerfenden Wälder. Hinzu kommen Dornbuschvegetationen, Sumpfgebiete, Überschwemmungs- und immergrüne Wälder.

Örtlich gibt es bestimmte Präferenzen; so bevorzugen die Vögel auf der Yucatan-Halbinsel die trockenen Gegenden, die neben Trockenwäldern auch aus Kakteen- und Dornbuschsavannen bestehen. In den gebirgigeren Gegenden von Belize und Guatemala nutzt die Art Pinien- oder laubabwerfende Wälder. Auf der Pazifikseite bevorzugt sie dichtere Gebiete als auf der Karibikseite.

Nahezu alle Unterarten sind auch in Sekundärvegetation und Anbaugebieten mit Baumbestand, in Obstgärten und Kaffee-, Bananen-, Mango- und Kokosnussplantagen sowie in der Umgebung von Dörfern anzutreffen.

Während die Art gewöhnlich nur Gebiete deutlich unter 500 m Höhe bewohnt, findet man sie in Guatemala auch in 600 m und in Honduras sogar in 750 m.

Ökologie

In der Regel sieht man die Gelbscheitelamazone und ihre Unterarten paarweise, in kleinen Gruppen oder Schwärmen bis zu 25 Vögeln. Nur gelegentlich sind auch Ansammlungen von 250 Tieren und mehr zu beobachten. Auffallend sind

Rechts: Tres-Marias-Amazone (Amazona ochrocephala tresmariae)

Brutgebiet

für die Große Doppelgelbkopfamazone im mexikanischen Bundesstaat Chiapas

ihre Flüge von und zu den Schlafplätzen, wo sich sowohl in Mittel- als auch in Südamerika große Ansammlungen bilden können. Die Schwärme sind dann mitunter so groß, dass sie sich auf mehrere Bäume verteilen müssen. In Belize liegen die Schlafplätze an den Rändern von Pinienwäldern, während sich die Nahrungsgründe in Feuchtwäldern befinden. Die Amazonen fliegen in den Morgenstunden gruppenweise regelmäßig zum Baden und Trinken an nahe gelegene Flüsse. Im Amazonasbecken besuchen sie hierbei auch die Lehmlecken, wo sie zusammen mit Chapmans Mülleramazonen (*Amazona farinosa chapmani*) mineralhaltige Erde aufnehmen. Tagsüber halten sie sich bevorzugt auf hohen Bäumen entlang von Flüssen auf, während der heißen Mittagsstunden ruhen sie im Laubwerk dichter Bäume. Sie sind dort durch ihr Gefieder ideal getarnt und nur schwer zu entdecken, zumal sie in dieser Zeit auch sehr leise sind. Letztes ist auch während der Nahrungsaufnahme der Fall. Die ansonsten scheuen Vögel haben dann oft eine nur geringe Fluchtdistanz. Um an ihre Nahrung zu kommen, klettern sie lieber in den Bäumen, als von einem Ast zum anderen zu fliegen.

Der Flug ist gerade und durch kräftige Flügelschläge geprägt. In der Regel fliegen die Amazonen nur knapp über den Baumwipfeln, auf längeren Flügen zu den Futterplätzen oder Lehmlecken aber oft auch in beträchtlicher Höhe.

Regelmäßige Wanderungen sind nicht bekannt, allerdings wurden in Mexiko örtliche Standortwechsel beobachtet, die zum Teil durch den Verlust von Nahrungspflanzen durch Waldbrände oder Rodungen verursacht worden waren.

Rufe

Beschrieben wurden laute raue und metallische Rufe. Von *auropalliata* ist ein großes Repertoire an quakenden, schreienden und pfeifenden Tönen bekannt. Typisch ist ein tiefes, rollendes *karrow* oder *karra-ow*, wobei letztes der Alarmschrei zu sein scheint.

Vor allem während des Fliegens fallen die Rufe auf.

Nahrung

Die Nahrung besteht aus Früchten (Mango, *Ficus*, *Terminalia*), Samen (*Cochlospermum*, *Curatella americana*), Nüssen, Blüten, Beeren und Knospen. In Mittelamerika fressen die Vögel auch die Zapfen und Samen von Pinien (z.B. *Pinus caribaea*) und Kaktusfrüchte (*Periskia guamacho*). Die Natterer-Amazone (*A. o. nattereri*) besucht an Flussufern Lehmlecken (Colpas), an denen mineralhaltige Erde offen zutage tritt.

Von allen Unterarten ist bekannt, dass sie in Maisfelder sowie in Mango- und Bananen-Plantagen einfallen und hier Schäden anrichten.

Brutbiologie

Die Brutzeit liegt in Mittelamerika zwischen Februar und Juni, in Kolumbien und Venezuela reicht sie von Februar bis Juli und in Brasilien von Juni bis Oktober. Auf den Tres-Marias-Inseln liegt der Brutbeginn im Februar und auf Trinidad im März. Die Nisthöhlen befinden sich in hohen, meist abgestorbenen Laubbäumen oder in Palmen. Von den mexikanischen Festlandvertretern der Karibikküste werden Königspalmen (*Roystonea regia*) bevorzugt, während die Doppelgelbkopfamazone (*A. o. oratrix*) entlang der Pazifik-Küste in Michoacan den Jobillo (*Astronium graveolens*), den Brotnussbaum (*Brosimum allicastrum*) und wenigstens fünf weitere Baumarten nutzt. In Belize brütet die Gelbkopfamazone (*A. o. belizensis*) in Pinienbäumen. Von der Nominatform weiß man, dass sie gelegentlich in Baumtermitenbauten nistet. Die Bruthöhlen sind mitunter sehr tief; in einem Fall lag der Nestboden 1,6 m unter dem Höhleneingang.

Das Gelege besteht aus zwei bis vier Eiern, und die Brutzeit beträgt knapp über drei Wochen. Die Nestlingszeit liegt bei zwei Monaten. Nur die Weibchen brüten, sie werden tagsüber außerhalb des Nestes von ihrem Männchen gefüttert. Dieses übernachtet während der Brutzeit innerhalb des Gesamtschwarmes auf entfernt liegenden Schlafbäumen. Von der Doppelgelbkopfamazone ist bekannt, dass lediglich durchschnittlich 0,5 Junge pro Nest aufgezogen werden.

Die Eimaße betragen 37,4 mm x 29,1 mm.

Status und Schutzmaßnahmen

Während die südamerikanischen Vertreter noch relativ häufig bis sehr häufig sind, haben vor allem die mexikanischen Unterarten *oratrix* in Jalisco bis Oaxaca und *magna* in Tamaulipas, San Luis Potosí, Veracruz, Chiapas, Tabasco und Campeche einen dramatischen Rückgang erlitten. Allein von den 70er bis Mitte der 90er Jahre des letzten Jahrhunderts ging ihr Bestand um etwa 90 % auf geschätzte 7.000 Vögel zurück.

Die Doppelgelbkopfamazone (*A. o. oratrix*) hat lediglich noch 45.6 % ihres ursprünglichen Habitats zur Verfügung. Untersuchungen in den Jahren von 2001 bis 2007 haben gezeigt, dass diese Unterart in Colima stark zurückgegangen und in Guerrerobereits aus elf Bezirken im Küstengebiet von Tecpan de Galeana bis Marquelia verschwunden ist. Ihr stehen in Colima, Michoacan und Guerrero zusammen gerade noch 3,990 km² zur Verfügung.

Die Große Doppelgelbkopfamazone (*A. o. magna*) leidet besonders stark unter dem Habitatsverlust. Allein in Taumalipas wurden 80 % der Tieflandgebiete in Anbauflächen und Weideland umgewandelt.

Von der Tres-Marias-Amazone (*A. o. tresmariae*) liegen widersprüchliche Meldungen vor, aber es ist zu vermuten, dass die Population zwar klein, aber stabil ist.

Die Unterart *belizensis* war ehemals im Küstengebiet von Belize weit verbreitet, ist heute aber lediglich noch in wenigen Gegenden im Innern und Nordwesten mit einem Schwerpunkt in den Pinien-Eichenwäldern der Küstengebiete anzu-

Die Natterer-Amazone

zählt zu den äußerst häufigen Vertretern der Art mit noch intakten Freilandbeständen

Große Doppelgelbkopfamazonen

sind durch intensiven Fang und großflächige Habitatzerstörung sehr selten geworden

treffen. Die Form „*guatemalensis*" wurde 1993 noch in Petén, Guatemala, beobachtet. Sie kommt in kleinen Stückzahlen in Punta Manabique, einem Naturschutz- und Feuchtgebiet an der Karibikküste Guatemalas, bis zum äußersten Nordwesten Honduras vor. Allerdings ist die Population allein in Punta de Manabique in der Zeit von 1994 bis 2001 durch das Ausnehmen von Nestern um 30 % zurückgegangen.

Neben dem Verlust an Lebensraum leiden die Bestände aller mittelamerikanischen Unterarten zusätzlich durch das Ausnehmen der Nester für den nationalen und internationalen Handel. Auch heute noch werden Tausende von Amazonen illegal in die USA oder mittelamerikanische Länder geschmuggelt, hauptsächlich aus Mexiko und in kleinen Zahlen auch aus Belize. Man schätzt, dass der Populationsrückgang um 38 % dadurch verursacht wurde.

Die Inselpopulationen entlang der Karibik-Küste haben zum Teil noch überraschend große Stückzahlen, die aber langsam aufgrund intensiver Plünderung zurückgehen; so wurden nahezu alle Nester auf Guanaja ausgenommen, und die Bestände konnten sich erst stabilisieren, als dies unter Strafe gestellt wurde.

Zusätzlicher Druck wird durch den Abschuss als Ernteschädlinge oder in Guatemala als Nahrung ausgeübt. In Belize werden oft die Brutbäume gefällt, um an die Nestlinge zu kommen.

In Mexiko kommt die Art in insgesamt neun geschützten Gebieten vor. So ist *magna* noch in den Naturschutzgebieten von El Cielo, Los Tuxtlas und Pantanos de Centla sowie im Laguna de Terminos Biosphere Reserve zu finden. Die Unterart *tresmariae* wird durch das Islas Marias Biosphere Reserve geschützt, und *oratrix* kommt noch im Chamela-Cuixmala Reserve sowie in den Nationalparks Lagunas de Chacahua und Huatulco sowie dem kürzlich eingerichteten Zicuiran-Infiernillo Biosphere Reserve in Michoacan vor. Für *belizensis* gibt es mehrere geschützte Gebiete in Belize, und die einzige Brutpopulation in Guatemala wurde 2005 unter Schutz gestellt. Allerdings ist die Durchsetzung von Schutzmaßnahmen in allen erwähnten Gebieten nur bedingt gewährleistet.

In Mexiko werden zur Zeit Aufklärungskampagnen durchgeführt, die zum Erhalt der Wildbestände beitragen sollen.

Die Art wurde am 06.06.1981 in Anhang II, *auropalliata*, *belizensis*, *caribaea*, *oratrix*, *parvipes* und *tresmariae* am 13.02.2003 in Anhang I des WA aufgenommen.

Menschenobhut

Einige Unterarten der Gelbscheitelamazone werden sehr häufig in Menschenobhut gehalten und gezüchtet, andere hingegen gehören zu den seltener gehaltenen Papageienarten oder sind Raritäten. Die nachfolgende Auflistung gibt die Häufigkeit der in Europa gehaltenen und gezüchteten Unterarten wieder:

1. Große Gelbkopfamazone (*A. ochrocephala magna*) – häufig
2. Doppelgelbkopfamazone (*A. ochrocephala oratrix*) – häufig
3. Gelbscheitelamazone (*A. ochrocephala ochrocephala*) – häufig
4. Gelbnackenamazone (*A. ochrocephala auropalliata*) – häufig
5. Panama-Amazone (*A. ochrocephala panamensis*) – regelmäßig
6. Gelbkopfamazone (*A. ochrocephala belizensis*) – gelegentlich
7. Rotbug-Gelbnackenamazone (*A. ochrocephala parvipes*) – selten
8. Roatán-Gelbnackenamazone(*A. ochrocephala caribaea*) – sehr selten
9. Natterer-Amazone (*A. ochrocephala nattereri*) – sehr selten
10. Honduras-Gelbnackenamazone (*A. ochrocephala hondurensis*) – sehr selten
11. Marajó-Amazone (*A. ochrocephala xantholaema*) – sehr selten
12. Tres-Marias-Amazone (*A. ochrocephala tresmariae*) – sehr selten

Alle Unterarten der Gelbscheitelamazonen eignen sich bestens für die Wohnungshaltung, obwohl man dazu nur Tiere der ersten vier gelisteten Vögel verwenden sollte. Die Amazonen ab Position 5 der Liste sollten ausschließlich zu Zuchtzwecken gehalten werden, um auch von ihnen gute Zuchtstämme aufzubauen.

Die Stimme fast aller Gelbscheitelamazonen-Unterarten kann man als laut bezeichnen, und vor allem in den Morgen- und Abendstunden kann man sie hören.

Die Gruppe hat wohl die am besten ausgeprägte Sprachbegabung unter den Amazonen; dabei ragen vor allem die Gelbnackenamazonen heraus, aber auch Gelbscheitel-, Gelbstirn- und Doppelgelbkopfamazonen scheinen von Natur aus die Fähigkeit zu haben, Wörter nachzuahmen. Daneben lernen die Tiere auch ganze Lieder zu singen oder zu pfeifen. Im Jurong Bird Park lebt eine Gelbnackenamazone, die drei Lieder perfekt singen kann, eine andere zählt von eins bis zehn. Im Jahre 2005 wurde eine handaufgezogene Gelbnackenamazone in die Obhut der Loro-Show-Trainer im Loro Parque gegeben; bis zum Jahr 2008 hatte dieses Tier ebenfalls drei Lieder perfekt singen gelernt, und es erweitert immer noch seinen Wort- und Liederschatz.

Die Unterarten der Gelbscheitelamazonen gehören zu den robusten Amazonen, und die ersten vier Amazonen der Liste können auch Anfängern in der Papageienhaltung empfohlen werden.

Die Gelbscheitelamazone

gehört zu den häufig in Menschenobhut gehaltenen Vertretern der Gattung

Eine geräumige Voliere

ist die Voraussetzung zur Zucht der Gelbscheitelamazonen-Gruppe. Die Aufnahme zeigt eine Große Doppelgelbkopfamazone (A. o. magna)

Unterbringung

Da alle Unterarten der Gelbscheitelamazonen eine ausgeprägte Nagefreudigkeit an den Tag legen, kommt nur die Unterbringung in einer Metallvoliere in Frage.

Bei der Wohnungshaltung sollte eine möglichst geräumige Zimmervoliere gewählt werden, um den Tieren viel Bewegung zu gewähren, da sie ansonsten leicht verfetten. Der tägliche Freiflug ist obligatorisch. Die optimale Unterbringung aller Gelbscheitelamazonen-Unterarten ist die paarweise Haltung in einer großzügigen Freivoliere mit angrenzendem beheizbaren Schutzraum, der im Winter zwischen 5 °C und 10 °C aufweisen sollte. An trockenen, sonnigen Wintertagen kann man den Tieren die Möglichkeit zum Aufenthalt in der Freivoliere gewähren.

Von einer Zucht in Gemeinschaftsvolieren wurde bisher noch nichts bekannt. Das aggressive Balzgehabe zuchtreifer Paar deutet daraufhin, dass eine Gruppenhaltung zu Zuchtzwecken problematisch werden könnte. Der erfolgversprechendste Weg ist die paarweise Haltung zur Zucht.

Fütterung

Alle Unterarten der Gelbscheitelamazonen kann man wie in Band 1 beschrieben ernähren. Den Vertretern aus Mittelamerika sollten zusätzlich kleine Mengen Piniensamen angeboten werden.

Zucht

Die Erstzuchten sind für die einzelnen Unterarten nachfolgend aufgeführt:

1. Gelbscheitelamazone (*A. o. ochrocephala*) – Welterstzucht 1963 bei J. Evald Christensen in Dänemark. Gleich zwei Schweizer Züchtern (Büser-Hügli und Moser) gelangen im Jahre 1984 die ersten Zuchten im deutschsprachigen Raum.
2. Panama-Amazone (*A. o. panamensis*) – 1945 gelang die Welterstzucht bei Mrs. Davis in den USA, die europäische Erstzucht 1963 in Dänemark bei Christensen, 1977 bei M. Gut in der Schweiz, und in der damaligen DDR verzeichnete R. Franke 1986 den ersten deutschen Erfolg.
3. Marajó-Amazone (*A. o. xantholaema*) – der erste Züchter dieser Unterart war Ende der 80er Jahre Roland van Dieten in den Niederlanden; seit 2003 wird diese Amazone in der Loro Parque Fundación gezüchtet.
4. Natterer-Amazone (*A. o. nattereri*) – von dieser Unterart wurden überraschenderweise noch keine Zuchten beschrieben, obwohl immer wieder einzelne Jungtiere in Nachzuchtstatistiken auftauchen.

5. Gelbnackenamazone (*A. o. auropalliata*) – die europäische Erstzucht gelang 1974 bei Martin in Schweden.
6. Rotbug-Gelbnackenamazone (*A. o. parvipes*) – von dieser Unterart wurden überraschenderweise noch keine Zuchten beschrieben, obwohl immer wieder einzelne Tiere in der Nachzuchtstatistik auftauchen.
7. Honduras-Gelbnackenamazone (*A. o. hondurensis*) – es wurden noch keine Zuchterfolge beschrieben.
8. Roatán-Gelbnackenamazone (*A. o. caribaea*) – erstmals gelang die Zucht in der Loro Parque Fundación im Jahr 2003, als ein Jungtier aufgezogen wurde.
9. Gelbkopfamazone (*A. o. belizensis*) – die Welterstzucht glückte bei Smith in Südafrika im Jahr 2001.
10. Große Gelbkopfamazone (*A. o. magna*) – die Welterstzucht gelang vermutlich 1981 bei Zimbal in der Schweiz, allerdings hatte der Autor seinen Erfolg fälschlicherweise als Zucht der Tres-Marias-Amazone beschrieben.
11. Doppelgelbkopfamazone (*A. o. oratrix*) – der erste Zuchterfolg gelang wahrscheinlich Smith in England, die deutsche Erstzucht 1975 bei Lehman in der damaligen DDR.
12. Tres-Marias-Amazone (*A. o. tresmariae*) – immer wieder wurden Erfolge mit Tres-Marias-Amazonen veröffentlicht (z.B. Zimbal 1981, Muggiasca 1984), bei denen es sich aber in der Regel um Zuchten mit der Großen Doppelgelbkopfamazone (*A. o. magna*) handelte.

Grundsätzlich gehören fast alle Unterarten der Gelbscheitelamazonen zu den gut züchtbaren Arten, wenngleich einige aufgrund des geringen Volierenbestandes kaum gezüchtet werden. Naturgemäß werden die häufigsten Arten auch regelmäßig gezogen.

Die meisten Tiere sind ab dem dritten Jahr zuchtfähig, wenngleich Erfolge mit etwas älteren Tieren meist zuverlässiger sind. Ab dem zeitigen Frühjahr kann man in Mitteleuropa mit der ersten Eiablage rechnen. Bei den Nisthöhlen sind die Tiere nicht wählerisch, und eine Höhle mit den Grundmaßen 25 cm x 25 cm und eine Höhe zwischen 60 cm und 80 cm eignet sich als Nistkasten, der meist bald angenommen wird. Das Einschlupfloch sollte 10 cm Durchmesser haben. Als Einstreu eignet sich grobes Holzhäcksel, das von den Tieren in der Vorbereitungsphase zur Brut noch benagt und bearbeitet wird.

Gelbnacken-amazonen

sollten möglichst nur paarweise gehalten werden

Naturbrut

Da fast alle Vertreter der Gruppe während der Brutzeit ein erhöhtes Aggressionspotential aufweisen, sollte man sie zur Zucht nur paarweise unterbringen. Zusätzlich benötigt man ein harmonierendes Paar; dies erkennt man am gegenseitigen Gefiederkraulen, sich Füttern und nahe Beieinandersitzen. Wird das Männchen dem Weibchen gegenüber doch aggressiv, sollte man ihm durch leichtes Beschneiden der Schwungfederspitzen etwas Flugfähigkeit nehmen, um dem Weibchen Fluchtmöglichkeiten zu gewährleisten. Die Unterbringung in einer größeren Voliere ist die bessere Alternative, da sich hier die Vögel aus dem Wege gehen können. In der Loro Parque Fundación werden die meisten Vertreter der

Ein Gelbscheitel-amazonen-Weibchen

klettert zu seinen Jungen in den Nistkasten

Gelbscheitelamazonen-Gruppe in drei Meter langen Hängegehegen untergebracht. Auffällig aggressive Tiere erhalten ein mindestens 5 m langes Gehege. Dies ist stets mit zwei Nistkästen zur Auswahl ausgestattet.

Während der Brutzeit können die Tiere auch gegenüber dem Pfleger sehr aggressiv werden. Dabei kann es passieren, dass die gegen ihn gerichtete Aggression umschlägt und den Partnervogel trifft. Dann sollte man schnell aus der Sicht der Tiere verschwinden, und in der Regel beruhigt sich die Situation einige Sekunden später wieder.

Die meisten Weibchen legen nach frühzeitiger Wegnahme des Erstgeleges ein Nachgelege; dieses sollte den Vögeln zur eigenen Aufzucht überlassen werden, zumal sich fast alle Paare als gute Elterntiere erweisen.

In der Anlage der Loro Parque Fundación konnten bis heute immerhin sieben der zwölf Unterarten gezüchtet und entsprechend Brutdaten gesammelt werden.

Bei der Gelbscheitelamazone (*A. o. ochrocephala*) bestanden 34 Gelege im Schnitt aus 2,88 Eiern, wobei es eine große Bandbreite gab. So wurden drei Gelege mit nur einem Ei registriert, neun mit 2, vierzehn bestanden aus 3, sechs aus 4 und je eines aus 5 bzw. 6 Eiern. Aus 37 Eiern wurde die durchschnittliche Größe von 40,23 mm x 30,36 mm ermittelt. Von 45 Küken war es möglich, das Schlupfgewicht festzustellen. Es lag im Schnitt bei 13,25 g, wobei das schwerste bei 15,7 g und das leichteste bei 11 g lag.

Bei der Panama-Amazone (*A. o. panamensis*) wurde bei 19 Gelegen eine durchschnittliche Zahl von 2,84 Eiern ermittelt. Hierbei gab es zwei Gelege mit jeweils nur einem Ei, vier mit 2, acht bestanden aus 3 und fünf aus 4 Eiern. Die durchschnittliche Eigröße wurde aus 18 Eiern ermittelt und ergab die Maße 37,91 mm x 30,56 mm. 37 Küken hatten ein durchschnittliches Schlupfgewicht von 12,88 g, wobei das schwerste bei 15,5 g und das leichteste bei 10 g lag.

Wenig ist bisher an brutbiologischen Daten über die Marajó-Amazone (*A. o. xantholaema*) bekannt. Genau zehn Gelege wurden in der Loro Parque Fundación registriert, und immer bestanden sie aus exakt drei Eiern. Nur eines wurde vermessen (38,92 mm x 32,25 mm). Das Schlupfgewicht wurde von fünf Tieren genommen, wobei der Durchschnitt bei 13,82 g lag. Das leichteste Küken wog 12,2 g, das schwerste 16,6 g.

Gelbnackenamazonen (*A. o. auropalliata*) werden gelegentlich in der Loro Parque Fundación gezüchtet. Auffällig ist die hohe Anzahl kleiner Gelege. Bei acht Gelegen wurde eine durchschnittliche Größe von nur 1,75 Eiern ermittelt. So wurden drei Gelege mit nur einem Ei produziert, vier umfassten 2 und nur eines hatte 3 Eier. Nur zwei Eier konnten vermessen werden, ihre durchschnittliche Größe betrug 41,30 mm x

Junge Roatán-Amazone

im Alter von 53 Tagen

31,38 mm. Das Schlupfgewicht wurde bei sechs Tieren registriert und lag im Schnitt bei 14,65 g, wobei das leichteste Küken 11,9 g wog und das schwerste 16,7 g.

Brutbiologische Daten zur Roatán-Gelbnackenamazone (*A. o. caribaea*) dürften hier zum ersten Mal überhaupt veröffentlicht werden. Zuchtberichte sind bislang nicht bekannt geworden. Bei neun Gelegen, die in der Loro Parque Fundación gezeitigt wurden, gab es jeweils drei aus 1, 2 und 3 Eiern, was eine Durchschnittsgröße von 2 Eiern ergibt. Vier Eier wurden vermessen und hatten eine mittlere Größe von 42,19 mm x 29,69 mm. Das Schlupfgewicht von fünf Küken lag im Schnitt bei 14,86 g, wobei das leichteste Küken 11,5 g und das schwerste 17,5 g wog.

Doppelgelbkopfamazonen (*A. o. oratrix*) züchten regelmäßig in der Loro Parque Fundación. Bei 15 Gelegen konnte eine durchschnittliche Größe von 2,6 Eiern festgestellt werden. Im Einzelnen waren dies zwei Gelege mit je einem Ei, fünf mit 2, sechs mit 3 und je eines mit 4 bzw. 5 Eiern. Die durchschnittliche Größe von 11 Eiern lag bei 39,31 mm x 30,76 mm. Das Schlupfgewicht wurde von 16 Küken registriert und lag im Schnitt bei 13,42 g. Hierbei brachte das leichteste Küken gerade einmal 11,9 g auf die Waage, während das schwerste 15,4 g wog.

Die Große Doppelgelbkopfamazone (*A. o. magna*) wurde bisher nur wenige Male in der Loro Parque Fundación gezüchtet; bei sieben Gelege konnte eine durchschnittliche Größe von 2,57 Eiern ermittelt werden. Dabei gab es ein Gelege mit einem Ei, zwei mit 2, drei mit 3 und eins mit 4 Eiern. Die durchschnittliche Größe von sechs Eiern betrug 42,27 mm x 30,93 mm. Zur Ermittlung des Schlupfgewichtes wurden zwölf Küken gewogen, deren Mittelwert bei 13,35 g lag; hierbei hatte das leichteste Küken 12,1 g und das schwerste 15,4 g. Ähnliche Daten liegen von dem Züchter Frank Samuel aus Essen vor, der in den letzten Jahren einen Zuchtstamm der Großen Doppelgelbkopfamazone aufgebaut hat. Seine Vögel hatten zehn Gelege mit insgesamt 33 Eiern. Es gab ein Gelege mit einem Ei, 4 mit je 3 und fünf mit 4 Eiern. Die Küken schlüpften nach 28 Tagen und wogen zwischen 12 und 15 g.

Als Ringgröße kann man für alle Unterarten 11-mm-Ringe verwenden.

Handaufzucht

Alle sieben bisher in der Loro Parque Fundación gezüchteten Unterarten der Gelbscheitelamazone haben sich in der Handaufzucht mit handelsüblichen Aufzuchtfutter als problemlos erwiesen.

Handaufgezogene Jungtiere aller Unterarten werden sehr zahm und eignen sich von allen Amazonenarten mit am besten für eine Wohnungshaltung, wobei diese Haltungsform, wie schon zuvor beschrieben, auf die Doppelgelbkopf-, Gelbscheitel-, Gelbnacken und Panama-Amazone beschränkt bleiben sollte, da diese regelmäßig gezüchtet werden. Alle anderen Unterarten sollten aufgrund ihrer Seltenheit nur zu Zuchtzwecken gehalten werden.

Junge Große Doppelgelbkopf-amazonen

besitzen schon viel Gelb auf Stirn, Scheitel und Zügel sowie den typischen blauen Anflug auf dem Hals

Mutationsformen

Mehrere Unterarten der Gelbscheitelamazone haben inzwischen Farbmutationsformen hervorgebracht. Einige traten in der Natur auf, und die Vögel gelangten als Wildfänge in Menschenhand. Blaue Formen findet man bei der Gelbscheitel-, Panama-, Gelbnacken- und Rotbug-Gelbnackenamazone, die Lutino-Form bei der Doppelgelbkopf-, Gelbnacken-, Panama- und Gelbscheitelamazone. Zusätzlich sind gelbgescheckte Doppelgelbkopf- sowie zimt- und olivfarbene Gelbnackenamazonen bekannt geworden.

Sonstige Anmerkungen

Heute ist es wichtig, bei der Zucht auf Unterartenreinheit der Vögel zu achten. In den letzten Jahren wurden unzählige Unterart-Mischlinge produziert und zum Teil wieder als Zuchttiere verwendet, anstatt sie aus der Zucht auszuschließen.

In den europäischen Zoos sind lediglich drei Unterarten in guten Stückzahlen vertreten; so werden derzeit (Stand August 2008) 44 *A. o. auropalliata*, 58 *A. o. oratrix* und 76 *A. o. ochrocephala* in den Bestandslisten geführt. Alle anderen Unterarten sind nur als Einzeltiere oder ausschließlich in der Loro Parque Fundación vorhanden.

Betrachtet man die Nachzuchtstatistik der AZ zwischen den Jahren 2000 und 2007, erkennt man, dass die zweithäufigste nachgezüchtete Amazone die Doppelgelbkopfamazone mit 201 Vögeln darstellt, was 8,04 % aller gezüchteten Amazonen ausmacht. Dicht gefolgt wird sie von der Gelbscheitelamazone, von der 171 Tiere gezüchtet wurden, was 6,84 % aller Amazonen beträgt. Mit 118 Jungvögeln kommt mit der Gelbnackenamazone ein weiterer Vertreter der Gruppe auf Platz 8. Von allen anderen Unterarten wurden wesentlich weniger Tiere gemeldet. Es sind dies auf Platz 12 die Panama-Amazone mit 32 Jungtieren und auf Platz 14 mit 22 Tieren die Große Doppelgelbkopfamazone, zu der vermutlich die 19 gemeldeten Tres-Marias-Amazonenjungtiere hinzugerechnet werden müssen. Anschließend folgen die Gelbkopfamazone auf

Mutationsformen

gibt es bei einigen Vertretern der Gruppe; das rechte Foto auf Seite 200 zeigt eine blaue Gelbnackenamazone, das linke Bild auf dieser Seite eine blaue Panama-Amazone und rechts ist eine Lutino-Gelbscheitelamazone zu sehen

Platz 20 mit 8 und die Rotbug-Gelbnackenamazone auf Platz 28 mit 2 Jungtieren. Von der Honduras-, Roatán-, Natterers und Marajó-Amazone wurden keine Nachzuchten gemeldet, was deren Seltenheit verdeutlicht. Als oberste Priorität steht daher die unterartenreine Weiterzucht aller Unterarten der Gelbscheitelamazone.

In Stuttgart hat sich seit 1984 eine freilebende Population der Doppelgelbkopfamazone entwickelt. Sie entstammt zwei enflogenen Käfigvögeln, die zu einem Schwarm von über 40 Tieren angewachsen ist und auch kalte Winter gut übersteht. Da sich der Bestand nun seit über 25 Jahren hält und langsam ansteigt, muss diese Papageienart in Zukunft wohl zur „einheimischen" Vogelfauna gerechnet werden.

Weiterführende Literatur

Freileben und Artenschutz: Binford (1968), Binford (1989), Blake (1962), Bond (1936), Clay (1999), Clinton-Eitniear (1990), Collar *et al.* (1992), Collar *et al.* (1994), Davis & Bennit (1972), Dickey & Rossem (1938), Edwards (1972), Forshaw (1989), ffrench (1992), Friedmann *et al.* (1950), Friedmann & Smith (1950), Gehlbach *et al.* (1976), Grant (1965), Griscom (1932), Haverschmidt (1968), Hilty & Brown (1986), Howell (1972), Howell & Webb (1992), Howell & Webb (1995), Land (1970), Lousada (1989), Lousada (1996), Lousada (1997), Lousada & Howell (1996), Lowery & Dalquest (1951), McLellan (1927), Meyer de Schauensee (1949), Meyer de Schauensee & Phelps (1978), Miller & Miller (1997), Monroe (1968), Monterrubio-Rico *et al.* (2007), O'Neill (1981), Peterson & Chalif (1973), Ridgely (1981), Ridgely & Gwynne (1989), Roberson & Carratello (1997), Roth (1982), Russell (1964), Schaldach (1963), Sick (1993), Slud (1964), Snyder (1966), Snyder *et al.* (2000), Somerville (1997), Stager (1957), Stiles et al. (1989), Wetmore (1939), Wetmore (1944), Wetmore (1968)

Haltung und Zucht: Amberger (1995), Arman & Arman (1980), de Grahl (1974), Fielenbach (2000), Goldhammer & Diefenbach (1988), Gut (1977), Haase (1994), Jahn (1998), Jahn (1999), Lepperhoff (1999), Low (1981), Low (1995), Perrins (1992), Reinschmidt (2005), Robiller (1990), Smith (1967), Strunden (1997), Zimbal (1982)

Amazona aestiva (Linné 1758)

Blaustirnamazone

Die Blaustirnamazone war schon immer die mit Abstand am häufigsten in Menschenobhut gehaltene und gezüchtete Amazonenart. Während sie in früheren Jahrzehnten fast nur als Heimvogel gehalten wurde, beschäftigen sich heute auch die Züchter mit ihr.

Es wurden zwei Unterarten beschrieben, wobei die Unterart *xanthopteryx* nicht unumstritten ist. Das für sie als typisch beschriebene Gelb im Flügelbug kann auch bei der Nominatform auftauchen, wenn auch nur bei wenigen Exemplaren.

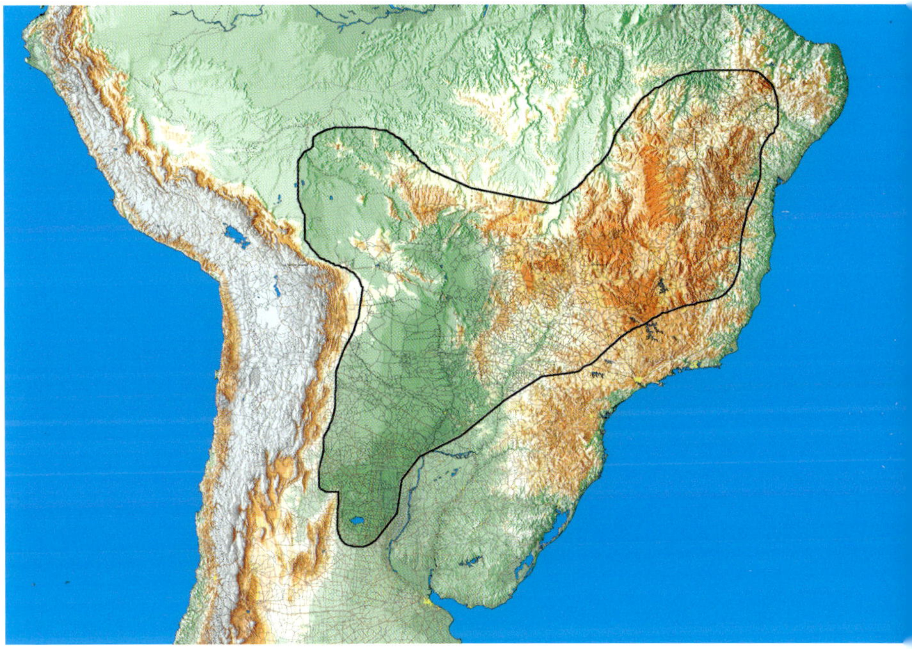

Das Verbreitungsgebiet der Blaustirnamazone

erstreckt sich über weite Teile des zentralen und südlichen Südamerikas

Beschreibung und Verbreitung

1. *Amazona aestiva aestiva* (Linné 1758)

Blaustirnamazone

Engl.: Blue-fronted Amazon

Beschreibung: Die Grundfärbung dieser mittelgroßen Amazone ist grün. Die meisten Körperfedern sind schmal, die von Nacken und Rücken kräftig schwärzlich gesäumt. Die Kopfzeichnung ist variabel gefärbt, wobei bei den meisten Vögeln die Stirn und Zügel blau, der Vorderscheitel, Augenbereich und manchmal die Ohrdecken gelb und die unteren Wangen und das Kinn grün, blau oder gelb gefärbt sind. Die Schenkel sind gelb.

Der Flügelbug ist rot und bei einigen Vögeln mit gelben Federchen durchsetzt, der Flügelsaum gelbgrün. Die Handdecken und -schwingen sind grün und zur Spitze hin violettblau. Die äußeren fünf Armschwingen besitzen einen roten Flügelspiegel. Der Schwanz ist grün mit einer grüngelben Spitze, und die äußeren Schwanzfedern haben eine rote Basis.

Links: Blaustirnamazone (Amazona aestiva aestiva)

Der nackte Augenring ist weißlich bis grau, der Schnabel dunkelgrau und die Iris orangefarben. Die Füße sind grau.

Insgesamt variiert die Gefiederfärbung auch bei den Jungtieren bereits, sie zeigen aber eine durchweg mattere Färbung. Der Blau- und Gelbanteil im Kopfgefieder ist reduziert und die Iris dunkel.

Größe: 37 cm (Flügellänge 199 mm - 232 mm, Schwanzlänge 106 mm - 140 mm)

Körpergewicht: 380 g bis 450 g

Verbreitung: Das Verbreitungsgebiet erstreckt sich von Piauí südwärts bis Rio Grande do Sul und Südost-Mato-Grosso, Ost-Brasilien.

Verbreitung: Diese Unterart kommt in Südwest-Mato-Grosso, Brasilien, Nord- und Ost-Bolivien, Paraguay und Nord-Argentinien vor.

Lebensraum

Die Art bewohnt ein breites Spektrum an unterschiedlichen Habitaten, zu denen Wälder, Galeriewälder, Palmenhaine, offene Feucht- und Trockensavannen mit Baumbestand (Caatinga, Cerrado), laubabwerfende Chaco-Gebiete, Rodungs- und Anbaugebiete gehören. Generell kommt sie in Tieflandgebieten vor; im Bergland von Zentral-Brasilien sowie in den trockenen Gebirgstälern Ost-Boliviens ist sie aber bis in 1.600 m Höhe zu finden.

Ökologie

Gewöhnlich wird die Art paarweise oder in kleinen Gruppen beobachtet. In vielen Gegenden, in denen den Vögeln nicht nachgestellt wird, sind sie nicht scheu, und sie haben nur eine geringe Fluchtdistanz. Tagsüber kann man sie fressend oder ruhend in Baumkronen bestimmter Bäume sehen, zu denen sie immer wieder zurückkehren. Oft sind sie dann sehr ruhig und kaum zu entdecken, da sie durch ihre Gefiederfärbung ideal getarnt sind. Meist verraten sie ihre Existenz nur, weil Futterreste auf den Boden rieseln. Wenn sie aufgescheucht werden, fliegen sie laut schreiend davon. Während des Fliegens fallen sie auf, da sie lärmend sind. Die Paare lassen sich beim Fliegen bestimmen, da die Partner eng nebeneinander bleiben. Gegen Abend sammeln sich in manchen Gebieten außerhalb der Brutzeit sehr große Schwärme an Schlafplätzen, gelegentlich zusammen mit der Venezuela-Amazone (*Amazona amazonica*).

Jahreszeitliche Wanderungen sind aus Argentinien bekannt; so ziehen die Gelbflügel-Blaustirnamazonen nach der Brutzeit aus dem Chaco-Gebiet für die Zeit von März bis September in die Andentäler.

Gelbflügel-Blaustirnamazone

(Amazona aestiva xanthopteryx)

2. *Amazona aestiva xanthopteryx* (Berlepsch 1896)

Gelbflügel-Blaustirnamazone

Engl.: Yellow-winged Amazon

Beschreibung: Diese Unterart ist wie *aestiva* gefärbt, aber der Flügelbug ist bei den meisten Vögeln gelb, variabel mit Rot durchsetzt und gelegentlich stark ausgedehnt. Die Kopfzeichnung ist noch variabler als bei der Nominatform, und es tauchen immer wieder Vögel auf, denen das Gelb nahezu fehlt.

Größe: 37 cm (Flügellänge 221 mm - 238 mm, Schwanzlänge 114 mm - 135 mm)

Rufe

Die Art besitzt ein breites Repertoire an Lautäußerungen, das von harschen, rauen Schreien bis zu melodiösen Tönen reicht. Zu den typischen Rufen zählen *krik-kiakrik-krik-krik-krik-krayo-* und singende *drewwo-dru-dru-dru-drewoh-drewwii-drew*-Reihen. Kläffende *help-help*-Schreie erinnern an junge Hunde und die Bettelrufe von Jungvögeln an die Rufe von Elstern (*Pica pica*).

Nahrung

Die Art ernährt sich von Früchten (*Enterolobium, Tabebuia aurea),* Fruchtfleisch der Palmfrüchte *(Attalea)*, Beeren, Samen (*Melia*, *Aspidosperma*, *Prosopis*, *Schinopsis*, *Ziziphus*, *Bulnesia*, *Cercidium*), Nüssen, Blüten und Knospen. Regelmäßig fallen Gruppen und Schwärme in Anbaugebiete, Gärten mit Mangobäumen und Zitrusplantagen ein, wo sie erhebliche Schäden anrichten können.

Brutbiologie

Die Brutzeit der Blaustirnamazonen reicht von Oktober bis März. Die Nisthöhlen befinden sich in der Regel in alten Bäumen, in Brasilien aber örtlich auch in Termitenbauten und Felsspalten. Die Paare sondern sich offenbar zur Brutzeit ab; so wurde in Argentinien durchschnittlich nur ein Nest pro Hektar Wald gefunden. Die Höhlen werden jedes Jahr erneut benutzt. Das Gelege besteht aus zwei bis vier, seltener fünf Eiern, die 25 bis 26 Tage bebrütet werden. Die Nestlingszeit dauert zehn Wochen. Die Eimaße betragen 38,1 mm x 29,6 mm.

Status und Schutzmaßnahmen

Mit Ausnahme von einigen Gebieten ist die Art durchweg zahlreich und örtlich die häufigste Amazonenart. Sie bewohnt ein Verbreitungsgebiet von immerhin 4.200.000 km^2. Bestandsrückgänge aufgrund des exzessiven Fangs für den Vogelhandel wurden aus dem argentinischen Salta sowie aus dem Chaco in Bolivien und Paraguay gemeldet. In Teilen des Chaco kommen noch Probleme durch das selektive Fällen von *Schinopsis*-Bäumen hinzu, die den Vögeln dann als Brutbäume fehlen. Nach der UNEP-WCMC CITES Trade Database wurden seit 1981 offiziell 413.505 Vögel gefangen und exportiert.

Die Art wurde am 06.06.1981 in den Anhang II des WA aufgenommen.

Offener Trockenwald ist in Goiás

der bevorzugte Lebensraum der Blaustirnamazone

Menschenobhut

Die Blaustirnamazone ist die am häufigsten in Menschenobhut gehaltene Amazonenart überhaupt. Da Brasilien seit mehr als 40 Jahren einen Exportstopp für wildgefangene Papageien erlassen hat, ist die Nominatform nur noch verhältnismäßig selten in Menschenobhut anzutreffen, und nahezu alle in den letzten Jahrzehnten nach Europa gelangten Vögel sind Gelbflügel-Blaustirnamazonen (*A. a. xanthopteryx*). Oft wurden die Unterarten gar nicht oder falsch bestimmt, so dass inzwischen Unterartenmischlinge gezüchtet wurden.

Ein Paar Blaustirnamazonen

hat sich zum Fressen in einer Attalea-Palme niedergelassen

Die Blaustirnamazone ist auch in der Wohnungshaltung die beliebteste Amazone. Ihr Sprechtalent und ihre Zahmheit haben ihr den Ruf eines idealen Heimvogels eingebracht. Tatsächlich lernen viele Vögel einen großen „Sprachschatz", und sind oft in der Lage, bestimmte Vorfälle mit entsprechenden Wörtern zu assoziieren. Man sollte aber immer im Hinterkopf behalten, dass die paarweise Haltung von Amazonen stets artgerechter ist als die Einzelhaltung.

Die Blaustirnamazone ist eine robuste Amazonenart und kann auch Anfängern in der Papageienhaltung sowohl für die Wohnungshaltung als auch für die Zucht empfohlen werden.

Unterbringung

Da Blaustirnamazonen sehr nagefreudig sind, ist nur die Unterbringung in einer Metallvoliere zu empfehlen. Durch regelmäßige Frischholzgaben ist für genügend Nagemöglichkeiten zu sorgen. Bei einer Haltung in Zimmervolieren muss den Vögeln täglich Freiflug gewährt werden, damit sie in guter körperlicher Kondition bleiben. Blaustirnamazonen werden in kleinen Gehegen träge und neigen zur Verfettung, was nicht nur gesundheitliche Probleme, sondern auch unbefruchtete Gelege hervorrufen kann.

Die ideale Haltung von Blaustirnamazonen ist die paarweise Unterbringung in einer großen Gartenvoliere mit angebautem Schutzraum, der im Winter auf mindestens 10 °C beheizt wird. Die Vögel können an kälteren trockenen Tagen die Freivoliere aufsuchen, solange der Zugang zum Innenraum möglich ist.

Eine Gruppenhaltung außerhalb der Brutsaison ist möglich, allerdings sollten dann keine Nistkästen vorhanden sein, da ansonsten Streitereien um diese ausbrechen können.

Fütterung

Die Fütterung der Blaustirnamazone weicht nicht von den in Band 1 gemachten allgemeinen Angaben zur Amazonenfütterung ab.

Zucht

Die Welterstzucht der Blaustirnamazone gelang schon im Jahr 1886 bei M. Renouard in Frankreich. Im deutschsprachigen Raum war es Wyss, dem 1894 in der Schweiz die erste Zucht glückte.

Blaustirnamazonen gehören zu den am leichtesten zur Zucht zu bewegenden Amazonen, und sie sind die am häufigsten gezüchteten Vertreter der Gattung. Dennoch müssen die Grundvoraussetzungen wie ein harmonierendes Paar, eine gute Unterbringung, gesunde Ernährung und eine geeignete Nisthöhle beachtet werden. In der Regel werden Blaustirnamazonen erst ab dem dritten Lebensjahr geschlechtsreif, allerdings gibt es immer wieder auch Bruten mit jüngeren Tieren.

Die Kopfzeichnung variiert

sowohl bei der Blaustirnamazone (A. a. aestiva), rechts, als auch bei der Gelbflügel-Blaustirnamazone (A. a. xanthopteryx), links

Normalerweise schreiten Blaustirnamazonen in Mitteleuropa ab März bis Juni zur Brut. Als Nisthöhlen eignen sich Nistkästen mit den Grundmaßen 25 cm x 25 cm und einer Höhe zwischen 60 cm und 80 cm sowie einem Einschlupfloch von 10 cm Durchmesser. Als Einstreu verwendet man grobes Holzhäcksel, das von den Tieren in der Nestvorbereitungs- bzw. Brutphase noch bearbeitet werden kann.

Naturbrut

In der Loro Parque Fundación werden Blaustirnamazonen paarweise in 3 m langen, 1 m hohen und 1 m breiten Hängegehegen untergebracht, deren Boden ca. 1,2 m über der Erde liegt. Paare in Brutstimmung können sehr aggressiv werden. Vor allem zuvor zahme Tiere haben keine Scheu dem Pfleger gegenüber und greifen jeden Eindringling in ihr Revier hemmungslos an. Gelegentlich kann sich das Aggressionspotential auch gegen den eigenen Partner richten, so dass es zu Verletzungen oder zum Tod eines Tieres kommt. Ausreichend große Volieren mit Versteckmöglichkeiten können solchen Attacken vorbeugen.

Entfernt man das Erstgelege frühzeitig zur künstlichen Bebrütung, kommt es meist zu einem Nachgelege, das man dann den Eltern zur Aufzucht überlassen sollte.

Derzeit werden nur wenige Paare in der Loro Parque Fundación gehalten. So konnten von der Nominatform nur 9 Gelege mit 25 Eiern ausgewertet werden, was einer durchschnittlichen Größe von 2,78 Eier pro Gelege entsprach. Hierbei gab es zwei Gelege mit jeweils einem Ei, zwei mit 2, eines bestand aus 3 und vier aus 4 Eiern. Die Größe von zwei Eiern ergab die durchschnittlichen Maße von 39,7 mm x 30,82 mm.

Insgesamt wurde das Schlupfgewicht von 10 Küken der Nominatform gewogen. Dies ergab ein durchschnittliches Gewicht von 13,04 g, wobei

Junge Gelbflügel-Blaustirnamazone

im Alter von 45 Tagen

das schwerste Küken 13,9 g wog und das leichteste 11,8 g.

Von der Gelbflügel-Blaustirnamazone wurden 13 Gelege mit 30 Eiern registriert, was einer durchschnittlichen Größe von 2,31 Eiern pro Gelege entspricht. Die durchschnittliche Größe von 11 Eiern betrug 38,11 mm x 30,95 mm. 14 Küken wurden gewogen und erbrachten ein Schlupfgewicht von durchschnittlich 13,24 g, wobei das schwerste 14,5 g und das leichteste 11,5 g wog.

Bei Naturbruten verlassen die Jungtiere nach 50 bis 60 Tagen die Nisthöhle, sie werden dann noch mehrere Wochen von den Eltern versorgt.

Die Ringgröße beider Unterarten liegt bei 11 mm.

Handaufzucht

Die Handaufzucht beider Unterarten gelingt in der Regel völlig problemlos mit einem handelsüblichen Handaufzuchtfutter und unterscheidet sich nicht von der Handaufzucht anderer Amazonen. Handaufgezogene Blaustirnamazonen sind zutraulich und eignen sich für die Wohnungshaltung, aber man sollte darauf achten, den Sozialbedürfnissen der Tiere gerecht zu werden und zwei Tiere zusammen halten. Allerdings kann es gerade bei Blaustirnamazonen nach der Geschlechtsreife zu den zuvor beschriebenen Aggressionsproblemen gegen den Pfleger kommen.

Mutationsformen

Aufgrund der Häufigkeit der Blaustirnamazone in der freien Natur und in Menschenobhut verwundert es nicht, dass es sich auch um die Art handelt, von der am meisten Farbabweichungen sowohl im Freiland als auch in Menschenobhut aufgetaucht sind. Im Einzelnen wurden bisher folgende Farbmutationen beobachtet: Lutino, gelb, gelbgescheckt, zimt, oliv, rotgescheckt, pastellblau und isabell.

Sonstige Anmerkungen

Die Blaustirnamazone ist eindeutig die beliebteste Amazonenart in Menschenobhut. Dies lässt

Zahlreiche Mutationsformen

sind von den Blaustirnamazonen bekannt; die Bilder zeigen einen pastellblauen Vogel (Seite 208 rechts), eine nicht näher beschriebene Verlustmutation (links) und eine zimtfarbenen Amazona (rechts)

sich auch an den Zahlen der AZ-Nachzuchtstatistik ablesen. Zwischen den Jahren 2000 und 2007 wurden 1.081 Jungvögel gemeldet, was 43,24 % aller Amazonen entspricht. Obwohl die überwiegende Mehrzahl dieser Nachzuchten der Unterart *xanthopteryx* zugerechnet werden müssen, taucht diese Unterart nochmals gesondert mit 123 Tiere auf, was den siebenten Platz bzw. 4,92 % aller gezüchteten Amazonen entspricht.

Die Situation in den europäischen zoologischen Gärten sieht mit 208 gemeldeten Tieren der Nominatform und 23 der Gelbflügel-Blaustirnamazonen ähnlich aus (Stand August 2008).

Beide Statistiken zeigen, dass viele Halter und Zoos keine Unterscheidung zwischen den Unterarten machen bzw. diese falsch bestimmen. Künftig sollte sicherlich mehr Wert darauf gelegt werden, welche Unterart tatsächlich gehalten bzw. erworben wird. Beim Kauf gezüchteter Tiere sollte man zuvor die Elternvögel in Augenschein nehmen, um sicher zu sein, unterartenreine Tiere zu erhalten. In Anzeigen werden Vertreter von *xanthopteryx* mit gelbem Flügelbug fälschlicherweise oft als „Bahia-Amazonen“ angeboten.

Der Import der Nominatform und der Gelbflügel-Blaustirnamazone nach Europa ist seit 2006 verboten. Inzwischen werden aber jedes Jahr so viele Tiere gezüchtet, dass es kein Problem sein sollte, diese Art auch langfristig in Menschenobhut verfügbar zu haben.

Weiterführende Literatur

Freileben und Artenschutz: Antas & Cavalcanti (1988), Arndt (1998), Arndt (2000), Barbaran (1994), Belton (1984), Contreras *et al.* (1991), Dubs (1992), Forshaw (1989), Gyldenstolpe (1945), Naumburg (1930), Niemann (1999), Nores & Yzurieta (1994), Ridgely (1981), Short (1975), Short (1976), Sick (1993), Stone & Roberts (1934), Wetmore (1926)

Haltung und Zucht: Arndt (1995), Boching (1950), Boosey (1939), Favoreu (2002), Favoreu (2004), Hoppe (1982), Hoppe (1991), Hoppe (1988), Jürges (1976), Künne (1997), Lantermann (1987), Lantermann (1993), Liede & Liede (1982), Low (2005), Mulawka (1983), Pfeffer (1996), Vít (1974), Vít (1997), Weinhold (1998), Wollenhaupt (1985), Wütz (1999)

Amazona barbadensis (Gmelin 1788)

Gelbschulteramazone

Gelbschulteramazonen werden nur selten gehalten, haben allerdings in den letzten Jahren durch Zuchterfolge eine etwas weitere Verbreitung erfahren.

Es wurden zwei Unterarten beschrieben, wobei die Unterart *rothschildi* umstritten ist. Der für sie als typisch angeführte geringere Gelbanteil im Kopfgefieder liegt innerhalb der Variationsbreite der Nominatform und dürfte eher auf das geringere Alter der untersuchten Vögel zurückzuführen sein als auf eine geographische Variation. Allenfalls der Gelbanteil auf dem Flügelbug scheint durchschnittlich weniger ausgedehnt und mehr mit roten Federn durchsetzt zu sein als bei der Nominatform.

Beschreibung und Verbreitung

1. *Amazona barbadensis barbadensis* (Gmelin 1788)

Gelbschulteramazone

Engl.: Yellow-shouldered Amazon

Beschreibung: Die Grundfärbung dieser mittelgroßen Amazone ist grün, wobei die Federn schwach schwärzlich gesäumt sind. Stirn und Zügel sind weiß, Vorderscheitel, Augenbereich, Flügelbug und Schenkel gelb und die unteren Wangen sowie das Kinn blau. Das Brust- und Bauchgefieder weist einen leicht bläulichen Anflug auf.

Der Flügelsaum ist gelbgrün, die Handdecken und Handschwingen sind an den Außenfahnen violettblau. Die vier äußeren Armschwingen besitzen einen roten Flügelspiegel. Der Schwanz ist grün mit einer gründgelben Spitze und einer orangeroten Basis an den äußeren Schwanzfedern.

Links: Gelbschulteramazone (Amazona barbadensis barbadensis)

Der nackte Augenring ist weißlich, der Schnabel hornfarben, die Iris orangerot, und die Füße sind bräunlich-grau.

Weibchen sind wie die Männchen gefärbt, durchschnittlich aber etwas kleiner und leichter.

Jungtiere zeigen eine weniger intensive Färbung. Auf Brust- und Bauchgefieder fehlt der bläuliche Anflug, und lediglich Stirn und Vorderscheitel sind gelb. Der Augenbereich ist grün. Der Schnabel zeigt in den ersten Wochen nach dem Ausfliegen noch eine graue Basis, und die Iris ist dunkel.

Größe: 33 cm (Flügellänge 199 mm - 209 mm, Schwanzlänge 114 mm - 125 mm)

Körpergewicht: 280 g bis 340 g

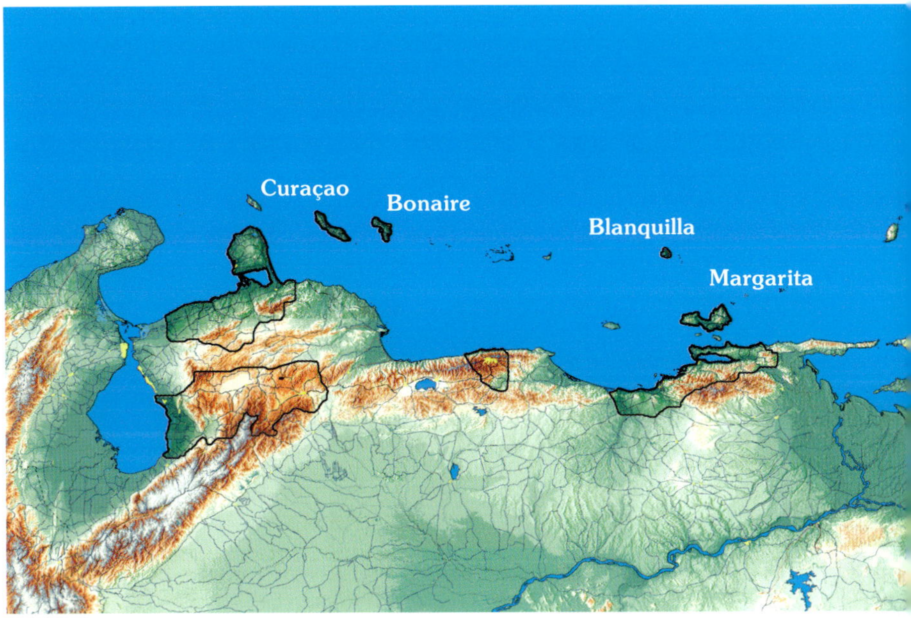

Verbreitungskarte

der Gelbschulteramazone

Rothschilds Gelbschulteramazonen

(Amazona barbadensis rothschildi)

Verbreitung: Die Nominatform bewohnt die küstennahen Gebiete in den Provinzen Falcón, Lara, Anzoátegui und Sucre, Nord-Venezuela.

2. *Amazona barbadensis rothschildi* (Hartert 1892)

Rothschilds Gelbschulteramazone

Engl.: Rothschild's Amazon

Beschreibung: Diese Unterart ist wie die Nominatform gefärbt, besitzt aber weniger Gelb auf dem Flügelbug, der bei vielen Vögeln zusätzlich mit mehr oder weniger Rot durchsetzt ist.

Größe: 33 cm (Flügellänge 201 mm - 206 mm, Schwanzlänge 120 mm - 124 mm)

Verbreitung: Diese Unterart kommt lediglich auf den Inseln Margarita und Blanquilla, Venezuela, sowie auf Bonaire, Niederländische Antillen, vor. Berichte aus dem 18. Jahrhundert lassen vermuten, dass diese Unterart auch auf der Nachbarinsel Curaçao lebte, dort aber spätestens 1955 ausgerottet wurde. Früher gab es auch einen kleinen Bestand auf der Insel Aruba in den kleinen Antillen, der aber nicht mehr existiert.

Lebensraum

Die Gelbschulteramazone bewohnt die Trockengebiete mit sandigen Böden, die mit Dornbüschen, Kakteen und niedrigen Bäumen besetzt sind. Sie ist ebenso in Savannen mit Baumbestand wie in offenen Trockenwäldern zu finden. Auf Margarita kommt sie bis in 450 m Höhe vor, auf dem venezolanischen Festland vermutlich höher. Möglicherweise besuchen die Vögel auch Mangrovengebiete. Örtlich fallen sie in Anbauflächen und Plantagen ein, wo sie Schäden anrichten können.

Ökologie

Üblicherweise wird die Gelbschulteramazone paarweise, in kleinen Gruppen oder Schwärmen bis zu 30 Tieren gesehen. In Nahrungsgebieten können sich auch bis zu 100 Amazonen einfinden und an Schlafplätzen wurden bis zu 700 Vögel gezählt. Die Schwärme übernachten auf hohen Bäumen oder in Falcón auch in Spalten von Felswänden. Auf Margarita sammeln sich Gruppen in den späten Nachmittagsstunden auf Schlafbäumen, die an Berghängen stehen. Während die Fluchtdistanz auf dem venezolanischen Festland verhältnismäßig gering ist, sind die Populationen auf Inseln sehr scheu und nur schwer zu beobachten. In der Regel werden sie hier meist nur fliegend gesehen. Während der heißen Mittagsstunden ruhen die Vögel in Schatten spendenden Akazienbäumen, wo sie durch ihr blasses Gefieder ideal getarnt sind.

Der Flug der Gelbschulteramazonen ist gerade und verhältnismäßig langsam mit kräftigen Flügelschlägen.

Rufe

Die Rufe sind rau und metallisch. Beschrieben wurden rasselnde *skriiit-* und trillernde *skii-ii-ii-ek-*Schreie.

Nahrung

Die Nahrung besteht aus Samen und Früchten, wobei vor allem Kaktusfrüchte eine besondere Rolle spielen. Zu den bekannten Fruchtpflanzen zählen *Malpighia punicifolia*, *Bourreria succulenta*, *Casearia tremula*, *Terminalia catappa* und *Zizyphus spina-cristi*, hinzu kommen die Samen und Schoten von *Caesalpinia coriaria* und die an Nektar reichen Blüten von *Crescentia cujete*. Es werden Teile bzw. Früchte der Kakteen von *Lamaireocereus griseus* und *Cereus repandus* gefressen. In Obstplantagen fallen die Amazonen über Mango-Früchte und in Anbaugebieten über Avacados und Mais her.

Die trockenen Gebiete Venezuelas

sind der Lebensraum der Gelbschulteramazone

Brutbiologie

Die Brutzeit der Gelbschulteramazonen reicht von März bis September mit Schwerpunkt des Brutbeginns im April oder Mai. Die Jungen fliegen dann in der Regel im August aus. Von Bonaire wurden Bruten im Oktober gemeldet. Die Nisthöhlen befinden sich in hohen Bäumen (*Bulnesia arborea*, *Prosopis juliflora*) oder Kakteen, auf Bonaire aber auch in Spalten von Kalksteinwänden. Das Gelege besteht aus drei bis vier Eiern, auf Bonaire nur aus zwei oder drei. Die Eimaße betragen 36,7 mm x 26,1 mm.

Status und Schutzmaßnahmen

Die Art gilt als selten und gefährdet. Die Festlandpopulation scheint nur noch niedrig zu sein, während auf Margarita 1.900, auf Blanquilla 80 bis 100 und auf Bonaire noch 650 Tiere leben. Der Bestand auf Margarita hat sich seit 1989 von 750 Vögeln auf seine jetzige Größe erholt. 1992 gelang es auch, 12 in Menschenobhut geschlüpfte Vögel erfolgreich auf der Insel auszuwildern. Die Gesamtpopulation wird auf unter 10.000 Exemplare geschätzt, denen ein Verbreitungsgebiet von 11.000 km^2 zur Verfügung steht.

Es besteht weiterhin eine Gefährdung durch den Fang und das Ausnehmen der Nester für den nationalen Handel in Venezuela und auf Bonaire, von wo aus regelmäßig Vögel nach Curaçao verkauft werden. Weite Bereiche des Habitats gelten als bedroht; so werden auf Margarita durch den zunehmenden Tourismus die Brut-, Schlaf- und Nahrungsplätze durch den Abbau von Baumaterial (Sand) zerstört, und auf Bonaire ist die Übergrasung durch Ziegen und das Fällen von Bäumen zur Gewinnung von Holzkohle ein zunehmendes Problem. Hinzu kommen hier noch eingeschleppte Raubfeinde und der illegale Abschuss. Letzter ist auch auf dem venezolanischen Festland ein Problem, wo die Gelbschulteramazonen örtlich als Ernteschädlinge verfolgt werden.

Gelbschulteramazone

Rothschilds Gelbschulteramazonen

auf Bonaire beim Fressen von Kaktusfrüchten

Obwohl die Art durch Gesetz geschützt ist, wird ihr Fang kaum geahndet. Sie kommt in einigen Nationalparks wie Morrocoy, Cerro El Copey, Laguna de la Restinga und Washington-Slagbaai vor, die aber nur kleine Populationen beherbergen und oft in schlechtem Zustand sind. Allerdings wurde im Washington-Slagbaai-Park erfolgreich damit begonnen, heimische Pflanzen wieder aufzuforsten und Weidevieh durch eine Einzäunung fernzuhalten.

Auf Margarita und La Blanquilla werden Aufklärungskampagnen zum Schutz der Amazonen durchgeführt.

Die Art wurde am 06.06.1981 in den Anhang I des WA aufgenommen.

Menschenobhut

Gelbschulteramazonen werden in Europa nur in einigen Kollektionen gepflegt, finden aber eine zunehmende Verbreitung. Wegen ihrer Seltenheit sollten sie in erster Linie als Zuchtvögel gehalten werden. Da zahme Gelbschulteramazonen auch ideale Hausgenossen sind und es bei den Nachzuchten einen Überschuss an Männchen gibt, können diese auch in Privathand abgegeben werden.

Von der Stimme her zählt die Art zu den mittellauten Amazonen, die eine mäßig ausgeprägte Sprechbegabung zeigt. Nachzuchtvögel sind relativ robust, sollten aber wegen ihrer Aggressionsbereitschaft während der Brutzeit nur erfahrenen Züchtern anvertraut werden.

Unterbringung

Zur Unterbringung kommt nur eine geräumige Voliere in Frage, da Gelbschulteramazonen sehr flugfreudig sind. Der Nagetrieb ist durchschnittlich ausgeprägt, trotzdem ist eine Metallkonstruktion angebracht. Eine Gartenvoliere mit angrenzendem, auf 10 °C temperiertem Schutzraum ist ideal. Da die Amazonen während der Brutzeit sehr aggressiv werden, ist nur die paarweise Unterbringung zu empfehlen. Eine Gruppenhaltung außerhalb der Brutzeit ist dann möglich, wenn keine Nistkästen angeboten werden.

Fütterung

Die Art weicht in ihren Fütterungsansprüchen kaum von den in Band 1 gemachten Angaben ab. Man sollte verstärkt Kaktusfrüchte füttern.

Zucht

Die Welterstzucht der Gelbschulteramazone erfolgte 1982 bei Ramon Noegel in Florida, USA. Rosemary Low gelang 1982 es erstmals, die Art in Europa zu züchten. Die deutsche Erstzucht glückte 1997 dem Vogelpark Walsrode.

Nach wie vor wird nur äußerst selten von der Nachzucht von Gelbschulteramazonen berichtet, und die Art gehört zu den schwieriger zu züchtenden Amazonen. Nachzuchtvögel werden relativ frühzeitig zuchtreif; so haben bereits zweijährige Weibchen Eier gelegt. Männchen sind ab dem dritten Lebensjahr befruchtungsfähig.

In Europa beginnt die Brutsaison ab März, allerdings gibt es Weibchen, die erst ab Juni mit dem Legen beginnen. Als Nisthöhlen werden Kästen von 25 cm x 25 cm Grundfläche und einer Höhe zwischen 60 cm und 80 cm angenommen. Das Eingangsloch ist mit 8 cm bis 10 cm Durchmesser ausreichend. Als Einstreu eignet sich grobes Holzhäcksel, das vom Brutpaar noch bearbeitet werden kann.

Naturbrut

In der Loro Parque Fundación werden Gelbschulteramazonen in Hängegehegen gehalten, die zwischen 3 m und 5 m lang sind, 1 m Höhe sowie 1 m Breite haben. Der Käfigboden liegt etwa 1,2 m über der Erde. Für aggressivere Paare werden längere Volieren gewählt, junge und bisher unauffällige Tiere erhalten zunächst lediglich 3 m lange Gehege.

Die erhöhte Aggressivität während der Brutzeit zeigt sich, indem der Betreuer vom laut schreienden Männchen mit aufgestellten Nackenfedern bedroht wird. Es kommt aber auch immer wieder vor, dass erprobte Zuchtpaare aufeinander losgehen und sich ernsthaft verletzen. So kann sich der Autor (M. Reinschmidt) an ein jahrelang erfolgreiches Zuchtpaar erinnern, das in einem 5 m langen Gehege lebte und bei einem Kontrollgang schwer verletzt aufgefunden wurde. Beide Vögel waren aufeinander losgegangen und hatten blutende Bisswunden an Beinen, Flügel, Schnabel und Kopf. Aus Sicherheitsgründen wurden sie dauergaft getrennt.

In den letzten Jahren gelang es, in der Loro Parque Fundación einen Zuchtstamm aufzubauen, so dass verhältnismäßig viele Daten über die Naturbrut und Handaufzucht gesammelt werden konnten. Dabei haben sich nicht alle Elterntiere als zuverlässig erwiesen, was einer der Gründe für die allgemein geringen Zuchterfolge mit der Art sein dürfte.

Gelbschulteramazonen

können während der Brutzeit äußerst aggressiv werden

Bei 37 Gelegen mit insgesamt 136 Eier betrug die durchschnittliche Gelegegröße 3,68 Eier. Ungewöhnlich ist die große Variabilität. So gab es fünf Gelege, die jeweils nur aus einem Ei, drei aus 2 Eiern, elf aus 3 Eiern, sieben aus 4 Eiern, vier aus 5 Eiern, sechs aus 6 Eiern und ein Gelege aus 8 Eiern bestanden. Die durchschnittliche Größe von 41 Eiern erbrachte 35,65 mm x 29,30 mm.

Entfernt man das erste Gelege zur künstlichen Bebrütung, kommt es in den meisten Fällen zu einem Nachgelege, das man den Eltern zur selbstständigen Aufzucht der Jungtiere belassen sollte.

Sehr variabel ist auch das Schlupfgewicht der Jungvögel. Es betrug bei 65 Küken 10,32 g. Das leichteste Küken wog 8,2 g, das schwerste 13,3 g.

Die Ringgröße für Gelbschulteramazonen liegt bei 9,5 mm.

Eine gelbe Gelbschulteramazone

ist aus Venezuela bekannt (links); das rechte Bild zeigt eine junge Gelbschulteramazone im Alter von 50 Tagen

Handaufzucht

In der Handaufzucht bereiten die Gelbschulteramazonen in der Regel keine Probleme, und sie können vom Ei ab mit einem handelsüblichen Handaufzuchtfutter aufgezogen werden.

Handaufgezogene Vögel erweisen sich als verspielt und zutraulich; sie lernen von selbst, einzelne Wort nachzuahmen, und man kann von ihnen oft schon die ersten Wörter wie „Hallo" hören, bevor sie selbstständig sind. Aufgrund ihrer Seltenheit sollte man sie aber auf jeden Fall paarweise halten und ihnen die Möglichkeit zur Brut geben.

Mutationsformen

Bis heute ist lediglich eine gelbe Gelbschulteramazone bekannt.

Sonstige Anmerkungen

Gelbschulteramazonen haben sich vor allem in den letzten Jahren einen festen Platz in den Volieren der Züchter erworben. Sie werden in den Zoos Europas derzeit (Stand August 2008) mit 102 Tieren gehalten, davon aber mehr als die Hälfte in der Loro Parque Fundación. Es wurde ein Europäisches Zuchtbuch (ESB) für die Art eingerichtet. Die AZ-Nachzuchtstatistik registriert zwischen 2000 und 2007 lediglich 15 Junge. Das verdeutlicht, wie wenige Tiere privat gezüchtet werden. Die Loro Parque Fundación hat mit derzeit 60 Tieren aber eine wichtige Grundlage für der Erhalt dieser Art Menschenobhut geschaffen.

Weiterführende Literatur

Freileben und Artenschutz: Arndt (1989), Collar *et al.* (1992), Collar (1997), Desenne & Strahl (1991), Forshaw (1989), Juniper & Parr (1998), Kaufmann (2007), Meyer de Schauensee & Phelps (1978), Niemann (1999), Phelps & Phelps (1958), Reijns & Salm (1981), Ridgely (1981), Rojas-Suarez (1993), Rodríguez & Rojas-Suárez (1995), Rojas-Suarez & Albornoz (1994), Sanz & Grajal (1998), Sanz *et al.* (2003), Seitre & Seitre (1994), Snyder *et al.* (2000), Williams (2004)

Haltung und Zucht: Arndt (2001), van der Donk (2005), Low (1981), Low (1983), Niemann (1999), Robiller (1990), Sweeney (1996)

Königsamazone

(Amazona guildingii) – das Foto zeigt die grün-braune Morphe

Amazona guildingii (Vigors 1837)

Königsamazone

Engl.: St. Vincent Amazon

Die Königsamazone gehört zu den größten Raritäten in Menschenobhut, und sie wird außerhalb ihrer Heimat nur selten gehalten.

Es gibt vier verschiedene Farbvarianten, die aber nichts mit der Unterscheidung in Unterarten zu tun haben. Möglicherweise teilt sich die Art in zwei Populationen auf, wobei die Vögel im Osten von St. Vincent überwiegend der grünen Morphe angehören und sich stimmlich von denen im Westen unterscheiden.

Beschreibung und Verbreitung

Beschreibung: Die Grundfärbung variiert von Gelbbraun bis Grün. Neben einer gelb-orangefarbenen seltenen Morphe existiert eine häufig vorkommende gold-braune sowie eine seltene grün-braune und eine ebenfalls seltene grüne.

Stirn, Vorderscheitel, Zügel und Augenbereich sind gelblich weiß, auf dem hinteren Scheitel, den Wangen und dem Hals in Orange übergehend. Die Ohrdecken und der hintere Wangenbereich sind violettblau, die Nackenfedern grün bis olivgrün, wobei jede Feder einen blauen Anflug und schwarze Säume aufweist. Die Brust und der Bauch sind bronzebräunlich bis grün, jede Feder mit schmalen schwärzlichen Säumen.

Die Unterschwanzdecken sind grünlichgelb,

Rücken, Schulterfedern, Unterrücken und Oberschwanzdecken bronzebraun bis olivgrün und die Oberschwanzdecken mit grünen Spitzen versehen. Der Flügelsaum ist orangefarben. Die äußeren Handdecken sind dunkelgrün mit grünen bis violettblauen Außenfahnen und die inneren Handdecken grün. Die Handschwingen sind schwarz mit grünen bis orangefarbenen Basen, gehen im mittleren Federbereich in gelbe bis orangegelbe Außenfahnen über und haben an den Spitze der Außenfahnen einen violettblauen Anflug. Die äußeren Armschwingen sind violettblau mit orangefarbener Basis, die inneren dunkelgrün mit violettblauen Spitzen, die Armdecken orangebraun bis olivgrün mit grüner Basis, die mittleren und kleinen Flügeldecken bronzebraun bis olivgrün, die kleinen Unterflügeldecken bronzebraun bis grün mit grünen bis blass blauen Säumen und die großen Unterflügeldecken und die Unterseite der Schwingen gelb bis grün. Die Schwanzfedern sind violettblau mit orangefarbener Basis und breiten gelben bis orangegelben Spitzen.

Der Schnabel ist hornfarben, der nackte Augenring hellgrau und die Iris orangerot. Die Füße sind hellgrau.

Jungtiere ähneln den Altvögeln, sind aber insgesamt heller und matter gefärbt. Die Iris ist braun.

Größe: 40 cm (Flügellänge 253 mm - 275 mm, Schwanzlänge 148 mm - 170 mm)

Körpergewicht: 600 g - 800 g

Verbreitung: die Kleine-Antillen-Insel St. Vincent

Lebensraum

Die Art bevorzugt die feuchten Wälder am Fuße und in den Tälern der östlichen und westlichen

Links: Königsamazone (Amazona guildingii) - das Foto zeigt die gold-braune Morphe

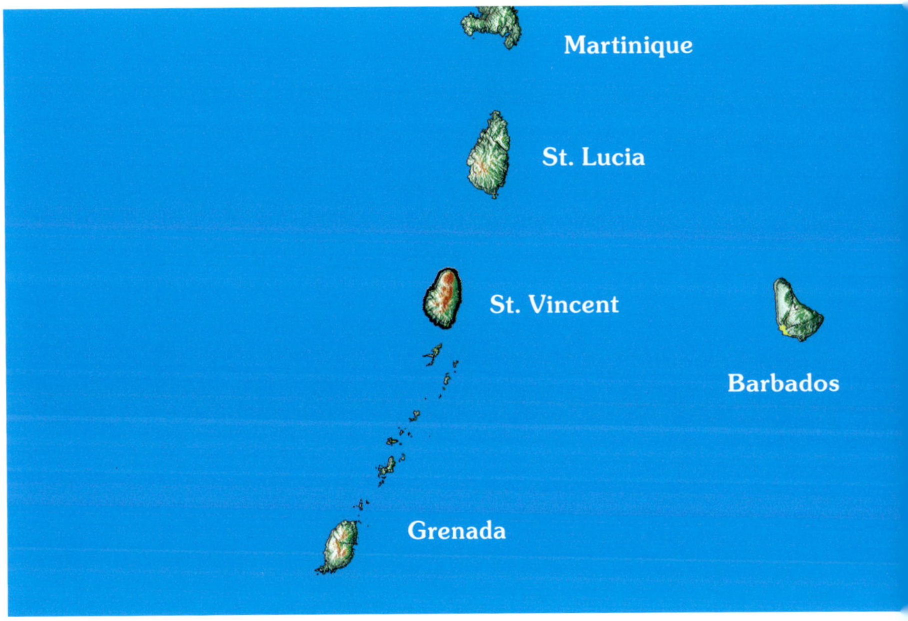

Berge von St. Vincent, hauptsächlich zwischen 300 m und 700 m, kommt allerdings auch bis 1.000 m Höhe vor. Daneben ist sie in teilweise zerstörtem Waldflächen mit noch hohem Baumbestand und gelegentlich in Sekundärvegetation, Anbaugebieten und sogar Gärten anzutreffen.

Die Verbreitung

der Königsamazone ist auf die Insel St. Vincent beschränkt

Ökologie

Königsamazonen werden meist paarweise oder in kleinen Schwärmen von 20 bis 30 Vögeln beobachtet. Die Vögel halten sich bevorzugt in den Kronen hoher Bäume auf, wo sie zwar durch ihr Gefieder gut getarnt, aber durch ihr Lärmen leicht zu orten sind. Die Paare halten eng zusammen, und die Partner entfernen sich nie weit voneinander. Auffallend sind sie während des Fliegens zu und von den Nahrungsgebieten. Da sie nicht mehr bejagt werden, sind sie verhältnismäßig zutraulich; so lassen sie sich bei der Nahrungsaufnahme nur durch deutliche Störungen zum Auffliegen bewegen, entfernen sich dann aber laut schreiend. Ansonsten sind sie vor allem in den frühen Morgen- und späten Abendstunden zu hören, wenn sie von den Schlafplätzen

Königsamazone

Der Lebensraum

der Königsamazone sind die ursprünglichen Bergwälder von St. Vincent

kommen oder zu diesen fliegen. In den Schlafbäumen können sich größere Stückzahlen versammeln.

Der geradlinige Flug ist schnell und durch kräftige Flügelschläge geprägt.

Rufe

Königsamazonen besitzen ein reiches Repertoire an Lautäußerungen, zu denen kläffende Schreie, kehlige trompetenartige *skriii-iiie*-Rufe und gänseartige Töne gehören. Gelegentlich ist ein schrilles Quieken oder ein Quasseln zu hören, beschrieben wurden auch blubbernde und kläffende Töne sowie tiefe *draaak*- und trockene *skiiit*-Rufe. Während des Fluges lassen die Vögel laute *kwoa-kwoa*-Schreie hören.

Nahrung

Die Nahrung besteht aus Samen (insbesondere von *Pouteria multiflora*), Palm- (*Euterpe*) und anderen Früchten, Nüssen, Blüten und Knospen. Zu den Nahrungspflanzen gehören *Inga laurina*, *Licania ternatensis*, *Cordia sulcata*, *Clusia*, *Calophyllum calaba*, *Sloanea*, *Dacryodes excelsa*, *Ficus*, *Cecropia peltata*, *Mangifera indica*, *Melisoma virescens*, *Ixora ferrea*, *Micropholis chrysophylloides*, *Acrocomia aculeata*, *Simaruba amara*, *Krugiodendron ferreum*, *Dussia martinicensis*, *Andira inermis*, *Inga ingoides*, *Brysonima coriacea*, *Talauma dodecapetala*, *Chione verosa*, *Psidium guajava* und *Aphanes erosa*. Zur Nahrungsaufnahme besuchen die Amazonen auch Anbaugebiete und Gärten.

Brutbiologie

Die Brutsaison beginnt am Ende der Trockenzeit und reicht von Februar bis Mai, kann aber in trockenen Jahren schon im Januar oder sehr verspätet im Juli anfangen oder in sehr regenreichen Jahren ganz ausfallen. Üblicherweise befinden sich die Nesthöhlen in hohen Bäumen (meist *Dacryodes excelsa*), in zwei Fällen in 13 m bzw. in 22 m Höhe. Oft nisten bis zu zwölf Vögel in näherer Umgebung, verteidigen aber das eigene Nest gegen andere Brutpaare. Vor der Eiablage wird die Bruthöhle von den Vögeln erweitert. Das Gelege besteht aus einem bis drei Eiern, meist wird aber nur ein Junges aufgezogen, obwohl zwei oder drei schlüpfen. Die Eimaße betragen 46,6 mm x 38,8 mm.

Status und Schutzmaßnahmen

Die Art gilt als gefährdet. Aufgrund von Habitatzerstörung, Jagd und illegalem Handel war der Bestand 1982 auf 370 bis 470 Vögel gesunken, er hat sich durch intensive Schutzmaßnahmen aber heute bei rund 800 Tieren stabilisiert. Nach wie vor sind die Amazonen jedoch durch Rodung des ursprünglichen Waldes zugunsten von Bananenplantagen und Holzkohleproduktion sowie durch das illegale Ausnehmen der Nester, bei dem oft Bruthöhlen zerstört werden, gefährdet. Hinzu kommt ein gewisses Risiko durch Naturkatastrophen wie Hurrikane und Vulkanausbrüche. Das eingeschleppte Neunbinden-Gürteltier (*Dasypus novemcinctus*) untergräbt Brutbäume und lässt sie umstürzen, und eine Überlandstraße soll quer durch das Amazonengebiet geführt werden, was die lediglich 43 km² große Fläche weiter reduzieren würde. Eine Bedrohung geht immer noch von ausländischen Raritätensammlern aus, die die Art für ihre Sammlung fangen lassen.

Die Königsamazone ist heute auf St. Vincent gesetzlich geschützt, und es wurde das „St. Vincent Parrot Reserve“ eingerichtet, um wichtige Teile ihres Habitats zu erhalten. Vor allem in den 80er und 90er Jahren des letzten Jahrhunderts wirkten sich Aufklärungskampagnen positiv auf den Erhalt der Art aus, und im Jahr 2005 wurde ein aktueller Plan zum künftigen Schutz der Amazonen erarbeitet.

Die Art wurde am 01.07.1975 in den Anhang I des WA aufgenommen.

Menschenobhut

In Menschenobhut wird die Art nur selten in zoologischen Einrichtungen und bei wenigen spezialisierten Züchtern gehalten. Für die Wohnungshaltung spielt sie überhaupt keine Rolle. Einen guten Überblick über die bislang in Menschenobhut vorhandenen Vögel gibt Low (2005).

Die Stimme wird von den Königsamazonen nicht sehr häufig, dann aber durchaus kräftig eingesetzt. Eine Sprechbegabung ist nicht bekannt.

Unterbringung

Die Volieren für Königsamazonen sollten möglichst groß gewählt werden und wegen der Nagefreudigkeit der Vögel aus einer Metallkonstruktion bestehen. Die ideale Unterbringung stellt eine große Außenvoliere mit angrenzendem Schutzraum dar, der im Winter auf mindestens 15 °C geheizt wird. An sonnigen Tagen ab 5 °C kann den Tieren auch tagsüber der Aufenthalt in der Freivoliere gewährt werden.

Königsamazone

beim Fressen von Hülsenfrüchten

Da Königsamazonen sehr aggressiv werden können, dürfen sie nur paarweise untergebracht werden. Auch bei dieser Haltungsform sollte das Aggressionspotential gering gehalten und die Voliere mit Hilfe von Sichtblenden oder lebenden Büschen und Bäumen so gestaltet werden, dass sich die Vögel aus dem Weg gehen können. Je größer die Voliere, desto weniger Aggressivität gegenüber dem Partner ist zu befürchten.

Fütterung

Grundsätzlich entspricht die Ernährung der Königsamazone den allgemeinen Angaben in Band 1, allerdings ist streng auf die Futtermenge zu achten, da die Vögel schnell fett und damit träge

Die grüne Morphe

der Königsamazone ist verhältnismäßig selten anzutreffen

werden, was sich negativ auf ihre Fortpflanzungsbereitschaft auswirkt. Übergewichtige Königsamazonen in Menschenobhut brachten es schon auf 1.300 g Körpergewicht.

Zucht

Die Welterstzucht der Königsamazone gelang 1972 dem Houston Zoo in Texas, USA. Die europäische Erstzucht glückte dem Paradise Park in Cornwall, England, im Jahr 2000. Zwischen 1982 und 1985 wurden bei W. T. Miller auf Barbados vier Jungtiere groß. 1981 erhielt Ramon Noegel in Florida acht Tiere, und schon einige Monate später hatte er den ersten Jungvogel. Er baute seinen Bestand aus, bis er seine inzwischen über 35 Königsamazonen komplett im Jahre 2006 an den „Verein zur Erhaltung bedrohter Papageien e.V." verkaufte.

Im Jahre 1980 wurde ein internationales Konsortium gegründet, um die vorhandenen Königsamazonen weltweit zu koordinieren. Mitglieder sind in erster Linie zoologische Einrichtungen.

In den Jahren 1988 bis 2002 schlüpften im Botanischen Garten von St. Vincent 35 Jungtiere. Derzeit leben etwa weitere 60 Vögel in privaten Händen auf der Insel, die aber alle registriert, beringt und Eigentum der Regierung sind und regelmäßig kontrolliert werden. Ihre Weitergabe ist nicht möglich.

In Tschechien werden mehrere Paare Königsamazonen, die sich inzwischen auch schon vermehrt haben, privat gehalten.

Während der Zucht können Königsamazonen sehr aggressiv dem Pfleger und dem eigenen Partner gegenüber werden, deshalb sind sie in der Brutzeit besonders genau zu beobachten, um im Notfall eingreifen zu können.

Die Königsamazone zählt zu den schwierig zu züchtenden Arten, bei denen ein sehr hoher Anteil unbefruchteter Eier zu erwarten ist. Die Brutreife tritt bei beiden Geschlechtern im fünften Lebensjahr ein. Der Brutbeginn in Europa liegt zwischen März und Mai. Als Nisthöhlen eignen sich Nistkästen mit den Grundmaßen 25 cm x 25 cm und einer Höhe von 80 cm sowie einem Einschlupfloch von 12 cm Durchmesser. Als Einstreu wird grobes Holzhäcksel verwendet, das in der Brutvorbereitungsphase gern bearbeitet wird.

Naturbrut

In der Regel werden Gelege zwischen zwei und vier Eiern produziert, aus denen nach 25 bis 26 Tagen die Jungen schlüpfen. Nach 55 bis 67 Tagen verlassen diese dann die Nisthöhlen.

Im Rahmen des internationalen Zuchtprogramms für die Königsamazone kam im Jahre 2002 ein 1986 geschlüpftes Königsamazonen-Weibchen aus dem Houston Zoo, USA, in die Loro Parque Fundación, um mit dem dort lebenden Männchen verpaart zu werden. Seit dem Jahr 2004 schritt es viermal zur Brut, wobei jedes Mal drei Eier gelegt wurden. Das Legegewicht eines Eies lag bei 25 g. Acht Eier konnten vermessen werden, ihre Durchschnittsgröße beträgt 41,21 mm x 31,34 mm. Während zuvor immer nur ein Gelege produziert worden war, legte das Weibchen 2008 ein Nachgelege, nachdem das erste Gelege entfernt worden war. Leider waren alle Eier bislang unbefruchtet.

Die Ringgröße für die Königsamazone liegt zwischen 11 mm und 12 mm.

Königsamazone

im Loro Parque

Handaufzucht

Die Handaufzucht junger Königsamazonen unterscheidet sich grundsätzlich nicht von der anderer Amazonen und gelingt mit einem handelsüblichen Handaufzuchtfutter.

Wegen ihrer Seltenheit gehören Nachzuchten von Königsamazonen stets in ein koordiniertes Zuchtprogramm, um die Erhaltung der Art in Menschenobhut zu gewährleisten.

Mutationsformen

Außer einem Vertreter der grünen Morphe, der mit Ausnahme des Scheitels nahezu den gesamten Kopf orangegelb gefärbt hatte, sind bis heute keine Farbmutationen der Königsamazone bekannt geworden.

Sonstige Anmerkungen

Königsamazonen befinden sich derzeit in Europa so gut wie nicht in privaten Züchterhänden. Die wenigen Haltungen beschränken sich meist auf zoologische Gärten, aber auch hier gibt es lediglich sechs Tieren (Stand August 2008), so dass eine internationale Zusammenarbeit zur Festigung des Bestands erforderlich ist. Dies kann mit dem zuvor genannten Verein, der den Bestand von Ramon Noegel übernommen hat, und mit dem botanischen Garten von St. Vincent geschehen, in dem die Art mit kleinem, aber regelmäßigem Erfolg gezüchtet wird.

Weiterführende Literatur

Freileben und Artenschutz: Amberger (1989), Bruning (2002), Butler (1991), Cavalheiro (2008), Collar *et al.* (1992), Colmore *et al.* (2004), Greenwood (1994), Forshaw (1989), Juniper & Parr (1998), Nicols (1976), Raffaele *et al.* (1998), Snyder *et al.* (2000), Woolcock (2000), Culzac-Wilson (2005), Culzac-Wilson *et al.* (2003)

Haltung und Zucht: Berry (1974), Bruning (2002), Bürkle (2007), Fierens (2007), Hoppe (1996), Hoppe (1998), Kaufmann (2000), Low (1995), Low (2005), Low (2009), Noegel (1982), Robiller (1990), Robiller & Trogisch (1985), Ruiter (1993), Sweeney (2001), Wilkinson (2000)

Amazona amazonica (Linné 1766)

Venezuela-Amazone

Engl.: Orange-winged Amazon

Die Venezuela-Amazone gehörte bis etwa Mitte 2005 zu den am häufigsten importierten Amazonen. Sie fand in erster Linie Absatz für die Wohnungshaltung, da sie im Vergleich zu anderen großen Papageien günstig zu erwerben war.

Ursprünglich wurden zwei weitere Unterarten beschrieben. Während die von Griscom und Greenway 1937 für Surinam abgetrennte Form *Amazona amazonica micra*, die kleiner sein soll, nie wirkliche Beachtung fand, wurde die 1918 von Cory eingeführte Unterart *Amazona amazonica tobagensis* lange Zeit für valide gehalten. Es hat sich aber gezeigt, dass der als typisch betrachtete orangerote Flügelspiegel auf den vier äußeren anstatt nur auf den drei äußeren Armschwingen nicht typisch für die Vögel von Trinidad und Tobago ist, sondern auch bei den Festlandpopulationen auftritt. Beide Formen werden deshalb heute der Nominatform zugeordnet.

Beschreibung und Verbreitung

Beschreibung: Die Grundfärbung dieser mittelgroßen Amazone ist grün; die Nackenfedern sind schwach schwärzlich gesäumt. Die Wangen und der vordere Scheitel (sowie gelegentlich auch die Stirn) sind gelb, die Stirn, die Zügel und der Bereich über dem Auge violettblau.

Der Flügelsaum ist gelbgrün. Die Handschwingen sind violettblau mit schwarzen Spitzen und besitzen einen orangen Flügelspiegel, der sich über die äußeren drei oder vier, gelegentlich auch über die äußeren fünf Armschwingen erstreckt. Der Schwanz ist grün mit grüngelber Spitze, wobei die äußeren Federn mit Orangerot verwaschen sind.

Links: Venezuela-Amazone (Amazona amazonica)

Das Verbreitungsgebiet

der Venezuela-Amazone erstreckt sich über weite Teile Südamerikas

Der nackte Augenring ist grau, der Schnabel hornfarben mit grauer Spitze und die Iris gelb bis orange. Die Füße sind grau.

Jungtiere entsprechen den Altvögeln, zeigen aber eine weniger intensive Kopffärbung. Die Iris ist bei ihnen dunkel. Die Ausfärbung ist mit zwölf Monaten beendet.

Größe: 31 cm (Flügellänge 189 mm - 221 mm, Schwanzlänge 86 mm - 112 mm)

Körpergewicht: 350 g - 400 g

Verbreitung. Die Art hat ein riesiges Verbreitungsgebiet, das sich westlich der Anden in Nord-

Venezuela-Amazone

Waldränder entlang von Flüssen

sind eines der bevorzugten Habitate der Venezuela-Amazonen; das Bild zeigt den Rio São Benedito im brasilianischen Bundesstaat Pará

Kolumbien über das mittlere und untere Magdalena-Tal sowie vom Rio Sinú bis zu den Santa-Marta-Bergen erstreckt. Östlich der Anden kommt sie in Kolumbien, Ost-Ekuador, Ost-Peru, Nord-Bolivien und Brasilien im Amazonasbecken südwärts bis Mato Grosso sowie in Venezuela, Französisch-Guayana, Guyana, Surinam, Trinidad und Tobago vor. Eine isolierte Population befindet sich in Pernambuco, Brasilien.

Lebensraum

Venezuela-Amazonen bewohnen alle Arten von Wäldern, offenen Flächen mit Baumbestand und Savannen, wobei sie eine Vorliebe für Gebiete entlang von Flussläufen und Waldrändern zeigen und offensichtlich geschlossene und Terra-firme-Waldflächen meiden. Zusätzlich werden sie in Mangroven, Sümpfen, Várzea-Wald und Sekundärvegetation in der feuchten tropischen Zone in der Regel bis 650 m Höhe angetroffen. In der Gran Sabana kommen sie allerdings noch in 1.200 m Höhe vor. Gelegentlich findet man sie in trockenen Gebieten, Plantagen, Parkanlagen und auf Dorfplätzen mit hohen Bäumen.

Ökologie

Tagsüber sieht man die Art nur paarweise oder in kleinen Familienverbänden. Auf Futterbäumen trifft man Ansammlungen von bis zu 50, manchmal bis zu 200 Vögeln. Berühmt sind die Schlafplätze, in denen sich regelmäßig mehrere Hundert und gelegentlich Tausende Amazonen einfinden. Im Delta Amacuro, Venezuela, wurden bis zu 20.000 Vögel an solch einem Schlafplatz beobachtet. Diese Plätze sind nicht schwer zu finden, da sie von den Paaren und kleinen Gruppen gegen Abend von allen Richtungen aus angeflogen werden und man ihnen nur folgen muss. Der Lärm an den Schlafbäumen ist ohrenbetäubend. Als Schlafgelegenheiten werden bevorzugt Baumgruppen, Palmenhaine oder Mangroven auf vorgelagerten oder Flussinseln genutzt, kleine Schwärme übernachten aber auch in Riesenbambussen oder sogar in größeren Bäumen am Rande oder in Dörfern. Die Ansammlungen an Schlafplätzen sind während der Brutzeit kleiner als außerhalb.

Tagsüber halten sich Venezuela-Amazonen in den oberen Zweigen der Baumkronen auf, wo sie durch ihr Gefieder kaum auffallen. Sie werden deshalb überwiegend fliegend während der morgendlichen und abendlichen Flüge zu und von den Schlafbäumen gesehen oder wenn sie einen Zwischenaufenthalt auf hohen kahlen Ästen einlegen. Auf Futterbäumen findet man sie oft in Gemeinschaft mit Gelbscheitel- (*Amazona ochrocephala*), seltener mit Granada- (*Amazona rhodocorytha*), Müller- (*Amazona farinosa*) oder Blaustirnamazonen (*Amazona aestiva*). Sie klettern geschickt in den Ästen, um an Früchte zu kommen. Beim Fressen sind sie auffallend leise, während des Fliegens hingegen lärmend.

Örtliche Wanderungen wurden früher aus Rio de Janeiro, Brasilien, beschrieben, bei denen die Vögel in den Wintermonaten aus dem Landesinnern in die Küstenmangroven zogen, oft zusammen mit Granada-Amazonen.

Rufe

Venezuela-Amazonen besitzen eine große Bandbreite an harschen Kreischtönen, Schreien und Quäken bis hin zu melodiösen Trillern, Blubbern oder Pfeifen. Zu den Lautäußerungen gehören klare *kiiieik-kiiieik-kurik-kuirk-*, nasale *ahnk-ahnk-*Rufe, kläffende *shriiip-*Töne, ein langgezogenes vibrierendes *Ch-ii-ii-ah*, ein kurzes scharfes *Chet-chet* und ein melodiöses *Plink*. Laute, durchdringende *sciit-*Schreie werden drei- bis viermal in schneller Folge ausgestoßen und nach einer kurzen Pause wiederholt. Bekannt sind ebenfalls vibrierende *grii-iii-iik-*Rufe, die von einem zweisilbigen Pfeifen gefolgt werden. Einige Schreie erinnern an die von Lachmöwen (*Larus ridibundus*).

Nahrung

Die Nahrung besteht aus Palm- (*Sloanea, Richeria, Byrsonima*) und anderen Früchten (*Pomcaete*), Samen (*Sterculia caribaea*), Beeren, Nüssen, Blüten (*Erythrina*) und Blattknospen, die in Bäumen und Büschen gefunden werden. Weitere Nahrungspflanzen sind *Tabebuia serratifolia, Curatella americana* und *Spondius monbin*. In einigen Gebieten fallen die Amazonen gelegentlich in Mais-, Bohnen- und Getreidefelder sowie in Orangen-, Mango- und Kakao-Plantagen ein.

In seltenen Fällen wurde beobachtet, dass Venezuela-Amazonen auch Collpas besuchen, um dort mineralhaltige Erde aufzunehmen.

Brutbiologie

Die Brutzeit variiert aufgrund des großen Verbreitungsgebietes. In Kolumbien reicht sie von Dezember bis Februar, in Surinam von Februar bis März, in Venezuela von April bis Juni und auf Trinidad von Mai bis Juli. Die Nisthöhlen befinden sich in abgestorbenen Palmen oder in Baumhöhlen, oft in beträchtlicher Höhe. In einem Fall war die Nisthöhle 1,6 m tief. Das Gelege umfasst zwei bis fünf Eier, die Brutzeit wurde mit drei Wochen angegeben, wobei diese Zeit vermutlich zu kurz ist. Nur die Weibchen brüten, sie werden jedoch vom Männchen, das sich in der Nähe der Nisthöhle aufhält, mit Nahrung versorgt. Zur Fütterung durch das Männchen verlässt das Weibchen nur für kurze Zeit sein Nest, in dem es auch nachts allein brütet. Das Männchen übernachtet zusammen mit dem Schwarm. Die Eimaße betragen 37,4 mm x 29,1 mm.

Venezuela-Amazone

beim Fressen von Palmfrüchten

Status und Schutzmaßnahmen

Der Art steht noch ein Verbreitungsgebiet von etwa 7.400.000 km^2 zur Verfügung, und sie ist durchweg häufig. Örtlich haben die Bestände jedoch aufgrund des intensiven Fangs für den Heimvogelmarkt gelitten. Zumindest früher wurden vor allem in Surinam die Bestände in der Umgebung von Siedlungen durch „Sportschüt-

Venezuela-Amazone

Nur die Weibchen brüten

bei den Venezuela-Amazonen, werden aber vom Männchen mit Futter versorgt

zen“ dezimiert. In der Zeit von 1981 bis Januar 2005 wurden laut der „UNEP-WCMC CITES Trade Database“, einer Handelsstatistik, offiziell 268.510 Tiere hauptsächlich nach Europa und in die USA exportiert.

Schutzprojekte oder -maßnahmen existieren für die Art nicht. Sie wurde am 06.06.1981 in den Anhang II des WA aufgenommen.

Menschenobhut

Vor allem in den 80er und 90er Jahren des letzten Jahrhunderts wurden Venezuela-Amazonen in großen Stückzahlen für den Heimvogelmarkt importiert. Züchter waren an der „billigen“ Amazone kaum interessiert, da sie sich als schwer züchtbar erwies. Inzwischen wechselten viele Tiere, die in Privathand scheu blieben und nicht die in sie gesetzten Erwartungen erfüllten, in Züchterhände, und seit dem Importstopp im Jahre 2006 werden sie vermehrt zu Zuchtzwecken gehalten.

Handaufgezogene Venezuela-Amazonen eignen sich durchaus auch für die private Wohnungshaltung, wenn diese an den Bedürfnissen der Tiere ausgerichtet ist. Eine paarweise Haltung sollte angestrebt werden. Die Stimme der Venezuela-Amazone kann sehr kräftig sein, allerdings gibt es große individuelle Unterschiede. Die Sprechbegabung ist nicht stark ausgeprägt, dennoch lernen einige Tiere Worte nachzuahmen. Nachzuchtvögel sind robust und durchaus auch dem Anfänger zu empfehlen.

Unterbringung

Auch das Nagebedürfnis variiert individuell; so gibt es Tiere, die gerne und oft nagen, und andere, die Holz nicht beachten. Dennoch sollte die Volierenkonstruktion aus Metall sein, um möglichen Schäden vorzubeugen.

Wenn ihnen täglich Freiflug gewährt wird, können Venezuela-Amazonen auch in einer Zimmervoliere untergebracht werden. Die ideale Unterbringung ist allerdings die Freivoliere mit angrenzendem beheizbaren Schutzraum. Im Winter muss dieser auf mindestens 10 °C geheizt werden. Eine Gruppenhaltung außerhalb der Brutzeit ist durchaus möglich. Zuchtversuche sind aus dem Ruhrzoo in Gelsenkirchen bekannt, wo in zwei Gruppen mit zusammen 16 Vögeln je ein Paar brütete.

Fütterung

Die Ernährung der Art weicht nicht von den in Band 1 gemachten Angaben ab.

Zucht

Die Welterstzucht der Venezuela-Amazone gelang 1967 in Busch Gardens, Tampa, Florida, während die europäische Erstzucht 1985 bei Mittelhuber in Deutschland klappte.

Venezuela-Amazonen gehören zu den schwierig zur Zucht zu bewegenden Arten. In der Regel werden sie mit drei Jahren geschlechtsreif. Sie sind Frühjahrsbrüter, deren Eiablage meist in die Zeit zwischen März und Juni fällt.

Als Nisthöhlen verwendet man Nistkästen mit einer Bodenfläche von 25 cm x 25 cm bei einer Höhe von 60 cm bis 80 cm und einem Einflugloch von 10 cm Durchmesser. Als Nistkasteneinstreu eignet sich grobes Holzhäcksel, das von den Tieren gerne bearbeitet und benagt wird.

Naturbrut

Zur Brut sollte ein Paar in einer mindestens drei Meter langen Voliere untergebracht werden. Das Balzverhalten der Venezuela-Amazone ist sehr intensiv und interessant, denn die Tiere stellen ihre Nackenfedern auf, um dadurch imposanter und größer zu wirken. Manche Tiere werden in der Brutzeit auch dem Pfleger gegenüber aggressiv.

In der Loro Parque Fundación wird die Art regelmäßig in kleinen Stückzahlen gezüchtet, dabei funktioniert die Elternaufzucht genauso zuverlässig wie die Handaufzucht. Die Paare haben sich stets als zuverlässig erwiesen.

Elf untersuchte Gelege bestanden in der Loro Parque Fundación durchschnittlich aus 3,1 Eiern. Dabei wurden zwei Gelege mit je 2 Eiern produziert, sechs mit 3 und drei bestanden aus 4 Eiern. Sieben Eier wurden zur Ermittlung der durchschnittlichen Eimaße herangezogen. Diese liegen bei 35,79 mm x 28,18 mm. Die Brutzeit beträgt etwa 26 Tage. 27 Küken brachten ein mittleres Schlupfgewicht von 10,18 g auf die Waage. Das leichteste Küken wog 8,8 g, das schwerste 13,7 g.

Die Art wird in der Regel mit 9,5-mm-Ringen beringt.

Handaufzucht

Die Handaufzucht gelingt in der Regel ohne große Schwierigkeiten mit einer handelsüblichen Aufzuchtfuttermischung. Von Hand aufgezogene

Junge Venezuela-Amazonen

im Alter von 47 und 50 Tagen

Venezuela-Amazonen können hervorragende Hausgenossen werden, allerdings sollte man zwei Tiere halten, um dem Sozialbedürfnis der Vögel gerecht zu werden. Die Zutraulichkeit leidet nicht darunter, im Gegenteil ermöglichen zwei Tiere viele interessante Beobachtungen.

Mutationsformen

Inzwischen gibt es einige Mutationsformen der Venezuela-Amazone. Allerdings stammt die Mehrzahl aus Wildfängen, was bei der riesigen Menge an importierten Tieren nicht verwundert. Neben zimt- und olivfarbenen sind Lutino- und blaue Venezuela-Amazonen bekannt.

Sonstige Anmerkungen

Die Venezuela-Amazone gehört aufgrund ihrer großen Verbreitung in Menschenobhut zu den Arten, deren Fortbestand in unseren Volieren auch langfristig garantiert sein sollte.

In den europäischen Zoos leben derzeit (Stand August 2008) 151 Venezuela-Amazonen. Dies liegt daran, dass ungewollte Heimvögel in Zoos

Einige Mutationsformen

sind bei den Venezuela-Amazonen bereits aufgetreten; das linke Bild zeigt einen gescheckten Vogel, das rechte einen zimtfarbenen

abgegeben werden. Allerdings sind nur wenige Zuchterfolge aus den Zoos bekannt.

Die AZ-Nachzuchtstatistik weist im Zeitraum zwischen 2000 und 2007 eine Gesamtanzahl von 136 gezüchteten Venezuela-Amazonen auf. Der jährliche Durchschnitt von 17 Jungen ist im Vergleich zur Zahl der gehaltenen Tieren eine geringe Erfolgsquote. Dennoch liegt die Art auf Platz 6 der gezüchteten Amazonen mit einem Anteil von 5,4 Prozent aller Amazonennachzuchten.

In Zukunft sollten sich die Züchter intensiver um die Venezuela-Amazone kümmern, damit diese Art langfristig durch Zucht in Menschenobhut erhalten wird.

Weiterführende Literatur

Freileben und Artenschutz: Belcher & Smooker (1936), Bond (1970), Brockner (1990), Chapman (1917), Cory (1918), Darlington (1931), Desenne & Strahl (1991), Desenne & Strahl (1994), Dubs (1992), Dugand (1947), ffrench (1992), Forshaw (1989), Friedmann (1948), Friedmann & Smith (1950), Griscom & Greenway (1937), Haverschmidt (1958), Haverschmidt (1968), Hilty (2003), Hilty & Brown (1986), Junge & Mees (1958), McLoughlin (1970), Meyer de Schauensee (1949), Meyer de Schauensee & Phelps (1978), Nottebohm & Nottebohm (1969), O'Neill (1981), Poonai (1969), Ridgely (1981), Schubart *et al.* (1965), Sick (1993), Sick & Papst (1968), Snyder (1966), Stone & Roberts (1934), Tostain *et al.* (1992), Traylor (1958)

Haltung und Zucht: Brockel (1979), de Grahl (1979), Hoppe (1987), Lantermann (2005), Low (1980), Low (2005), Millam (2000), Millam *et al.* (1995), Niemann (1997), Ott (1982), Robiller (1990)

Rotschwanz-amazonen

(Amazona brasiliensis) stellen bei der Balz ihre Nackenfedern fächerartig auf

Rotschwanzamazone

Die Rotschwanzamazone (*Amazona brasiliensis*) nimmt innerhalb der Gattung eine Sonderstellung ein. In früheren Zeiten nahm man an, sie sei eng verwandt mit der Goldmasken- (*Amazona dufresniana*) und der Granada-Amazone (*Amazona rhodocorytha*), und einige Autoren (Peters 1937, Meyer de Schauensee 1970) haben sie sogar mit *A. dufresniana* zu einer Art zusammengefasst. Russello und Amato (2004) haben jedoch aufgezeigt, dass die Rotschwanzamazone innerhalb der Gattung relativ isoliert ist und allenfalls der Venezuela-Amazone (*Amazona amazonica*) etwas näher steht.

Amazona brasiliensis (Linné 1758)

Rotschwanzamazone

Engl.: Red-tailed Amazon

Die Rotschwanzamazone ist nur in kleinen Stückzahlen in zoologischen Einrichtungen und nur vereinzelt bei Züchtern anzutreffen. Die wenigen Exemplare kamen in den 80er Jahren des letzten Jahrhunderts vermutlich über die Schweiz, Italien, Schweden, Ungarn und Portugal nach Europa.

Beschreibung und Verbreitung

Beschreibung: Die Grundfärbung dieser mittelgroßen Amazone ist grün. Stirn und Zügel sind matt rot und Scheitel und Nacken rosarot, wobei die Federn bläulich-lila gesäumt sind. Kinn und Wangen sind rosa mit einem bläulichen Anflug und blauen Säumen, die Ohrdecken matt violettblau. Der Hinternacken ist grün mit dunklen Säumen.

Der Flügelsaum ist rot. Die Flügeldecken und Handschwingen sind blass gelb gesäumt, die Armschwingen grün, zur Spitze hin dunkelblau, und der Schwanz ist grün mit grüngelber Spitze, wobei die äußeren Schwanzfedern an den Außenfahnen blau sind. Über den Schwanz verläuft ein breites rotes Band, was der Art den Namen eingebracht hat.

Der schmale nackte Augenring ist grau, der Schnabel hornfarben mit grauer Spitze und die Iris orangerot. Die Füße sind grau.

Jungtiere ähneln den Altvögeln, haben aber weniger Rot auf der Stirn und ein matteres Gefieder. Die Iris ist dunkel. Die Umfärbung ist mit 12 Monaten beendet.

Größe: 37 cm (Flügellänge 208 mm - 219 mm, Schwanzlänge 101 mm - 112 mm)

Körpergewicht: 420 g - 480 g

Verbreitung: Die Art hatte ursprünglich ein relativ großes Verbreitungsgebiet in Südost-Brasilien von Südost-São-Paulo bis Rio Grande do Sul, ist heute aber auf wenige Gebiete zwischen der Serra do Mar und der Küste von Itanhaém in São Paulo über Paraná bis zum äußersten Nordosten in Santa Catarina begrenzt.

Links: Rotschwanzamazone (Amazona brasiliensis)

Das Verbreitungsgebiet der Rotschwanzamazone

ist heute sehr lückenhaft und deutlich geschrumpft

Lebensraum

Die Art bewohnt die atlantischen Wälder in Küstennähe. Sie nutzt zusätzlich ursprüngliche und teilweise gerodete Feuchtgebiete mit Baumbestand (*Luehea*, *Andira*), Restinga- (ein komplexes Vegetationssystem unter maritimem Einfluss) sowie Sumpf- und Mangrovengebiete. Bevorzugt hält sich die Art in einer Mischung aus Sumpf- und Feuchtgebieten auf, die von Salzwasserkanälen durchzogen sind. Üblicherweise kommt die Art nur bis zu einer Höhenlage von 200 m bis 400 m vor, in Paraná wurde sie jedoch auch in 700 m Höhe gesichtet.

Ökologie

Rotschwanzamazonen werden heute meist nur noch paarweise oder in kleinen Gruppen bis 20 Vögel beobachtet. Lediglich im Winter werden etwas größere Ansammlungen gesichtet, früher sogar Schwärme bis zu 700 Vögel. Berichte, nach denen die Art zusammen mit Prachtamazonen (*Amazona pretrei*) Nahrung in *Araucaria*-Waldgebieten suchten, sind wahrscheinlich

Die Nahrungsplätze

der Rotschwanzamazonen auf dem Festland gegenüber der Ilha Comprida im Bundesstaat São Paulo

falsch. Nahezu sämtliche Populationen übernachten auf vorgelagerten Inseln mit Restinga- oder Mangroven-Vegetation. Hier wurden schon Ansammlungen von 750 Tieren gezählt. Morgens bleiben die Vögel zunächst dort und suchen zwischen 8.00 Uhr bis 10.00 Uhr Nahrung, anschließend fliegen sie zur weiteren Nahrungssuche auf das Festland, wo sie meist kurze Zwischenaufenthalte in den feuchten und von Kanälen durchsetzten Gebieten entlang der Küste machen. Sie kehren gegen 17.00 Uhr zu den Schlafplätzen zurück. Hier sind sie sehr laut, und regelmäßig sind Kämpfe um die besten Plätze auf den Schlafbäumen zu beobachten. Erst nach Sonnenuntergang sind sie still.

Der Flug ist oft unregelmäßig und mit Wendungen durchsetzt. Beim Landen auf einem Baum fliegen die Vögel diesen nicht direkt, sondern in einer eleganten Kurve an. Während sich die Vögel in Küstennähe leise verhalten, sind sie während langer Flüge zu den Nahrungsplätzen auf dem Festland auffallend lärmend.

Rufe

Die Stimme der Rotschwanzamazonen ist schrill und erinnert in vielen Rufen an die der Blaustirnamazone (*Amazona aestiva*). Während des Fliegens lassen die Vögel ein typisches *Kraaa-kraaa* hören. Beschrieben wurden ebenso musikalische Brummtöne, *klit-crau-klit-crau-*, *kli-kli-* und *krayo-*Rufe sowie weiches Geschnatter.

Nahrung

Rotschwanzamazonen ernähren sich überwiegend von Früchten, wobei die Früchte des Guanandi (*Calophyllum brasiliense*) eine bedeutende Rolle spielen. Weitere wichtige Nahrungspflanzen sind *Syagrus romanzoffianum* und *Psidium cattleyanum*. Aufgenommen werden zusätzlich die Blüten und Früchte von *Erythrina speciosa* und die Früchte von *Euphorbia* und *Myrcia*. Wahrscheinlich fressen die Amazonen auch Knospen, Blätter und in Früchten enthaltene Insekten.

Brutbiologie

Die Brutsaison reicht von August bis März, wobei der Schwerpunkt in die Zeit von September bis Februar fällt. Die Nistplätze befinden sich fast ausschließlich auf unzugänglichen vorgelagerten Inseln mit Mangroven- und Restinga-Vegetation, können ausnahmsweise aber auch in Sümpfen, dichtem Wald oder Überschwemmungsgebieten liegen. Genutzt werden neben Spechthöhlen und natürlichen Höhlen in hohen Bäumen (bevorzugt *Callophyllum brasiliens*) vor allem Gerivá-Palmen (*Syagrus romanzoffianum*). Die Bruthöhlen befinden sich in durchschnittlich 8 m Höhe und sind 50 cm bis 100 cm tief. Sie werden jedes Jahr erneut benutzt. Bei der Balz imponieren beide Partner mit aufgestellten Nackenfedern und aufgefächertem Schwanz. Das Gelege besteht aus zwei bis vier Eiern. Die Nestlingszeit beträgt 50 bis 55 Tage, und es werden maximal drei Junge aufgezogen.

Status und Schutzmaßnahmen

Die Art gilt als stark gefährdet, und auch in den letzten Jahrzehnten konnten potentielle Gefahrenquellen wie Habitatzerstörung und Ausnehmen der Nester nicht entscheidend beseitigt werden. So wurden während der Brutsaison 1991/1992 allein 356 Nestlinge und Altvögel im Bezirk Cananéia, der ein Viertel des Verbreitungsgebietes umfasst, gefangen, und von 47 Nestern, die zwischen 1990 und 1940 untersucht wurden, gingen sechs durch natürliche Nesträuber verloren und der gesamte Rest wurde durch einheimische Fänger ausgenommen. Von letzten werden oft auch noch die Nisthöhlen beschädigt, so dass diese für künftige Bruten verloren gehen.

Eine weitere Bedrohung stellt der ständige Habitatverlust durch Holzeinschlag für den Bau von Booten oder das Roden zugunsten von Weideflächen, Ferienhäusern oder Bananenplantagen dar. Notwendige Brutpalmen werden gefällt, und einige der verbleibenden Gebiete werden für den Tourismus erschlossen, was sich zweifelsohne negativ auf die Population auswirken wird; so ist z.B. der Bau einer Brücke zur Ilha Comprida, einem der letzten Rückzugsgebiete der Art, geplant. Das Verbreitungsgebiet wird heute auf lediglich noch 4.800 km² geschätzt.

In den 80er Jahren des letzten Jahrhunderts betrug der Bestand zwischen 3.500 und 4.500 Vögel, sank dann aber 1991/1992 auf ein historisches Tief von 2.000 Exemplaren. Durch Schutzmaßnahmen und eine Aufklärungskampagne haben sich die Populationen etwas erholt, und der Bestand wird heute auf 4.000 bis 6.600 Amazonen geschätzt, wovon rund 3.400 auf die Population in Paraná entfallen.

Rotschwanzamazonen dürfen mittlerweile aufgrund nationalen Rechts nicht mehr gefangen werden. Sie kommen zwar in 15 Schutzgebieten vor, von denen aber allenfalls der Superagüi National Park in Paraná einen effektiven Schutz gewährleistet. Die Einrichtung weiterer Nationalparks stößt aufgrund wirtschaftlicher Interessen auf Widerstand. So steht immer noch die formelle Einrichtung des Ilha Comprida State Park und der Itapanhapina Ecological Station aus, die beide wichtige Populationen der Rotschwanzamazone beherbergen. Auch Forderungen, den Superagüi National Park durch die Ilha do Pinheiro, eine von den Vögeln genutzte vorgelagerte Insel, zu erweitern, konnten noch nicht durchgesetzt werden.

Erfolge zeigen langsam Aufklärungskampagnen sowie die Reparatur bestehender und Bereitstellung neuer künstlicher Nisthöhlen. In Paraná überwacht das „Red-tailed Amazon Conservation Project“ die Freilandpopulation.

In Europa sowie in Brasilien existiert ein internationales Zuchtbuch für die Rotschwanzamazone.

Die Art wurde am 06.06.1981 in den Anhang I des WA aufgenommen.

Ein Paar Rotschwanzamazonen

legt einen Zwischenstopp auf dem Weg zu den Nahrungsgebieten ein

Rotschwanzamazonen *auf einem Nahrungsbaum sind ein seltener Anblick*

Menschenobhut

Die Rotschwanzamazone gehört zu den absoluten Raritäten und ist nur bei wenigen Züchtern und Zoos im Bestand. Für die Wohnungshaltung kommt sie nicht in Frage, da jedes Tier ausschließlich zu Zuchtzwecken gehalten werden sollte. Sie hat eine laute Stimme, die vor allem in der Brut- und Balzzeit eingesetzt wird. Über eine Sprechbegabung ist nichts bekannt.

Die relativ robuste Amazone gehört wegen ihrer Seltenheit nur in erfahrene Züchterhände, zumal sie zu den schwierig zur Zucht zu bewegenden Arten gehört.

Unterbringung

Da Rotschwanzamazonen gerne nagen, sollte die Volierenkonstruktion aus Metall bestehen. Eine kombinierte Innen-/Außenhaltung ist ideal, wobei die Außenvoliere wenigstens 6 m lang sein sollte, um den eher trägen Amazonen die Möglichkeit zum Fliegen zu geben. Ein Naturboden ist empfehlenswert, da sich die Vögel gerne auf dem Volierenboden aufhalten, wobei sie auch außerhalb der Brutzeit hin und her laufen, heftige Lautäußerungen von sich geben, dabei den Schwanz auffächern und die Nackenfedern aufstellen.

Der Innenraum sollte im Winter mindestens auf 15 °C temperiert sein; bei Sonnenschein können die Rotschwanzamazonen auch an kälteren Tagen die Freivoliere aufsuchen.

Da Rotschwanzamazonen in der Brutzeit aggressiv sind, sollte man in erster Linie die paarweise Haltung bevorzugen. In der Loro Parque Fundación wurden einmal vier Paare in einer Großvoliere vergesellschaftet, um die Verpaarung der Tiere zu fördern. Zur Zucht wurden zwei Paare aber wieder entfernt. Von den verbliebenen zwei schritt eines zur Brut. Das Experiment wurde jedoch nicht wiederholt, da eine erhöhte Aggression zwischen den Paaren zu spüren und nur das dominante zur Brut geschritten war.

Fütterung

Die Fütterung der Rotschwanzamazonen unterscheidet sich nicht von den allgemeinen Angaben zur Amazonenernährung, wie sie in Band 1 beschrieben wird, allerdings sollten die Vögel deutlich mehr Obst erhalten als vergleichbare Amazonen.

Zucht

Die Welterstzucht gelang 1978 Nelson Kawall in Brasilien. Die europäische Erstzucht glückte 1994 in England im Rode Tropical Bird Gardens, Sommerset. Im deutschsprachigen Raum meldete Hans Zehnder in der Schweiz 1998 die erste erfolgreiche Nachzucht.

Die Zucht der Rotschwanzamazone ist nicht einfach. Viele Paare brüten nicht, oder wenn es zu einem Gelege kommt, ist oft ein großer Teil der Eier unbefruchtet. Nachgezüchtete Vögel können schon ab dem dritten Lebensjahr mit dem Nisten beginnen. Der Brutbeginn liegt in Mitteleuropa in der Regel im April.

Als Nisthöhle sind Nistkästen mit einer Höhe von 60 cm bis 80 cm bei einem Grundmaß von 25 cm x 25 cm geeignet. Das Eingangsloch sollte einen Durchmesser zwischen 10 cm und 12 cm haben. Als Einstreu hat sich grobes Holzhäcksel bewährt, das von den Tieren während der Brut noch benagt werden kann.

Naturbrut

In der Loro Parque Fundación werden die Paare der Rotschwanzamazonen in 6 m langen, 1,5 m breiten und 3 m hohen Volieren gehalten. Schon in der Balzphase kann man deutlich ihr Aggressionspotential erkennen. Die Vögel schreien laut und stellen die Flügel- und Nackenfedern ab. Auch gegenüber dem Pfleger können ansonsten zahme Tiere aggressiv werden und diesen angreifen.

In der Loro Parque Fundación lebt ein Paar, das regelmäßig Eier legt, die aber nur gelegentlich befruchtet sind. Nach Entnahme des Erstgeleges kommt es stets zu einem Nachgelege, das meist aus befruchteten Eier besteht. Erst nachdem im Jahr 2004 drei befruchtete Eier mit denen eines Zuchtpaares Doppelgelbkopfamazonen (*Amazona ochrocephala oratrix*) ausgetauscht worden waren und sowohl die Doppelgelbkopf- als auch die Rotschwanzamazonen ihre drei bzw. ein Junges problemlos aufgezogen hatten, wurde dem Rotschwanzamazonen-Paar künftig die Aufzucht der Jungen überlassen. Auch in der Loro Parque Fundación ist die gelegentliche Nachzucht der Rotschwanzamazone etwas Besonderes, und es wird versucht, mögliche Fehlschläge so weit wie möglich im Vorfeld zu reduzieren.

Von den acht registrierten Gelegen bestanden sieben jeweils aus drei und eines aus nur zwei Eiern. Dies ergibt eine durchschnitte Größe von 2,875 Eiern pro Gelege. 14 Eier erbrachten die mittlere Größe von 38,95 mm x 29,28 mm. Das Schlupfgewicht von vier Küken lag bei 12,1 g, wobei das schwerste Junge 12,9 g und das leichteste 10 g wog. Die Brutzeit liegt bei etwa 26 Tagen, und nach rund 8 Wochen sind die Jungtiere flügge.

Die Ringgröße beträgt 11 mm.

Handaufzucht

In der Handaufzucht erwiesen sich Rotschwanzamazonen ab dem ersten Lebenstag als problemlose Zöglinge, die mit einer handelsüblichen Aufzuchtfuttermischung gut zurecht kommen.

Zwar würden sich handaufgezogene Rotschwanzamazonen auch für die Wohnungshaltung eignen, allerdings verbietet sich dies von selbst, da versucht werden muss, langfristig einen Zuchtstamm aufzubauen.

Handaufgezogene Rotschwanzamazonen

im Alter von 55 Tagen

Junge Rotschwanzamazonen

einige Wochen nach dem Ausfliegen

Mutationsformen

Bis heute wurde lediglich eine rotgescheckte Rotschwanzamazone bekannt.

Sonstige Anmerkungen

Die AZ-Nachzuchtstatistik für den Zeitraum von 2000 bis 2007 weist insgesamt 2.489 Amazonenjunge, aber nur eine einzige Rotschwanzamazone aus. Dies verdeutlicht die Seltenheit der Art. In den europäischen Zoos ist die Rotschwanzamazone mit 39 Tieren (Stand August 2008) vertreten, von denen 14 in der Loro Parque Fundación leben. Für die Art wird zwar ein Europäisches Zuchtbuch (ESB) geführt, doch ist es wichtig, dass Züchter und Zoos zusammenarbeiten, um die Rotschwanzamazonen langfristig zu erhalten.

Weiterführende Literatur

Freileben und Artenschutz: Collar *et al.* (1992), Diefenbach & Goldhammer (1986), Forshaw (1989), Juniper & Parr (1998), Lalime (1997), Lalime (1999), Lücker (1998), Lücker (2000), Martuscelli & Scherer Neto (1993), Martuscelli (1994), Martuscelli (1995a), Martuscelli (1995b), Martuscelli (1996), Martuscelli (1997), Padua *et al.* (2001), Ridgely (1981), Seitre (2000), Sick (1984), Sick (1993), Scherer Neto (1988), Snyder *et al.* (2000), Waugh (1994), Waugh (2006)

Haltung und Zucht: Bertagnolio (1981), Bueno (2000a), Bueno (2000b), Curzon (1996), de Grahl (1974), de Ruiter (1996), Graber (1998), Low (2000), Low (2005), Maluf (1994), Reinschmidt (2005), Romhányi (1997), Sweeney (1998)

Literatur

Aguilera Galvez, X. (1997): Erfolgreicher Schutz der Westlichen Kuba-Amazone. Papageien 10: 278-282

Allen, D. A. (1992): The Maybe Breeding Green-cheeked Amazons. The Amazona Bulletin, 10 (4): 4-5

Amberger, F. (1989): Rettungsmaßnahmen für die Blaumaskenamazone und die Königsamazone. Papageien 2: 18-19

Amberger, F. (1995): Die Amazonen der Gefängnisinsel. Papageien 8: 180-182

Anon. (1996): Grand Cayman Amazon in Jeopardy. Cage & Aviary Birds, May 4.

Anon. (2000): Food consumption and preferences in Cuban Amazon *Amazon l. leucocephala* in Loro Parque Fundacion. Cyanopsitta 56: 8-10.

Anon. (2002): First breeding worldwide of the Scaly-naped amazon. Cyanopsitta 65: 10-11

Antas, P. T. Z., & R. B. Cavalcanti (1988): Aves Comuns do Planalto Central. Editora da Universidade de Brasília, Brasília

Aquino, R., & I. Ferrari (1990): Chromosome study of *Amazona amazonica* and *A. aestiva* (Aves: Psittaciformes): Determination of chromosome number and identification of sex chromosomes by C-banding methods. Genetica 81: 1-3

Arman, J. & J. Arman (1980): Breeding the Yellow-crowned-amazon. Avicult. Mag. 86 (4): 211-217

Arman, J. (1983): Breeding the Jamaican-yellow-billed-amazon-parrot. Avicultural magazine 89 (1): 21-26

Arndt, T. (1986): Papageien - ihr Leben in Freiheit. Walsrode

Arndt, T. (1989): Zum Status der Gelbschulteramazone. Papageien 2: 57-61

Arndt, T. (1990-1996): Lexikon der Papageien. Bretten

Arndt, T. (1991a): Kawall-Amazone. Papageien 4 (1): 16

Arndt, T. (1991b): Die Papageien des westlichen Tieflands in Ekuador. Papageien 4 (1): 24-28

Arndt, T. (1995): Die Blaustirnamazone. WP-Magazin 1 (2): 8-12

Arndt, T. (1998): Das Pantanal. WP-Magazin 3 (1): 16-23

Arndt, T. (2000): Blaustirnamazonen in Bolivien. WP-Magazin 6 (1): 16-23

Arndt, T. (2001): Amazonen - Lexikon der Papageien. CD-ROM, Bretten

Arndt, T. (2002): Die Soldatenamazonen im Santa-Marta-Gebirge. Papageien 5: 162-164

Asmus, J. (2001): Salvadoris Mülleramazone. Papageien 14: 86-89

Asmus, J. (2002): Die Weißstirnamazone. Papageien 15: 408-413

Asmus, J. (2004): Längst in Vergessenheit geraten - die Hecks Amazone. Papageien 17: 65-68

Attrill, R. (1980): The status and conservation of the Bahamas Amazon (*Amazona leucocephala bahamensis*). Proceedings of the ICBP Parrot Working Group Meeting, St. Lucia 1980/81: 81-88

Bangs, O. (1916): A collection of birds from the Cayman Islands. Bull. Mus. comp. Zool. Harv., 60: 303-320

Barbaran R. F. (1994): Handel mit Blaustirnamazonen in der Provinz Salta, Argentinien. Papageien 7: 21-27

Barbour, T. (1923): The Birds of Cuba. Mem. Nuttall Ornithologist's Club 6, Cambridge, Mass.

Becker, C. (1991): Erhaltungszuchtprogramme - Verpflichtung nur für Zoos? Schriftenr. Papageienforschung u. -schutz, 1: 11-26

Belcher, C., & G. D. Smooker (1936): Birds of the colony of Trinidad and Tobago, Part III. Ibis 13th ser., 6: 1-35

Belton, W. (1984): The birds of Rio Grande Do Sul, Brazil. Part 1. Rheidae through Furnariidae. Bull. Amer. Mus. Nat. Hist. 178 (4)

Bernasek, O. (1976): Gelungene Zucht der Kuba-Amazone. Gef. Welt: 24-25

Bertagnolio, P. (1981): The Red-Tailed Amazon and other uncommon South American Parrots. Avicultural Magazine 87 (1): 6-18

Berry, R. J. (1974): Successful breeding of the St. Vincent Parrot *Amazona guildingii* at Houston Zoo. Int. Zoo Yearbook 14: 96-97

Binford, L. C. (1968): A preliminary survey of the avifauna of the Mexican state of Oaxaca. J. P. D. thesis, Louisiana Univers.: 1-597.

Binford, L. C. (1989): A Distributional Survey of the Birds of the Mexican State of Oaxaca. American Ornithologists' Union Ornithol. Monographs 43

BirdLife International (2000): Threatened Birds of the World. Barcelona and Cambridge, UK, Lynx Edicions und BirdLife International

Birt, T. (1996): The Red-Lored Amazon: Maintenance and Captive-Breeding. Bird Breeder 68 (4): 34-37.

Blake, E. R. (1953): Birds of Mexico. University of Chicago Press, Chicago

Blake, E. R. (1962): Birds of the Sierra Macarena, Eastern Colombia. Fieldiana Zool. 44 (11): 69-112

Boching, H. J. (1950): Meine Blaustirnamazone. Gef. Welt 84: 127-128

Literatur

Böni, G. (1979): Zucht der Weißstirn-Amazone. Gef. Freund: 157-159

Bond, J. (1936): Resident birds of the Bay Islands of Spanish Honduras. Proc. Academy of Natural Sciences 88: 353-364

Bond, J. (1941): Nidification of the birds of Dominica. Auk 58: 364-375

Bond, J. (1948): Origin of the bird fauna of the West Indies. Wilson Bulletin 60: 207-229

Bond, J. (1955): Additional notes on Peruvian birds I. Proc. Academy of Natural Sciences 107: 207-244

Bond, J. (1956): Check-List of Birds of the West Indies. Academy of Natural Sciences, Philadelphia.

Bond, J. (1965): Tenth supplement to the Check-List of Birds of the West Indies. Academy of Natural Sciences, Philadelphia.

Bond, J. (1969): Fourteenth supplement to the Check-List of Birds of the West Indies. Academy of Natural Sciences, Philadelphia

Bond, J. (1970): Native and Winter Resident Birds of Tobago. Academy of Natural Sciences, Philadelphia

Bond, J. (1971): Birds of the West Indies. Collins, London 1971.

Bond, J. (1980): Twenty-third supplement to the Check-List of Birds of the West Indies. Academy of Natural Sciences, Philadelphia

Bond, J., & R. Meyer de Schauensee (1943): The birds of Bolivia, part II. Proc. Academy of Natural Sciences, Philadelphia, 95: 167-221

Boosey, E. J. (1939): The breeding of Blue-fronted Amazon Parrots for the first time in Great Britain. Avicultural Magazine, Fifth Series, Vol IV (12): 393-396

Boosey, E. J. (1957): The breeding of Cuban Amazon Parrot. Avicultural Magazine, Fifth Series, Vol IV (63): 17-19

Bosch, K. & U. Wedde (1985): Amazonen. Walsrode

Bradley, P.E. & Y.J. Rey-Millet (1985): The Birds of the Cayman Islands. Bradley, George Town, Grand Cayman

Brock, M.K. (1991): Semen collection and artificial insemination in the Hispaniolan Parrot. J. Zoo. Wildl. Med. 22: 107-114

Brockel, G. (1979): Über den Amazonenpapagei. Gef. Welt 103: 25-26

Brockner, A. (1995): The Lilacine Amazon. Australian Birdkeeper 8 (8): 396-398

Brockner, A. (1990): Im Tal von Las Trincheras. Papageien 3: 117-120

Brockner, A. (1999): Papageien der Halbinsel Yucatán, Mexiko. Papageien 12: 314-319

Brown, K. S. J. & G. G. Brown (1992): Habitat alteration and species loss in Brazilian forests. Pp. 119-142, in Whitmore, T. C. & J. A. Sayer, eds., Tropical forest and extinction. London

Brudenell-Bruce, P.G.C. (1975): The Birds of New Providence and Bahama Islands. Collins, London

Bruning, D. (2002): The St. Vincent Amazon *Amazona guildingii* - its status in the wild and in captivity. In Proceedings, Vth International Parrot Convention: 1-13.

Brykczinski, T.A. (1987): Grand Cayman parrots: an update. AFA Watchbird 14 (4): 8-9

Bucher, E. H., C. S. Toledo, S. Miglietta & M. E. Zaccagnini (1991): Status and Management of the Blue-fronted Amazon Parrot in Argentina. The Amazona, 10 (2): 3-18.

Bucher, E. H., C. S. Toledo, S. Miglietta & M. E. Zaccagnini (1992): Status and Management of the Blue-fronted Amazon in Argentina. PsittaScene, 4 (2): 3-6.

Buden, D.W. (1987): The Birds of the Southern Bahamas: an Annotated Check-list. Check-list no 8, British Ornithologists' Union, London

Bueno, M. (2000a): La cria de la Amazona de Cola Roja en Loro Parque. Aviornis Internacional, 50: 2310-2317

Bueno, M. (2000b): Die Zucht der Rotschwanzamazone im Loro Parque. Papageien 13: 193-195

Burkart, W. (1991): Zuchtbuch für die Ecuadoramazone. Eigenverlag, Benningen

Burkart, W. (1985): Zuchterfolg bei der Guatemala-Amazone (*Amazona farinosa guatemalae*). Gef. Welt 109: 234-235

Bürkle, M. (1996): Papageienbeobachtung in Westmexiko. Papageien 9: 26-29

Bürkle, M. (2007): Die weltweit größte Zuchtgruppe Königsamazonen wechselt den Besitzer. Papageien 20: 244

Buser, P. (2000): Schweizer Erstzucht der Goldmaskenamazone. Gefiederter Freund, 47 (4): 12-14

Buser, E. (2002): Auf der Suche nach der mexikanischen Gelbwangenamazone. Gefiederter Freund, 49 (7): 12-14

Butler, E. (1981): The St. Lucia Amazon (*Amazon versicolor*): its changing status and conservation. In: Pasquier, R., (ed), Conservation of New World Parrots, Smithsonian Institution Press, ICBP: 171-180

Butler, E. (1991): Papageien - der nationale Stolz der Kleinen Antillen. Papageien 3: 86-91

Cano, M.B., Ronces, R.G. & R.C. Bussio (1990): Ecological aspects of the Yucatan parrots and perspectives for their conservation. AFA Watchbird 17 (2): 12-21

Caparroz, R., & J. M. B. Duarte (2004): Chromosomal similarity between the Scaly-headed Parrot (*Pionus maximiliani*), the Short-tailed Parrot (*Graydidascalus brachyurus*) and the Yellow-faced Amazon (*Salvatoria xanthops*) (Psittaciformes: Aves): a cytotaxonomic analysis. Gen. Mol. Biol. 27: 522-528

Carraway, P. (1979): The Bahaman-parrot. Avicultural magazine 85, 1: 18-23

Carter, N. (2001): Conservation Corner. Amazona Quarterly, 17 (4): 14-15

Cavalheiro, J. E. (2008): Individual variation in food consumption and food preferences in St Lucia parrots *Amazona versicolor* at Jersey Wildlife Preservation Trust. International Zoo Yearbook, 36 (1): 199 - 214

Chapman, F. M. (1917): The distribution of bird-life in Colombia: a contribution to a biological survey of South America. Bull. Amer. Mus. Nat. Hist. 36: 1-729

Chapman, F. M. (1926): The distribution of bird-life in Ecuador: a contribution to a study of the origin of Andean bird-life. Bull. Amer. Mus. Nat. Hist. 55

Christy, C. (1897): Field Notes on the Birds of the Island of San Domingo, Ibis, 7 ser., 3: 334

Clark, A. H. (1905): The West Indian Parrots. Auk, 22: 337-344.

Clarke, P. (1982): Breeding the Spectacled-amazon-parrot. Avicultural magazine 88, 2: 71-74

Clay, R. P. (1999): A record of the *belizensis* subspecies of Yellow-headed Amazon *Amazona oratrix* from the Petén, northern Guatemala. Cotinga 11: 20

Clinton-Eitniear, J. (1986): Status of Green-cheeked Amazon. AFA Watchbird 12 (6): 22-24

Clinton-Eitniear, J. (1988): White-fronted (Spectacled) Amazon. AFA Watchbird 15 (3): 4

Clinton-Eitniear, J. (1988): Green-cheeked Amazon update. AFA Watchbird 15 (4): 28-29

Clinton-Eitniear, J. (1990): *Amazona oratrix belizensis*. AFA Watchbird 17 (2): 26-31

Collar, N. J. (1997): Family Psittacidae (Parrots). Pp. 280-477. In: del Hoyo, J., A. Elliott and J. Sargatal, eds, Handbook of the Birds of the World, vol 4, Sandgrouse to Cuckoos, Lynx Edicions, Barcelona.

Collar, N. J., Crosby, M. J. & A. J. Stattersfield (1994): Birds to Watch 2: the World List of Threatened Birds. BirdLife Conservation Series no. 4, BirdLife International, Cambridge

Collar, N. J., & A. J. Pittman (1996): *Amazona kawalli* is a valid name for a valid species. Bull. Brit. Orn. Club 116: 256-265

Collar, N. J., Gonzaga, L. P., Krabbe, N., Madroño Nieto, A., Naranjo, I. G., Parker III, T. A. & D. C. Wege (1992): Threatened Birds of the Amercas: the ICBP/IUCN Red Data Book. International Council for Bird Preservation, Cambridge

Collazo, J.A., White, T.H., Vilella, F.J. & S.A. Guerrero (2003): Survival of captive-reared Hispaniolan parrots released in Parque Nacional del Este, Dominican Republic. Condor 105 (2): 198-207

Colmore, S. C. (1995): Umwelterziehung auf Dominica - Erhaltung der Papageien. Papageien 8: 154-157

Colmore C., Potts, T. , Burnett, G., & T. Lacher Jr (2004): Parrot conservation and ecotourism in the Windward Islands. Journal of Biogeography, 23 (3): 387-393

Contreras, J. R., Berry, L. M., Contreras, A. O., Bertonatti, C. C., & E. C. Utges (1991): Atlas Ornitogeográfico de la Provincia del Chaco República Argentina. I. No Passeriformes. Librería y Editorial L.O.L.A., Buenos Aires

Copsey, J. (1995): An ethogram of social behaviours in captive St Lucia Parrots *Amazona versicolor*. Dodo: J. Jersey Wildl. Preserv. Trust 31: 95-102

Cory, C. B. (1918): Catalogue of birds of the Americas. Field Mus. Nat. Hist. Publ., Zool. Ser., vol. 13, pt. 2, no. 1

Cruz, A. & S. Gruber (1981): The Distribution, Ecology, and Breeding Biology of Jamaican Amazon Parrots. In: Pasquier, R., (ed), Conservation of New World Parrots, Smithsonian Institution Press, ICBP: 103-131

Curzon, M. (1996): Breeding the Red-tailed Amazon at the Tropical Bird Gardens, Rode. Parrot Soc. Mag. 30: 2-3

Darlington, P. J. (1931): Notes on the birds of Río Frío (near Santa Marta), Magdalena, Colombia. Bull. Mus. Comp. Zool. 71 (6)

Davis, L.I. & F.P. Bennit (1972): A Field Guide to the Birds of Mexico and Central America. University of Texas, Austin

Desenne, P. (1994): Estudio preliminar de la dieta de 15 especies de psitácidos en un bosque siempreverde, cuenca del Río Tawadu, Reserva Forestal El Caura, Edo. Bolívar. In Morales, G., Novo, G., Bigio, D., Luy, A., & F. Rojas-Suárez, eds. Biología y Conservación de los Psitácidos de Venezuela. Gráficas Giavimar, Caracas

Desenne, P. & S. D. Strahl (1991): Trade and the conservation status of the family Psittacidae in Venezuela. Bird Conservation International, 1 (2): 153-169.

Literatur

Desenne, P. & S. D. Strahl (1994): Situación poblacional y jerarquización des especies para la conservación de la familia Psittacidae en Venezuela. In Morales, G., Novo, G. Bigio, D., Luy, A., & F. Rojas-Suárez eds. 1994. Biologia y Conservación de los Psitácidos de Venezuela. Gráficas Giavimar, Caracas

Dickey, D.R. & A.J. Rossem (1938): The birds of El Salvador. Field Mus. Nat. Hist. 406, Zool. Ser. 23

Diefenbach, K. (1986): Ernährungsstrategien und Fortpflanzungsverhalten der Amazonen. Die Voliere 9: 37-40

Diefenbach, K., & S. Goldhammer (1986): Lebensweise und Gefährdung der Amazonenpapageien. Die Voliere 9: 117-121

Diefenbach, K., & S. Goldhammer (1986): Auf den Spuren der Prachtamazone. Die Voliere 9: 5-9

Dignatono, M. (2001): Amazon Parrot Ecotour Log, Los Ebanos, Tamaulipas, Mexico Fall 2000. Amazona Quarterly, 17 (2): 11-12.

Dod, A.S. (1992): Endangered and Endemic Birds of the Dominican Republic. Cypress House, Fort Bragg

Donk, R. van der (2005): Die Gelbschulteramazone. Papageien 18: 224-229

Donk, R. van der (2007): Die Blaubart-Amazone. Papageien 20: 296-300

Dorge, R. (1997): Die Freilandsituation der Cayman-Amazonen. Papageien 10: 212-215

Dorge, R. (2001): The Invisible Parrots of Tallawah, Grand Cayman. Parrots, number 42: 44-47

Downer, A., Sutton, R. & J.-Y. Rey-Millet (1990): Birds of Jamaica. Cambridge University Press, Cambridge

Dubs, B. (1992): Birds of Southwestern Brazil. Betrona-Verlag, Schweiz

Dugand, A. (1947): Aves del departmento del Atlántico, Colombia. Caldasia 3 (13): 337-341

Dutertre, J. B. (1654): Histoire General de Iles de S. Christophe, de la Guadeloupe, de la Martinique, et autres dans l'Amerique. J.& E.Langlois, Paris

Eberhard, J. R., & E. Bermingham (2004): Phylogeny and biogeography of the *Amazona ochrocephala* (Aves: Psittacidae) complex. Auk 121: 318-322

Eisenmann, E. & Loftin, H. (1968): Birds of the Panama Canal Zone area. Fla. Nat. 41: 57-60

Edwards, E.P. (1972): A Field Guide to the Birds of Mexico. Sweet Briar, Virginia

Ehlenbröker, J. (1995): Die Blaukappenamazone. AZ-Nachrichten 54: 590

Evans, P. (1988): The conservation status of the Imperial and Red-necked Parrots on the island of Dominica, West Indies. ICBP Study report No 27.

Evans, P., & A. Grieve (1978): Aspects of the Biology of the Imperial and Red-necked Parrots. Unpublished Report to the Royal Society, Oxford, England

Fa, J. E. & M. L. Cavalheiro (1998): Individual variation in food consumption and food Preferences in St. Lucia parrots. International Zoo Yearbook, 36: 199-214.

Fairbairn, P. (1981): Parrot conservation in Jamaica. In: Pasquier, R., (ed), Conservation of New World Parrots, Smithsonian Institution Press, ICBP: 233-384

Favoreu, X. (2002): *Amazone aestiva.* Oiseaux Exotiques, December: 28-47

Favoreu, X. (2004): Farbvarianten bei der Blaustirnamazone. Papageien 17: 155-159

ffrench, R. (1976): A Guide to the Birds of Trinidad and Tobago. Harrowood Books, Valley Forge

Fielenbach, H. (2000): Beobachtungen zur Zucht der Gelbscheitelamazone. Papageien 13: 120-125

Finck, H. (1979): Zucht der Blaukronen- oder San Domingo-Amazone. Gef. Freund: 245-249

Fisher, J. N. S. & J. Vincent (1969): The Red Book: Wildlife in Danger. Collins, London

Fischer, A. K., & A. Wetmore (1931): Report on birds recorded by the Pinchot Expedition of 1929 to the Caribbean and Pacific. Proc. U.S. natn. Mus., 79, art. 10: 1-66

Fletcher, J. (1995): Green-cheeked Amazons (*Amazona viridigenalis*). Tasuk U. K. News, 4 (5): 25-28.

Fletcher, J. (1996): Green-cheeked Amazons (*Amazona viridigenalis*). Tasuk U. K. News, 5 (1): 18-26.

Fletcher, J. (2001): Vinaceous Amazons. The Amazona Society UK Magazine, 10 (4), keine Seitenangaben.

Fletcher, J. (2002): The Marajo Amazon. The Amazona Society UK Magazine, 11 (2): 7, 14

Fierens, K. (2007): Eine Reise zu den Königsamazonen. Papageien (2007): 240-242

Forbes, N. (2001a): Tumours of chance. Cage & Aviary Birds, August 4: 12

Forbes, N. (2001b): Asthma in Amazons - fact or fiction? Parrots, number 42: 32-34

Forshaw, J. M. (1989): Parrots of the World, Blandford Press, London

Fricker, A. (1983): Glück im Stall - Jamaikaamazonen (Amazona collaria). Gef. Freund 30: 226

Friedmann, H. (1948): Birds collected by the National Geographic Society's expedition to northern Brazil and southern Venezuela. Proc. U.S. Natn. Mus. 97: 373-570

Friedmann, H., & M. Davis (1938): „Left-handedness" in parrots. Auk 55: 478-480

Friedmann, H., Griscom, L. & R.T. Moore (1950): Distributional Check-list of the Birds of Mexico, 1. Cooper Ornithological Club, Berkeley
Friedmann, H., & F. D. Smith (1950): A contribution to the ornithology of northeastern Venezuela. Proc. U.S. Natn. Mus. 104: 463-524
Garrido, O. H. & Schwarz, A. (1968): Anfibios, reptiles y aves de la peninsula de Guanahacabibes, Cuba. Poeyana, ser. A. 53: 1-68
Gates, A. E. (1971): Breeding of the Hispaniolan or Salles Amazon Parrot. Avicultural Magazine, 77 (6): 185-187
Gehlbach, F. R., Dillon, D. O., Harrell, H. L., Kennedy, S. E., & K. R. Wilson (1976): Avifauna of the Río Corona, Tamaulipas, Mexico: northeastern limit of the tropics. Auk 93: 53-65
Glanzmann, J. (2008): Haltung und Zucht von Goldmasken- und Granada-Amazone. Papageien 21: 8-12
Gnam, R. (1988): Zur Brutbiologie der Bahama-Amazone. Papageien 4/1988: 118-123
Gnam, R. (1990): Zur Biologie der Bahama-Amazone auf Great Inagua. Papageien 3/1990: 89-94
Gnam, R. (1993): Die Bahama-Amazone. Papageien 4/93: 126-131
Goldhammer, S. & K. H. Diefenbach (1986): Lebensweise und Gefährdung der Amazonenpapageien. Die Voliere 9: 117-121
Goldhammer, S. & K. H. Diefenbach (1986): Auf den Spuren der Prachtamazone (*Amazona pretrei*). Die Voliere 9: 5-9
Goldhammer, S. & K. H. Diefenbach (1988): Die Marajó-Amazone (*Amazona ochrocephala xantholaema*) - eine Unterart der Gelbscheitelamazone. Papageien 1/88: 18-20
Gosse, P. H. (1847): The Birds of Jamaica. John Van Voorst, London
Graber, E. (1998): Red-tailed breeding bonanza after barren years. BirdKeeper, November: 52-53.
Graber, F. (1995): Sensationelle Zuchterfolge mit der Taubenhalsamazone (*Amazona vinacea*). Gefiederte Welt 119: 45-47
Grahl, W. de (1973/1974): Papageien unserer Erde. 2 Bd., Eigenverlag, Hamburg
Grahl, W. de (1985): Papageien in Haus und Garten. Stuttgart
Grahl, W. de (1979): Seltenheitszucht der Venezuela-Amazone bei H. Mitterhuber. AZ-Nachrichten 38: 46-47
Grant, P. R. (1965): A systematic study of the terrestrial birds of the Tres Marias Islands, Mexico. Postilla 90
Grantsau, R., & H. F. De Almeida Camargo (1989): Nova especie brasileira de Amazone. Rev. Brasil. Biol. 49: 1017-1020
Greene, W. T. (1887): Parrots in Captivity. Vol. I-III, George Bell & Sons, London.
Greenway, jr., J. C. (1967): Extinct and Vinishing Birds of the World. Dover Publications Inc., New York
Greenwood, A. G. (1994): St. Vincent Parrot Programme. Unpublished report to World Parrot Trust and St. Vincent Parrot Consortium.
Greer, R. K. (1993): A tale of two parrots plus one. Magazine of the Parrot Society, XXVII (7): 226-232
Gregoire, F. W. (1981): The delemma of the *Amazona imperialis* and *Amazona arausiaca* in Dominica following Hurricane David in 1979. In: Pasquier, R., (ed), Conservation of New World Parrots, Smithsonian Institution Press, ICBP: 215-225
Gries, H. (1995): Haltung und Zucht der Gelbwangenamazone (*Amazona autumnalis autumnalis*). Papageien 8: 198-202
Griscom, L. (1926): The ornithological results of the Mason-Spinden Expedition to Yucatán - Part II, Chinchorro Bank and Cozumel Island. Amer. Mus. Novit 236: 1-13
Griscom, L. (1932): The distribution of birdlife in Guatemala. Bull. Amer. Mus. Nat. Hist. 64
Grundy, E. (2001): Breeding the Red Browed Amazon. The Amazona Society UK Magazine 11 (1): 8-10.
Gut, F. (1977): Zuchterfolg mit der Panama-Gelbstirn-Amazone. Gef. Freund: 164-165
Gyldenstolpe, N. (1945): The bird fauna of Rio Juruá in western Brazil. Kungl. Svenska Vetenskapsakad. Handl. Ser. 3, 22: 1-338
Gyldenstolpe, N. (1945): A contribution to the ornithology of northern Bolivia. Kungl. Svenska Vetenskapsakad. Handl. Ser. 3, 23: 1-300
Hackett, S. (1997): Live long and prosper. Bird Talk, 15 (7): 48-54
Hagen, M. (1991): Donations to Conservation and Cuban Amazon Ecology, The Amazona 7 (1): 8-9
Haffer, J. (1974): Avian speciation in tropical South America. Publ. of the Nuttall Ornith. Cl., No. 14
Hales, C. (2001): Is that my chick? The Amazona Society UK Magazine, 10 (4).
Hansen, T. (1998): Tucumán Amazone. Dansk Fuglehold, 3/98: 85-87.
Harcourt-Brown, N. (1994): Psittacines - warts and all. Cage & Aviary Birds, January 22: 6.
Harrison, C. J. O. & D. T. Holyoat (1970): Apparently undescribed parrot eggs in the collection of the British Natural History Museum. Bull. Brit. Ornit. Club 90: 42-46.

Hartert, E. (1893): On the Birds of the Islands of Aruba, Curaqao and Bonaire. Ibis, 6th ser., 5: 289-338

Haase, M. (1986): Unsere Zuchten der Salvins-Amazone (*Amazona autumnalis salvini*). Gef. Welt 110: 299

Haase, M. (1987a): Erneute Zucht der Salvins-Amazone 1986 im Zoo Rostock. Gef. Welt 111: 108-109

Haase, M. (1987b): Zucht der Kubaamazone (*Amazona l. leucocephala*). Gef. Welt 111: 90-91

Haase, M. (1987c): Zucht der Kubaamazonen in zweiter Generation. Die Voliere 10: 315-317

Haase, M. (1994): Einige Beobachtungen zur Haltung und Zucht der Panama-Amazone. Papageien 5: 73-76

Haverschmidt, F. (1958): Birds protection in Surinam. Bull. int. Comm. Bird Preserv. 7: 234-236

Haverschmidt, F. (1968): Birds of Surinam. Oliver and Boyd, Edinburgh

Hebel N. (1991): 10 Jahre Erfahrung und Erlebnisse mit Weißstirnamazonen. Papageien 2: 44-47

Herklots, G. A. C. (1961): The Birds of Trinidad and Tobago. Collins, London

Herzog, M. (1996): Efforts in Conservation: The Puerto Rican Parrot - Past, Present and Future, PsittaScene 8 (3): 4-6.

Hilty, S. L., & W. L. Brown (1986): A Guide to the Birds of Colombia. Princeton University Press, Princeton

Hilty, S. L. (2003): Birds of Venezuela. London

Hoffmaster, L. (2002): Puerto Rican Amazons (*Amazona vittata*) - Captive Breeding for Reintroduction. Amazona Quarterly, 18 (4): 7-10

Honigs, S. & M. Reinschmidt (2003): Das Problem mit der Langeweile. Papageien 15: 268-271

Hook, M. (2002): In search of the *hondurensis*. Amazona Quarterly, No 2: 9-12

Hoppe, D. (1981): Amazonen. Stuttgart

Hoppe, D. (1982): Die Blaustirnamazone. Gefiederte Welt 106: 119-121

Hoppe, D. (1987): Die Orangeflügel- oder Venezuela-Amazone. Die Voliere 10: 221-224

Hoppe, D. (1988): Die Blaustirnamazone: Kennzeichen - Lebensweise - Haltung. Die Voliere 11: 239-242

Hoppe, D. (1991): Gelbgefärbte Blaustirnamazonen. Gef. Welt 115: 113

Hoppe, D. (1996): Die Königsamazone (*Amazona guildingii*). Papageien 9: 149-153, 183-189

Hoppe, D. (1997): Die Blaumaskenamazone (*Amazona versicolor*). Papageien 10: 55-61, 85-88

Hoppe, D. (1998): Die Amazonen der Kleinen Antillen. WP-Magazin 4 (5): 16-21

Horsfield, W. (2002): Yellow-naped Amazons, their care and breeding. Avizandum, 14 (6): 23-27

Howell, T. R. (1972): Birds of the lowland pine savannah of northeastern Nicaragua. Condor 74: 316-340

Howell, S. N. G., & S. Webb (1992): New and noteworthy bird records from Guatemala and Honduras. Bull. Brit. Ornithol. Club 112: 42-49

Howell, S. N. G. & S. Webb (1995): A guide to the birds of Mexico and northern Central America. Oxford

Ivy, D. (1991): White Fronts (*A. a. albifrons*) hatch two after a move. The Amazona, 7 (1): 5-6

Jahn , W. (1998): Zucht mit zahmen Panama-Amazonen. Papageien 11: 404-407

Jahn , W. (1999): Zucht mit Panama-Amazonen - Erfahrungen mit der F1-Generation. Papageien 12: 152-158

James, P. (1998): Tucumán Amazons are attractive and gregarious. Cage &Aviary Birds, April 18: 5.

Jeggo, D. (1976): The Lesser Antillean Parrot Programme at the Jersey Zoological Park. Avicultural Magazine, 82 (2): 101-105

Jeggo, D. (1982): St. Lucia Parrot. Jersey Wildlife Preservation Trust, 19th Annual Report

Jeggo, D. E, & D. Anthony (1991): A Report on the 1990 field survey of the St. Lucia Parrot *Amazona versicolor*, Dodo 27: 102-107

Jeggo, D. E, H. French, L. Bellingham, J. Copsey, A. L. Fidgett, K. Neke, N. Robert & A. Feistner (2000): Breeding Programme for St. Lucia amazon *Amazona versicolor* at Durrell Wildlife Conservation Trust, Jersey. International Zoo Yearbook, 37: 214-220

Jeggo, D. E, & K. M. Taynton (1981): The effects of hurricane Allen on the status of the St. Lucia Parrot *Amazona versicolor*, Dodo 17: 11-18

Junge, G. C. A., & G. F. Mees (1958): The Avifauna of Trinidad and Tobago. Zoologische Verhandelingen 37, Leiden

Jordan, R. (2006): First U.S. Breeding of the Blue-cheeked Amazon. The Watchbird 33: S. 22 - 23

Juniper, T., & M. Parr (1998): Parrots. Pica Press, East Sussex

Jürges, L. (1976): Zucht von Blaustirnamazonen. Gef. Welt 100: 120-122

Kantak, G. E. (1979): Observations on some fruit-eating birds in Mexico. Auck 96: 183-186

Kasper, M. (2003): Haltung und Zucht der Blaukappenamazone. Papageien 16: 116-119

Kaufmann, M. (2000): St. Vincent - Heimat der Königsamazone. Papageien 13: 23-26

Kaufmann, M. (2002): Die Blaumaskenamazone im Jersey Zoo. Papageien 15: 280-282

Kaufmann, M. (2007): Papageienbeobachtung auf Bonaire. Papageien 20: 389-393

Kepler, C. B. (1970): The Puerto Rican Parrot. In: H. T. Odum: A Tropical Rain Forest. U.S. Atomic Energy Com. Div. of Techn. Information, Oak Ridge/Tenn.

King, W. B. (1976): The Bahama Parrot. Bahamas Nat., Summer, p. 28-30

King, W.B. (1981): Endangered Birds of the World: the ICBP Bird Red Data Book. Smithsonian Institution Press and International Council for Bird Preservation, Washington DC

Klaas, E. E. (1968): Summer birds from the Yucatán Peninsula, Mexico. Univ. Kans. Publis. Mus. 17, p. 579-611

Klein, H. (2000): Die Zucht der kleinen Weissstirnamazone. Papageien 5: 152-156

Klemann, L. (2006): Auf der Suche nach dem Chauá - Verbreitung, Häufigkeit und Zustand des Lebensraums der Rotscheitelamazone. ZGAP-Mitt. 22: 18-20

Kluck, K. (2000): Über zwanzig Jahre Zucht mit einem Paar Grünwangenamazonen. Papageien 21: 120-122

Koenig, S. E. (2008): The breeding biology of black billed parrot *Amazona agilis* and the yellow billed parrot *Amazona collaria* in cockpit country, Jamaica. Bird Conservation Intern. 11: 205-225

Krimmer, K. (1999): Deutsche Erstzucht der Rotspiegelamazone. Papageien 4: 116-120

Kröger, J. (1991): Haltung und Zucht der Blaukappenamazone. Die Voliere 14: 220-222

Künne, H.-J. (1997): Aggressive Blaustirnamazonen. WP-Magazin (4): 42-46

Künne, H.-J. (2000): Die Ernährung der Papageien, Arndt-Verlag, Bretten

Kunz, B., & M. Abs (1997): Status and ecology of the Lilacine Amazon in south-west Ecuador, PsittaScene 9 (4): 6-7

Lack, D. (1976): Island biology, illustrated by the land birds of Jamaica. Studies in Ecology 3, Oxford

Lalime, J.M. (1997): What we know about the Red-tailed Amazon *Amazona brasiliensis*. Papageienkunde 1: 107-140.

Lalime, J.M. (1999): The Red-tailed Amazon (*Amazona brasiliensis*): where we are on the path to conservation. Papageienkunde 3: 33-49

Lambert, K. & K.-H. Lambert (2004): Schutzprojekt für die Kuba-Amazone. Papageien 17: 28-32

Lambert, F., Wirth, R., Seal, U.S., Thomsen, J.B., & S. Ellis-Joseph (1993): Parrots - an Action Plan for their Conservation. BirdLife, Cambridge

Land, H. C. (1970): Birds of Guatemala. Livingston, Wynnewood

Lantermann, W. (1982): Beitrag zum Fortpflanzungsverhalten der Grünwangenamazone (Amazona viridigenalis) in Gefangenschaft. Gefiederte Welt 112: 340-343

Lantermann, W. (1987): Die Blaustirnamazone. Walsrode

Lantermann, W. (1990): Die Zucht der Mülleramazone (*Amazona farinosa farinosa*). Papageien 3: 14-16

Lantermann, W. (1990): Bestandsentwicklung und Status der Blaukronenamazone in der Dominikanischen Republik. Papageien 3: 188-191

Lantermann, W. (1993): Beobachtungen zum Aggressionsverhalten männlicher Blaustirnamazonen (*Amazona aestiva*) unter Volierenbedingungen. Bonner Zoologische Beiträge 44: 1-2, 57-62

Lantermann, W. (2000): Geschlechtererkennung, „ambivalentes“ Sexualverhalten und gleichgeschlechtliche Paarbindungen bei Blaustirnamazonen. Der zoologische Garten, Bd. 70, 6, p. 403-415

Lantermann, W. (2007): Amazonenpapageien. Fürth

Lantermann, W. & S. Lantermann (1987): Amazonen. München

Lantermann, W., & H. Schlenker (1997): Die Soldaten-Amazone (*Amazona mercenaria*) - gegenwärtiger Kenntnisstand, Gefiederte Welt, 7: 236-238

Lepperhoff, L. (1998): Goldmaskenamazone, 1. Teil. Gefiederter Freund, 45 (8): 14-16

Lepperhoff, L. (1999): Goldmaskenamazone. 2. Teil. Gefiederter Freund, 46 (1): 8-10

Lepperhoff , L. (1999): Die Marajó-Amazone. Papageien 12: 274-279

Lepperhoff, L. (1999): Die Taubenhalsamazone. Gefiederte Welt 123: 246-249

Lepperhoff, L. (2000): Beobachtungen an Weißstirnamazonen und Tovisittichen. Papageien 9: 318-321

Lepperhoff, L. (2004): Die Kaiser- und Blaukopfamazonen Dominicas - ihr Leben und die Schutzbemühungen. Gefiederte Welt 128: 57-59, 86-89

Lepperhoff, L. (2006): Dominica und seine Amazonen. Papageien 19: 55-59 und 92-95

Lepperhoff, L. (2009): Die Papageien in den zoologischen Gärten von Rio de Janeiro, Brasília und São Paulo. Papageien 22: 15-18

Levinson, S.T. (1981): The social behavior of the White-fronted Amazon (*Amazona albifrons*). Proceedings of the ICBP Parrot Working Group Meeting St. Lucia 1980/81: 403-418

Liede, A., & H.-G. Liede (1982): Handaufzucht einer Blaustirnamazone (*Amazona aestiva xanthopterys*). Die Voliere 5: 14-16

Literatur

Lindsey, G. D., W. J. Arendt, J. Kalina und G. W. Pendleton (1991): Home range and movements of juvenile Puerto Rican Parrots. Journal of Wildlife Management, 55 (2): 318-322

Lint, K. C. (1952): Breeding of the Finsch's Amazon. Avicult. Mag. 58: 23-24

Loughlin, E. Mc. (1970): Field notes on the breeding and diet of some South American parrots. Foreign B.: 169-171

Lousada, S. (1989): Amazona auropalliata caribaea: a new subspecies of parrot from the Bay Islands, northern Honduras. Bull. Brit. Orn. Club 109: 232-235

Lousada, S. (1997): Neues zur Gelbnackenamazonen-Systematik. Papageien 10: 339-343

Lousada, S. (1999): The Yellow-crowned, Yellow-naped and Yellow-headed Amazons. TAS U. K. News, 8 (4) (keine Seitenzahlen).

Lousada, S. (2000): And now, will the real *parvipes* please stand up? TAS U. K. News, 9 (1): 32-33, 9 (3): 21-23.

Lousada, S. und Howell, S. N. G. (1996): Distribution, variation, and conservation of Yellow-headed Parrots in northern Central America. Cotinga, 5: 46-53

Low, R. (1976): Birds seen during a short stay on Grand Cayman Island. Avicultural Magazine, 82 (2): 90-97.

Low, R. (1980a): The plight of St Lucia's Parrots. Cage & Aviary Birds, July 26: 5

Low, R. (1980b): Imperial Parrot - the king from Dominica. Cage & Aviary Birds, August 30: 4-5

Low, R. (1981): The Yellow-shouldered Amazon. In: Pasquier, R., (ed), Conservation of New World Parrots, Smithsonian Institution Press, ICBP: 215-225

Low, R. (1983): Amazon Parrots, a monograph. Rodolphe d'Erlanger, The Basilisk Press, London

Low, R. (1983): The Yellow-shouldered Amazon (*Amazona barbadensis*). Avicultural Magazine, 89 (1): 9-20

Low, R. (1984): Endangered Parrots. Poole

Low, R. (1984): Das Papageienbuch. Suttgart

Low, R. (1990): New species of amazon parrots described. Avicultural Magazine, 96 (4): 190-191

Low, R. (1991a) Breeding Finsch's Amazon at Palmitos Park. The Amazona Bulletin, 10 (1): 8-10

Low, R. (1991b): Pretre's Amazon Parrot. Avicultural Magazine, 97 (4): 185-189

Low, R. (1991c): Die Zucht der Prachtamazone (*Amazona pretrei*) im Palmitos Park. Papageien 5: 118-120

Low, R. (1992): Parrots, their care and breeding. third (revised) ed, Blandford, London

Low, R. (1992): Die Zucht der Bodinus-Amazone (*Amazona festiva bodini*) im Palmitos Park. Papageien 5: 118-120

Low, R. (1994): Endangered Parrots. Blandford, London

Low, R. (1995): „Zum Naturschutz-Express - alle einsteigen bitte". Gefiederte Welt 93: 135-138

Low, R. (1996a): Breeding the Red-topped Amazon *Amazona rhodocorytha* at Palmitos Park. Avicultural Magazine, 102 (2): 49-55

Low, R. (1996b): The Cuban Amazon. Bird Talk, 114 (6): 26-28, 30-31.

Low, R. (1997): Die Zucht der Granada-Amazonen (*Amazona dufresniana rhodocorytha*). Papageien 10: 362-364

Low, R. (2000a): Bruterfolg bei Goldzügelamazonen. Papageien 13: 48-51

Low, R. (2000b): Breeding *brasiliensis* in Brazil. Magazine of the Parrot Society, 34 (8): 253-255

Low, R. (2001): Amazons on Barbados. Amazona Quarterly, 17 (2): 9-10.

Low, R. (2005): Amazons. Dona publications

Low, R. (2009): Ist die Königsamazone noch zu retten? Aktuelles aus der Vogelwelt, 23 (1): 6-11

Lowery jr., G. H. & W. W. Dalquest (1951): Birds from the state of Veracruz, Mexico. Univers. Kans. Publis. Mus. 3: 526-547

Lücker, H. (1998): Red-tailed Amazon *Amazona brasiliensis*. EEP studbook for 1996-7. Report printed by Zoo Dresden

Lücker, H. (2000): The European Endangered Species Programme (EEP) for Red-tailed Amazon. International Zoo Yearbook 37: 202-205.

Luther, D. (1970): Die ausgestorbenen Vögel der Welt. A. Ziemsen-Verlag, Wittenberg-Lutherstadt

Mabb, K. T. (2002): Factors that promote the proliferation of Red-Crowned Parrots *Amazona viridigenalis* and Lilac-crowned Parrots *Amazona finschi* in a suburban area of Los Angeles County. Amazona Quarterly, 18 (3):16-19

McLennan, M. E. (1927): Notes on birds of Sinaloa and Nayarit, Mexico, in the fall of 1925. Proc. Calif. Acad. Sci. 16: 1-51

Mägerli, W. (2001): Bestandsliste 2001 der Exotis. Schweizer Verband für Zucht und Pflege exotischer Vögel, Läufelfingen

Maluf, L. G. (1994): Reproducao em cativeiro do Papagaio-de-cara-roxa Amazona b.. Atualidades Ornithologicas, no 62, Nove/Dez: 15

Mann, R. E. H. (1982): Breeding the Red-topped Amazon Parrot. Avicult. Mag. 88: 12-14
Mann, B. & P. Mann (1978): Breeding the Finsch's Amazon. Mag. of the Parrot Soc., vol. XII, 12: 295-297
Marsian, H. (1997): Einiges über die Brillenamazone. Gefiederte Welt 95: 86-87
Martuscelli, P. (1994): A parrot with a tiny distribution and a big problem: will illegal trade wipe out the Red-tailed Amazon?. Psittascene 6: 3-7
Martuscelli, E. (1995a): Ecology and Conservation of the Red-tailed Amazon. PsittaScene 7 (3): 3-5
Martuscelli, E. (1995b): Die Rotschwanzamazone (*Amazona brasiliensis*). Papageien 8: 316-320
Martuscelli, E. (1996): Ecology and conservation of the Red-tailed Amazon (*Amazona brasiliensis*) in south-eastern Brazil. Bird Conserv. Intern. 5:405-420
Martuscelli, P. (1997): Nest predation on the Red-tailed Amazon *Amazona brasiliensis* in Southeastern Brazil. Papageienkunde 1: 183-188
Martuscelli, P., & P. Scherer Neto (1993): Conservation of the Red-tailed Amazon (*Amazona brasiliensis*) in Southeastern Brazil. Pitirre 6: 7
Mattmann, J. (1981): Erstzucht von Grünwangen-Amazonen *Amazona viridigenalis*. Gef. Freund: 2-3
McLoughlin, E. P. (1970): Field notes on the breeding and diet of some South American parrots. Foreign Birds, 36: 169-171, 210-213
Meier, A. (1980): Zuchtbericht von der Goldzügel-Amazone. Gef. Freund: 189-193
Meyer de Schauensee, R. (1949): The birds of the Republic of Colombia. Caldasia 5 (23): 381-644
Meyer de Schauensee, R. (1964): The Birds of Colombia. Livingston Publishing Company for Academy of Natural Sciences of Philadelphia, Narbeth
Meyer de Schauensee, R. (1966): The Species of Birds of South America. Livingston Publishing Company for Academy of Natural Sciences of Philadelphia, Narbeth
Meyer de Schauensee, R. (1970): A Guide to the Birds of South America. Livingston Publishing Company for Academy of Natural Sciences of Philadelphia, Wynnewood
Meyer de Schauensee, R. & W. H. Phelps (1978): A Guide to the Birds of Venezuela. Princeton University Press, Princeton
Meyers, J. M. (1994): Old-Growth Forests and the Puerto Rican Parrot. Endangered Species Technical Bulletin XIX (3): 12
Millam, J. R. (2000): Neonatal handling, behaviour and reproduction in Orange-winged amazons and Cockatiels at the Department of Animal Science. University of California, International Zoo Yearbook, 37: 220-231
Millam, J. R., Kenton, B., Jochim, I., Brownback, T., & A. T. Brice (1995): Breeding Orange-winged Amazon Parrots in Captivity. Zoo Biology 14: 275-284
Miller, B. W. & C. M. Miller (1997): Avian risk assessment: bird species of conservation concern (Belize). Wildlife Conservation Society
Mitterhuber, H. & W. de Grahl (1979): Seltenheitszucht: Venezuela-Amazone. AZ, p. 46-47
Monroe, B. L. (1968): A distributional survey of the birds of Honduras. American Ornithologists' Union, Ornithological Monogr. 7, New York
Monroe, B.L. & T.R. Howell (1966): Geographic Variation in Middle American parrots of the *Amazona ochrocephala* complex. Occas. Pap. Mus. Zool. Lousiana State Univ. 34: 1-18
Monterrubio-Rico,T. C., Villaseñor-Gómez, L. E., Marín-Togo, M. C., López-Cordova, E. A., Fabian-Turja, B. & V. Sorani-Dalbon (2007): Distribución historica y actual del Loro cabeza amarilla (*Amazona oratrix*) en la costa central del Pacífico Mexicano: ventajas y limitaciones en el uso de GARP en especies bajo fuerte presión de tráfico. Ornitol. Neotrop. 18: 263-276
Mosa, S. G., Garrido, J. L., Saurad, J. J., & V. Núez (1992): The migration of the Turquoize-fronted Parrot, *Amazona aestiva*, and the Alder Parrot, *Amazona tucumana*, in northwest Argentina. Univ. Nac. Salta Fac. Cienc., Nat. Manejo de Fauna Publ. Techn. 3 (7)
Müller, H. (1978): Erstzucht von Weißstirn-Amazonen. Voliere: 5-8
Muggiasca, G. (1984): Die Tresmariasamazone (Amazona ochrocephala tresmariae). Gef. Freund 31: 49-51
Mulawka, E. J. (1983): Blue-fronted Amazon Parrots. Neptune City
Munn, C. A (1994): Winged Rainbows: Macaws. National Geographic, (1): 118-140
Muschellik, G., & K.-H. Stegeweit (1984): Seltenheitszucht der Weißstirnamazone (*Amazona albifrons saltuensis*). Gef. Welt 109: 33-34
Myers, J. M., E J. Vilella und W. C. Barrow, Jr. (1993): Positive Effects of Hurricane Hugo: Record Years for Puerto Rican Parrots Nesting in the Wild. Endangered Species Technical Bulletin, XVIII (1): 1, 10
Narosky, T., & D. Yzurieta (1989): The Birds of Argentina and Uruguay: a Field Guide. Vazques Mazzini Editores, Buenos Aires

Naumburg, E. M. B. (1930): The birds of Mato Grosso, Brazil. Bull. Amer. Mus. Nat. Hist. 60

Nichols, H. A. J. (1976): Parrot watching in the Caribbean. SAFE Newsletter, 6: 1-8.

Nichols, T. D. (1981a): An alternative approach to Captive breeding of the Grand Cayman Amazon. In: Pasquier, R., (ed), Conservation of New World Parrots, Smithsonian Institution Press, ICBP: 89-93.

Nichols, T. D. (1981b): St. Vincent Amazon: predators, clutch size, plumage polymorphism, effect of the volcano eruption, and population estimate. In: Pasquier, R., (ed), Conservation of New World Parrots, Smithsonian Institution Press, ICBP: 197-214

Niemann, H. (1997): Die Zucht von Venezuela-Amazonen. Papageien 10: 94

Niemann, H. (1999): Lautäußerungen der Blaustirnamazone im Chancani-Schutzgebiet , Argentinien. Papageien 12: 250

Niemann, H. (1999): Erfolgreiche Auswilderung von in Menschenobhut aufgezogenen Gelbschulteramazonen auf der Isla de Margarita, Venezuela. Papageien 12: 34

Niemann, R. (1999): Die Gelbschulteramazone. WP-Magazin 4 (2): 12: 13

Niemann, H. & R. Niemann (1998): Zur Handaufzucht von Tucumán-Amazonen. Papageien 11: 228-230

Noegel R. (1975): Breeding of the Cayman islands Amazon. Magazine of the Parrot Society, 9: 9-13

Noegel, R. (1976): The Cayman Brac Amazon Parrot. Avicultural Magazine, 82 (4): 202-209

Noegel, R. (1977): Captive breeding of *Amazona leucocephala*. Avicultural Magazine, 83 (3): 126-130

Noegel, R. (1979): The Isle-of-Pine amazon. Avicultural magazine 85. 2: 85-88

Noegel, R. (1980): *Amazona leucocephala* - Status in the wild and potential for captive breeding. Proceedings of the ICBP Parrot Working Group Meeting, St. Lucia 1980/81: 73-80

Noegel R. (1982): First captive breeding of the Tucumán Amazon. Magazine of the Parrot Society, 16: 233-235

Noegel R. (1982): We are hand rearing a St. Vincent chick. Magazine of the Parrot Society, 16: 272

Noegel, R. (1983): Caribbean Island Amazons Captive Breeding for Conservation. Proc. Jean Delacour, IFCB Symposium on Breeding Birds in Captivity, Los Angeles

Noegel, R. (1988): U.S. First Captive Breeding of Three Rare Amazon Parrots. AFA Watchbird, XV (2): 27-28

Noegel, R. & G. Moss (1991): The Cuban Amazon and its subspecies. AFA Watchbird, XVII (6): 40-45

Nores, M. & D. Yzurieta (1994): The status of Argentine parrots. Bird Conserv. Internat. 4: 313-328

Nottebohm, F., & M. Nottebohm (1969): The parrots of Bush Bush. Anim. Kingd. 72: 19-23

Olier, B. (1995): Haltung und Zucht der Dufresnes Amazone (*Amazona dufresniana dufresniana*). Papageien 8: 14-15

Olivares, A. (1957): Aves de la costa del Pacifico Municipio de Guapi, Cauca, Colombia. II. Caldasia 8 (36): 33-93

Olivares, A. (1969): Aves de Cundinamarca. Universitat Nacional de Colombia, Direccion de Divulgacion Cultural

Olrog, C. C. (1963a): Las Aves Argentinas. Tucumán

Olrog, C. C. (1963b): Lista y distribucíon de las aves Argentinas. Univerdidad National de Tucumán, Instituto Miguel Lillo, Opera Lilloana 9: 1-377

O'Neill, J. (1981): Comments on the status of the parrots occuring in Peru. In: Pasquier, R., (ed), Conservation of New World Parrots, Smithsonian Institution Press, ICBP

Orfila, R. N. (1938): Los psittaciformes Argentinos (cont.). El Hornero 7: 1-21

Ott, C. (1982): Zucht der Venezuela-Amazone (*Amazona amazonica*). Gefied. Welt 106: 348-350

Ottenwalder, J. A. (1978): Las cotorras del Caribe. Rev. Parque Zool. Nac, Zoodom 3 (1): 19-28

Padua, S.M., Navas, S., Oliveira, K., & A.C. Carrillio (2001): Saving the Red-tailed Amazon, flagship of the Atlantic rainforest in Brazil. Cyanopsitta 61: 12-17

Pasquier, R. E, (Ed.) (1981): Conservation of New World Parrots. Washington, Smithsonian Institution Press / International Council for Bird Preservation Tech. Publication No. 1

Paynter, R. A. (1955): The ornithogeography of the Yucatán Peninsula, Mexico. Peabody Mus. Nat. Hist. 9: 1-347

Peterson, R. T. & E. L. Chalif (1973): A field Guide to Mexican Birds. Houghton Mifflin Comp., Boston

Perrins, T. (1992): UK's only breeding pair of Marajo Amazons. Cage & Aviary Birds, 13: 13

Perrins, T. (1994): Hispaniolan Amazons are not for the faint-hearted. Cage & Aviary Birds, October 15: 12-13

Peters, J. L. (1937): Check-list of birds of the world, vol. 3. Harvard University Press, Cambridge, Massachusetts

Pfeffer, A.(1996): Über die Blaustirn-Amazone. Gef. Welt 120: 42-44

Pfeffer, A. (2002): Die Tucumán-Amazone. Papageien 7: 227-231

Phelps, W. H. & W. H. Phelps jr. (1958): Lista de las aves de Venezuela con su distribución, Part 1 - Passeriformes. Boletin de la Sociedad Venezolana de Ciencias Naturales, vols. 19, 90

Pilgrim, M. (1997): Ecuador's Endemic Amazon Parrot, the Lilacine. JustParrots, Feb./March: 20-22

Pilgrim, M. (2000): Development of the European Endangered Species Programme (EEP) for the Ecuadorian or Lilacine Amazon. International Zoo Yearbook, 37: 195-202

Pinter, H. (1979): Handbuch der Papageienkunde. Stuttgart

Pinto, O. M. de Oivares (1937/1938): Catalago das aves do Brasil. Parte 1. Rev. Museu Paulista 22: 1-566

Pittman, T. (1997): The case of the unusual tail feather. Parrots and Parakeets, issue 16: 6-7

Pittman, T. (1998): Amazona kawalli - ein gültiger Name für eine gültige Art. Papageien 11: 90-94

Poonai, N. O. (1969): Nature conservation in tropical South America, part III. Birds and man in the tropics. Fla Nat. 42: 128-130, 142

Porter, S. (1929): In search of the Imperial Parrot. Avicultural Magazine, Series 4, Vol VII: 240-246, 267-275.

Porter, S. (1930): Bouquet's Parrot (*Amazona bouqueti*). Avicultural Magazine, Fifth Series, Vol VIII: 36-44.

Poschung, O. (1978): Freud und Leid einer Zucht der Taubenhals-Amazone. Gef. Freund: 245-248

Raffaele, H. A. (1983): A guide to the birds of Puerto Rico and the Virgin Islands. San Juan

Raffaele, H., Wiley, J., Garrido, O., Keith, A., & J. Raffaele (1998): Birds of the West Indies. London

Raffaele, H., Wiley, J., Garrido, O., Keith, A. & J. Raffaele (2003): Birds of the West Indies. London

Recher, H. F., & J. T. Recher (1966): A contribution to the knowledge of the avifauna of the Sierra de Loquillo, Puerto Rico. Caribb. J. Sci., 6: 151-161

Reijns, P. J., & J. N. C. van der Salm (1981): Some ecological aspects of the Yellow-shouldered Amazon (Amazona barbadensis rothschildi). In Pasquier, ed., (1981): Conservation of New World Parrots. Techn. Publ. 1, ICBP, Cambridge

Reillo,E. (2001): Imperial Recovery: Dominica's flagship parrot on the comeback. PsittaScene, 13 (4): 4-5

Reillo, P., S. Durand & K. A. McGovern (1999): First sighting of eggs and chicks of the Red-necked Amazon Parrot (*Amazona arausiaca*) using an intra-cavity video probe. Zoo Biology 18: 63-70

Reillo, E., S. Durand, K. McGovern, R. Winston & M. Maximea (2000): Reproduction in Dominican Amazon parrots - implications for conservation, AFA Watchbird, 27 (5): 34-39

Reillo, E, S. Durand, R. Winston, M. Maximea & D. Williams (2002): Flying high with the Jaco and Sisserou: real-time parrot conservation on Dominica, Nature Island of the Caribbean. Amazona Society UK, 11 (4): 7-19

Reinschmidt, M. (1995): Untersuchungen zum Brutverhalten der Tucumán-Amazone (*Amazona tucumana*) im Zoologischen Garten Karlsruhe. Diplomarbeit, Fakultät für Biologie der Universität Tübingen

Reinschmidt, M. (2000): Kunstbrut und Handaufzucht von Papageien und Sittichen. Bretten

Reinschmidt, M. (2002): Welterstzucht der Soldatenamazone. Papageien: 158-161

Reinschmidt, M. (2005): Die Brutsaison 2004 im Loro Parque auf Teneriffa. Gef. Welt 129: 271-272.

Reinschmidt, M. (2006): Zucht der Granada-Amazone im Loro Parque. Papageien 19: 152 - 155

Reinschmidt, M., & C. Becker (1991): Erhaltungszuchtprogramm Tucumán-Amazone. Papageien, 4: 122-123

Reinschmidt, M., & C. Becker (1996a): Fünf Jahre Erhaltungszuchtprogramm für die Tucumán-Amazone. Papageien 3/96: 84-88

Reinschmidt, M., & C. Becker (1996b): Fünf Jahre Erhaltungszuchtprogramm für die Tucumán-Amazone. Papageien 4/96: 120-125

Reinschmidt, M. & D. Waugh (2005): Successful breeding of the Red-browed Amazon (*Amazona rhodocorytha*). AFA Watchbird 32: 25-26

Renton, K. (2000): Lilac-crowned Parrot, Area requirements and regional movements. PsittaScene, 12 (3): 11

Renton K. (2001): Dramatic fluctuations in reproduction success of the Lilac-crowned Parrots. PsittaScene 13 (2): 14-15

Renton, K., & M. Salinas Melgoza (2002): Seasonal variation in activity patterns of juvenile Lilac-crowned Parrots (*Amazona finschi*) in tropical dry forrest. Wilson Bull. 117: 291-295

Ribas, C., Tavares, E., Yoshihara, C. & C. Y. Miyaki (2007): Phylogeny and biogeography of Yellow-headed and Blue-fronted Parrots (*Amazona ochrocephala* and *Amazona aestiva*) with special reference to the South American taxa. Ibis 149: 564-574

Ridgely, R. S. (1981): The current distribution and

status of mainland Neotropical Parrots. In: Pasquier, R., (ed), Conservation of New World Parrots, Smithsonian Institution Press, ICBP: 233-384

Ridgely, R. S., & S. J. C. Gaulin (1980): The birds of Finca Merenberg, Hulia Department, Colombia. Condor 82: 379-391

Ridgely, R. S., & P. J. Greenfield (2001) The birds of Ecuador. Vol. I. Status, distribution, and taxonomy. Cornell University Press, Ithaca, New York

Ridgely, R. S. & J. A. Gwynne (1989): A guide to the birds of Panama with Costa Rica, Nicaragua, and Honduras. Second edition. Princeton: Princeton University Press

Rink, M. (1997): Tucumán-Amazonen. Geflügelzeitung 20: 38-39

Rivera, L. & N. Politi (2004): Tucumán Amazon in Argentina - recent studies of a little known Andean beauty. PsittaScene 16 (4): 6-7

Roberson, D. & R. Carratello (1997): Updates to the avifauna of Oaxaca, Mexico. Cotinga 7: 21-22

Robiller, F. (1990): Papageien. Bd. 3, Stuttgart und Berlin

Robiller, F. & K. Trogisch (1983): Studienreise zur seltensten Amazone der Welt. Teil 1. Gefiederte Welt 107, 11: 316-318

Robiller, F. & K. Trogisch (1983): Studienreise zur seltensten Amazone der Welt. Teil 1. Gefiederte Welt 107, 12: 336-338

Robiller, F. & K. Trogisch (1984): Zucht der Blaukronenamazone (*Amazona ventralis*). Gefiederte Welt 108: 144-145

Robiller, F. & K. Trogisch (1984): Geschlechtsreife bei einem Paar Goldzügelamazonen (*Amazona xantholora*) im Vogelpark Walsrode im 2. Lebensjahr. Die Voliere 7: 192-193

Robiller, F. & K. Trogisch (1985): Zucht der Königsamazone (*Amazona guildingii*). Gefiederte Welt 109: 37-38

Rodriguez-Vidal, J. A. (1959): Puerto Rican Parrot study, Monogr. Dep. Agricult. Com., Puerto Rico I: 1-15

Rodríguez, J.P., & F. Rojas-Suárez (1995): Libro Rojo de la fauna Venezolana. Caracas: Provita

Rojas-Suarez, F. (1993): Schutz und Erhaltung der Rothschild-Amazone und des Margarita-Blaustirnsittichs auf der Insel Margarita. Papageien 6: 182-187

Rojas-Suarez, F., & M. Albornoz (1994): Neues vom Forschungsprojekt Gelbschulteramazone *Amazona barbadensis*. Papageien 7: 184-185

Romhányi, A. (1997): Ungarische Erstzucht der Rotschwanzamazone. Papageien 10: 356-357

Rosen, D. (2001): The Amazons of Ocean Beach. Amazona Quarterly, 17 (2): 3-6

Rossem, A. J. van (1945): A Distributional Survey of the Birds of Sonora, Mexico. Occas. Pap. Mus. Zool. Louisiana State Univ. 21

Roth, P. (1980): Habitat-Aufteilung bei sympatrischen Papageien des südlichen Amazonasgebietes. Dissertation, Universität Zürich

Ruiter, M. de (1993): Breeding the White-fronted Amazon. Magazine of the Parrot Society, XXVII (7): 219

Ruiter, M. de (1993): Die Königsamazone (*Amazona guildingii*). Die Voliere 16: 380-381

Ruiter, M. de (1996): Zucht der Rotschwanzamazone. Gefied. Welt 120: 68-69

Russel, S. M. (1964): A distributional study of the birds of British Honduras. Ornithological Monographs 1, American Ornithologists' Union

Russello, M. A., & G. Amato (2004): A molecular phylogeny of Amazona: implications for Neotropical parrot biogeography, taxonomy and conservation. Molecular Phylogenetics and Evolution, 30: 421-437.

Russo, G. (1999): Zucht der Weißstirnamazone. Papageien 3: 84-88

Sambroni, J. (2001): Die Blaukronenamazone. Papageien 8: 276-280

Sanchez, V., & A. Grajal (1998): Successful introdution of captive-raised Yellow-Shouldered Amazon Parrots on Margarita Island, Venezuela. Conservation Biology 12 (2): 430-441

Saydak, D. (2002): Amazon positive attributes. Amazona Quarterly, 18 (1): 11

Sanz, V., & A. Grajal (1998): Successful reintroduction of captive-raised Yellow-shouldered Amazon parrots on Margarita Island, Venezuela. Conserv. Biol. 12: 430-441

Sanz, V., Rodriguez-Ferraro, A., Albornoz, M., & C. Bertsch (2003): Use of artificial nests by the Yellow-shouldered Parrot (*Amazona barbadensis*). Ornitol. Neotrop. 14: 345-351

Schaldach, W. J. (1963): The avifauna of Colima and adjacent Jalisco, Mexico. Proc. West. Foundn. Vert. Zool. 1 (1): 1-100

Schallenberg, K. H. (1999): Jersey, die zweite Heimat der Blaumaskenamazone. Papageien 12: 242-244

Schallenberg, K.-H. (2001): Artenschutz auf der Insel Dominica. Papageien 14: 312-314

Scherer Neto, P. (1988): Die Rotschwanzamazone (*Amazona brasiliensis*) hat eine ungewisse Zukunft. Papageien 1: 23-26

Schmidt, M. (1988): Zuchtversuche mit Ecuadoramazonen. Die Voliere 2: 92-93

Schubart, O. Aquirre, A. C., & H. Sick (1965): Contribição para o conhecimento da alimentação das aves Brasileiras. Archos Zool. Est. S. Paulo 12: 95-249

Schwartz, A. (1970): Land birds of Isla Saona, República Dominicana. Q. Jl Fla Acad. Sci., 32:291-306

Sellar, V. (2001): Pellets - yes or no. The Amazona Society UK Magazine, 11 (1): 6-7

Seitre, R. (2000): Rotschwanzamazonen - die letzten ihrer Art. WP-Magazin 6 (5): 20-24

Seitre, R. (2005): Die Jamaika-Amazone. Papageien 18: 174-176

Seitre, R. (2008): Amazone de Puerto Rico. Oiseaux Exotiques, no 329: 34-42

Seitre, R., & J. Seitre (1994): „Cotorra Margaritena“: Das PROVITA-Projekt mit der Gelbschulteramazone. Papageien 7: 119-124

Seitre, R., & J. Seitre (2007): Freilandbeobachtungen an Prachtamazone. Papageien 20: 129-133

Seum, W. (2002): Die Blaustirnamazone. Papageien 2: 44-46

Short, L. L. (1974): Nesting of southern Sonoran birds during the summer raining season. Condor 76: 21-32

Short, L. L. (1975): A zoogeographic analysis of the South American chaco avifauna. Bull. Amer. Mus. Nat. Hist. 154: 163-352

Short, L. L. (1976): Notes on a collection of birds from the Paraguayan Chaco. Amer. Mus. Novit. 2597

Sibley, C. G., & B. L. Monroe (1990): Distribution and taxonomy of birds of the world. New Haven, Yale University Press

Sibley, C. G., & B. L. Monroe (1993): A supplement to „Distribution and taxonomy of birds of the world“. New Haven, Yale University Press

Sick, H. (1965): A fauna do cerrado. Arq. Zool. Est., Sao Paulo, 12, p. 71-93

Sick, H. (1968): Vogelwanderungen im kontinentalen Südamerika. Vogelw. : 217-243

Sick, H. (1984): Ornithologica Brasileira. Rio de Janeiro, Edit. Univers. de Brazilia

Sick, H. (1993): Birds in Brazil. Princeton University Press, New Jersey

Sick, H., & L. F. Papst (1968): As aves do Rio de Janeiro (Guanabara). Archos Mus. nac. Rio de J. 53: 99-160

Silva, T. (1991): Details on the status, nesting habits and diet of the Cuban Amazon (*Amazona leucocephala*) on the Isle of Youth. The Amazona, 8 (1): 11-13

Silva, T. (1991): Zucht der Taubenhalsamazone im Loro Parque. Gefiederte Welt 115: 164-165

Silva, T. (1992): Die Amazonen der Kleinen Antillen. Die Voliere 15: 176-178

Silva, T. (1995): Freilandbeobachtungen bei der Kuba-Amazone. Papageien 2/1995: 51-55

Sjodahl, S. (1985): The Hispaniolan Amazon. AFA Watchbird 12 (3): 9-10

Slud, E. (1964): The Birds of Costa Rica, Bulletin of the American Museum of Natural History, 128, New York

Smith, C. (1967): Breeding the Yellow-fronted amazon. Avicul. Mag. (73): 199-200

Smithe, F.B. (1966): The Birds of Tikal. Natural History Press, New York

Smithe, F.B., & R. A. Paynter (1963): Birds of Tikal, Guatemala. Bull. Mus. comp. Zool. Harv., 128: 247-324

Snyder, D. (1966): The Birds of Guyana. Peabody Museum, Salem

Snyder, N., King, W. B. & C. B. Kepler (1981):Biology and conservation of the Bahama Parrot. Living Bird 19: 91-114

Snyder, N., P. McGowan, J. Gilardi & A. Grajal (eds) (2000): Parrots - Status Survey and Conservation Action Plan 2000-2004. IUCN, Gland, Switzerland and Cambridge

Snyder, N., Toone, W., Enkerlin, E. & T. Johnson (1996): Protecting parrots and pines. ZooNooz., p. 12-17

Snyder, N., Wiley, J. W., & C. B. Kepler (1987): The Parrots of Luquillo: Natural History and Conservation of the Puerto Rican Parrot. Los Angeles

Somerville, M. (1997): Yellow-headed Parrot in danger from illegal pet trade. Belize Audubon Soc. Newsl. 29: 9-11

Spilman, T. (1995): Further observations re breeding *A. o. oratrix*. TAS UK News, 4 (4): 16-20.

Spilsbury, D. T. (1981): Breeding notes for my collection of *Amazona* parrots for 1980. Avicultural Magazine, 87 (3): 146-151

Stafford, M. L., & M. Stafford (2004): The crown jewel of Puerto Rico. PsittaScene 16 (3): 2-5

Stager, K. E. (1954): Birds of the Barranca de Cobre region of southwestern Chihuahua, Mexico. Condor 56: 21-32

Stager, K. E. (1957): The avifauna of the Tres Marias Islands, Mexico. Auk. 74: 413-432

Stahala, L. C., & M. L. Stafford (2004): Carribean underground: Bahama parrots in the wild. PsittaScene 16 (4): 2-5

Stiles, F. G., Skutch, A. F. & D. Gardner (1989): A guide to the birds of Costa Rica. London

Stoddard, H. L. (2001): Treatment of Psittacosis not meant to be easy in the USA. ASA Avicultural Bulletin, 70 (3): 40-42.

Stone, W. & H. R. Roberts (1934): Zoolog. results of the Matto Grosso Expedition to Brazil in 1931, II Birds. Ibis, 86: 363-397

Stotz, D. F., Fitzpatrick, J. W., Parker III, T. A. & D. K. Moskovitz (1996): Neotropical Birds: Ecology and Conservation. University of Chicago Press, Chicago

Strunden , H. (1997): Nattereramazone. Papageien 10: 344

Sutton, G. M., & T. D. Burleigh (1940): Birds of Tamazunchale, San Luis Potosí. Wilson Bull. 52: 221-233

Sutton, G. M., & O. M. Pettinghill (1942): Birds of the Gomez Farias region, southwestern Tamaulipas. Auk 59: 1-34

Sweeney, R. (1996a): Stunning Amazons setbacks overcome. Cage & Aviary Birds, April 6: 16

Sweeney, R. (1996b): The Red-Browed Amazon Parrot EEP Scheme. Avicult. Mag. 102: 106-108

Sweeney, R. (1996c): Die Gelbschulter-Amazone - kein einfacher Charakter. Gef. Welt 120: 266-267

Sweeney, R. (1997a): The Vinaceous Amazon *Amazona vinacea* at Loro Parque. Avicultural Magazine, 103 (2): 85-90

Sweeney, R. (1997b):The Red-spectacled Amazon *Amazona pretrei* at Loro Parque. Avicultural Magazine, 103 (3): 101-106

Sweeney, R. (1997c): Zucht der Goldzügel-Amazone (*Amazona xantholora*). Gef. Welt 121: 118-119

Sweeney, R. (1997d): Die Taubenhals-Amazone (*Amazona vinacea*). Gef. Welt 121: 195-197

Sweeney, R. (1997e): Zucht der Rotscheitel-Amazone (*Amazona dufresniana rhodocorytha*). Gef. Welt 121: 53-54

Sweeney, R. (1998a) Amazons, Bird Keeper, April: 49-50

Sweeney, R. (1998b): Die Prachtamazone im Loro Parque. Papageien 11: 80-83

Sweeney, R. (1998c): Brutversuche mit der Rotschwanz-Amazone. Gef. Welt 122: 252-253

Sweeney, R. (1998e): Die Granada-Amazone im Loro Parque. Papageien 12: 9-11

Sweeney, R. (2001): Conservation in Barbados. Cage & Aviary Birds, June 9: 14-15

Sweeney, R. (2001): Königsamazonen auf Barbados. Papageien 14: 245 247

Them, P. (1996): Haltung und Zucht der Kuba-Amazone. Papageien 7/96: 201-204

Them, P. (1999): Cuban Amazons in aviculture, Parrots, no 25: 40-44.

Todd, W. E. C. (1916): The Birds of the Isle of Pines. Annals Carnegie Mus. 10: 146-296

Todd, W. E. C., & M. A. Carriker (1922): Birds of Santa Marta region, Colombia. Annals Carnegie Mus. 14: 3-611

Tostain, O., Dujardin, J. L., Erard, C. & J. M. Thiollay (1992): Oiseaux de Guyane. Société d'Etudes Ornithologiques, Muséum National d'Histoire Naturelle, Brunoy, France

Traylor, M. A. (1948): Birds of north-eastern Peru. Fieldiana Zool. 35: 87-141

Traylor, M. A. (1958): New birds from Peru and Ecuador. Fieldiana Zool. 31: 195-200

Vane, E. N. T. (1957): Rearing Yellow-cheeked Amazons. Avic. Mag. 63: 183-188

Varty, N. (1991): The status and conservation of Jamaica's threatened and endemic forest avifauna and their habitats following Hurricane Gilbert. Bird Conserv. Intern. 1: 135-151

Varty, N., Bencke, G. A. & L.M. de Bernardini (1994): The Ecology and Conservation of the Red-spectacled Parrot *Amazona pretrei* in southern Brazil. Museu de Ciencias e Tecnologia/BirdLife International, report.

Vásquez, R.E., Lara, T., & R. Lorenzo (1995): Estrategia educativa con la participación comunitaria para la protección de la cotorra y el perico en República Dominicana. Pitirre 8: 12

Vilella, F.J., White, T.H., Collazo, J.A., & S. Guerrero (1999) Habitat use, movements and activity patterns of captive-reared Hispaniolan Parrots released in Parque Nacional de Este, Dominican Republic. Pitirre 12: 54

Vít, R. (1974): Gelungene Blaustirn-Amazonen-Zucht, Gef. Welt: 61

Vít, R. (1989): Tucumán-Amazone gezüchtet. Gefiederte Welt, 113: 79-80.

Vít, R. (1997): Zuchterfolg mit der Prachtamazone. Gefiederte Welt, 121: 239-240

Vít, R. (1997): Zucht der Blaustirnamazone. Die Voliere 20: 152-54

Voous, K. H. (1955): De Vogels von de Nederlandse Antillen. Natuurwetenschappelijke Werkgroep Nederlandse Antillen, Curasao

Voren, H. (1997): The Cinnamon Green-cheeked Amazon. Bird Talk, 15 (6): 114-115.

Waugh, D. (1994): Red-tailed Parrot *Amazona brasiliensis* field visit 14-20 May 1994. Report to World Parrot Trust

Waugh, D. (2006): Reproductive activity of wild Red-tailed Amazons *Amazona brasiliensis*. Cyanopsitta 82: 12-13

Wege, D. C. & N. J. Collar (1991): The Blue-cheeked Amazon *Amazona dufresniana* a review. Bird Conservation International, 1: 317-328

Wege, D. C. & A. J. Long (1995): Key Areas for threatened birds in the Neotropics. BirdLife Conservation Series 5, BirdLife International, Cambridge

Weigel, B. (1994): Zucht der Tucumán-Amazone. Die Voliere 17: 260-265

Weinhold, J. (1998): Analyse des Sozialverhaltens einer Gemeinschaft von Blaustirnamazonen *Amazona aestiva* in Volierenhaltung. Papageienkunde - Parrot Biology 2 (1): 103-176

Wetmore, A. (1926): Observations on the birds of Argentina, Paraguay, Uruguay and Chile. Bull. U.S. Natn. Mus. 133: 1-448

Wetmore, A. (1927): The birds of Porto Rico and the Virgin Islands - Psittaciformes to Passeriformes, Scient. Suv. Porto Rico: 409-598

Wetmore, A. (1943): The birds of southern Veracruz, Mexico. Proc. U.S. Natn. Mus. 93: 215-340

Wetmore, A. (1939): Observations on the birds of northern Venezuela. Proc. U.S. Natn. Mus. 87: 173-260

Wetmore, A. (1944): A collection of birds from northern Guanacaste, Costa Rica. Proc. U.S. Natn. Mus. 95: 25-80

Wetmore, A. (1968): The Birds of the Republic of Panama. Smithsonian Insútution Press, Washington

Wetmore, A. & B. H. Swales (1931): The birds of Haiti and the Dominican Republic. Bull. US National Museum, no 155: 1-483.

White, T. H., Collazo, J. A., Vilella, F. J., & S. A. Guerrer (2005): Effects of Hurricane Georges on habitat use by captive-reared Hispaniolan Parrots (*Amazona ventralis*) released in the Dominican Republic. Ornitologia neotropical, 16(3): 405-417

Wiley, J. W. (1981): The Puerto Rican Amazon (*Amazona vittata*): its decline and the programme for its conservation. In R. F. Pasquier, ed. Conservation of New World Parrots. Techn. Publ. 1, International Council for Bird Preservation, Cambridge, UK

Wiley, J. W. (1991): Status and conservation of parrots and parakeets in the Greater Antilles, Bahama Islands and Cayman Islands. Bird Conserv. Intern. 1: 187-214

Wiley J. W., Quiala, F., Rivera, J. &X. Aguilera (1998): Breeding Season Diet of the Cuban Parrot in the Los Indios Ecological Reserve, Isla de la Juvendud, Cuba - Nahrungsökologie der Kubaamazone während der Brutzeit im Los Indios Ecological Reserve, Isla de la Juvendud, Kuba. Papageienkunde - Parrot Biology 2/98: 325-334

Wiley, J. W., R. Gnam, S. E. Koenig, A. Dornelly, X. Galvez, P. E. Bradley, T. White, M. Zamore, E R. Reillo & D. Anthony (2004): Status and conservation of the family Psittacidae in the West Indies. J. Caribbean Ornithology 17: 94-154

Wilkinson, R. (2000): An overview of captive-management programmes and regiaonal collection planning for parrots. In: Olney, P.J.S., & F.A. Fisken, eds., Int. Zoo Yearbook, vol. 37, pp. 36-58, London

Williams, S. (2004): Bonaire's „Lora". PsittaScene 16 (1): 2-5

Willis, E. O. (1977): Lista preliminar das aves de parte noroeste e areas vizinhas da Reserva Ducke, Amazonas, Brasil. Rev. Brasil Biol. 37: 585-6001

Wirth, R. (1989): Kampagne zum Schutz der Taubenhals- (*Amazona vinacea*) und der Prachtamazone (*Amazona pretrei*). Papageien 2: 101-103

Wirth, R., & A. Sojer (1989): Zuchtprojekt der Ecuadoramazone der Zoologischen Gesellschaft für Arten- und Populationsschutz. Papageien 2: 84-87

Wissman, M. (2001): The fight against PDD. Bird Talk 19 (7): 40-49

Wollenhaupt, H. (1985): Gelungene Nachzucht von Blaustirnamazonen. Die Voliere 8: 249-251

Wozniak, S., & W. Lantermann (1984): Breeding the Green-cheeked Amazon at the Ornithological Institute, Oberhausen. Avic. Mag. 90: 195-197

Wright, T. E, C. A. Toft, E. Enkerlin-Hoeflich *et al.* (2001): Nest Poaching in Neotropical Parrots. Conservation Biology, 15 (3): 710-720.

Würth, V. (2001): Obst, Gemüse und exotische Früchte für Papageien und Sittiche. Bretten

Wütz, D. (1999): Haltung und Zucht der Blaustirnamazone. Die Voliere 22: 345-347

Zamore, M.P., & Durand, S. (1998): Status and conservation of the Amazon parrots of the Commonwealth of Dominica. Unpublished report

Zimbal, J. (1982): Zuchterfolg mit Tresmaria-Amazonen. Die Voliere 5: 48-49

Zonfrillo, D. H. (2000): An erythristic Yellow Parrot (*Amazona collaria*). Bull. Brit. Ornithol. Club 120: 58

Namensregister

Deutsche Namen

Fett geschriebene Zahlen weisen auf eine Abbildung hin.

Wissenschaftliche Namen